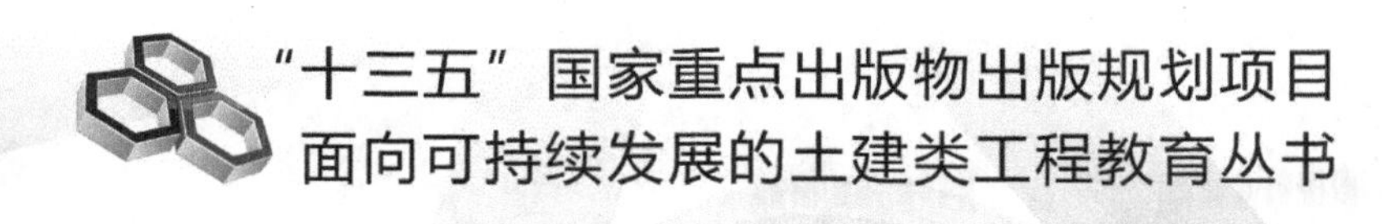

SUSTAINABLE DEVELOPMENT

建筑工程质量与安全生产管理

徐勇戈 编著

质量与安全生产管理是建筑工程项目管理的重要组成部分。本书全面系统地介绍了建筑工程质量与安全生产管理的主要内容，包括建筑工程质量管理基础知识、建筑工程项目质量控制、建筑工程各分部工程质量控制要点、建筑工程项目质量验收、建筑工程质量改进和质量事故处理、建筑工程安全生产管理基础知识、建筑工程施工安全措施、建筑工程安全事故分析与处理以及建筑工程文明施工与绿色施工管理。

本书内容全面，强调科学性和实用性，并附有一定数量的案例，可作为高等学校土木工程和工程管理等专业的本科教材，也可作为建设单位、施工单位、设计单位及监理单位等相关技术人员的参考用书。

图书在版编目（CIP）数据

建筑工程质量与安全生产管理/徐勇戈编著．—北京：机械工业出版社，2019.5（2024.6 重印）

（面向可持续发展的土建类工程教育丛书）

"十三五"国家重点出版物出版规划项目

ISBN 978-7-111-62363-2

Ⅰ．①建…　Ⅱ．①徐…　Ⅲ．①建筑工程－工程质量－质量管理－高等学校－教材②建筑工程－安全管理－高等学校－教材　Ⅳ．①TU71

中国版本图书馆 CIP 数据核字（2019）第 056302 号

机械工业出版社（北京市百万庄大街 22 号　邮政编码 100037）

策划编辑：冷　彬　责任编辑：冷　彬　高凤春　商红云

封面设计：张　静　责任校对：王明欣　梁　静

责任印制：常天培

北京中科印刷有限公司印刷

2024 年 6 月第 1 版第 5 次印刷

184mm×260mm · 15.25 印张 · 378 千字

标准书号：ISBN 978-7-111-62363-2

定价：39.80 元

凡购本书，如有缺页、倒页、脱页，由本社发行部调换

电话服务	网络服务
服务咨询热线：010-88379833	机 工 官 网：www.cmpbook.com
读者购书热线：010-68326294	机 工 官 博：weibo.com/cmp1952
	教育服务网：www.cmpedu.com
封底无防伪标均为盗版	金 书 网：www.golden-book.com

前言

建筑业是关系国计民生的支柱产业，建筑工程的质量与安全生产直接影响到建筑的使用者与建筑业从业者的生命安全，与民众的切身利益息息相关。若建筑工程在施工或使用过程中发生重大质量与安全事故，不仅会造成人员伤亡和经济损失，还会产生不良的社会影响。因此，建筑业从业者在建筑工程项目的实施过程中应当始终把质量与安全生产管理放在第一位，建立完善的建筑工程质量与安全生产管理体系，确保建筑工程项目质量目标与安全生产目标的顺利实现。

本书结合我国高等教育的特点，按照高等院校课程改革的要求，以现行国家相关法规及规范标准为依据，根据编者多年教学实践和工作经验编写而成。为了培养和提高学生的工程实践以及灵活运用所学知识的能力，本书安排了一定数量的案例，并在每章后附有复习思考题。

本书由西安建筑科技大学徐勇戈编著，主要内容包括：建筑工程质量管理基础知识、建筑工程项目质量控制、建筑工程各分部工程质量控制要点、建筑工程项目质量验收、建筑工程质量改进和质量事故处理、建筑工程安全生产管理基础知识、建筑工程施工安全措施、建筑工程安全事故分析与处理以及建筑工程文明施工与绿色施工管理。

限于作者水平，书中难免存在疏漏，恳请读者批评指正。

徐勇戈

目　录

第 1 章

建筑工程质量管理基础知识

1.1 建筑工程质量管理的相关概念

1. 质量和工程项目质量

《质量管理体系　基础和术语》（GB/T 19000—2016/ISO 9000：2015）关于质量的定义是：客体的一组固有特性满足要求的程度。该定义可理解为：质量不仅是指产品的质量，也包括产品生产活动或过程的工作质量，还包括质量管理体系运行的质量；质量由一组固有的特性来表征（所谓“固有的特性”，就是指本来就有的、永久的特性），这些固有的特性是指满足顾客和其他相关方要求的特性，以其满足要求的程度来衡量；而质量要求是指明示的、隐含的或必须履行的需要和期望，这些要求又是动态的、发展的和相对的。也就是说，质量“好”或“差”，以其固有特性满足质量要求的程度来衡量。

建筑工程项目质量是指通过项目实施形成的工程实体的质量，是反映建筑工程满足相关标准规定或合同约定的要求，包括其在安全、使用功能及其在耐久性能、环境保护等方面所有明显和隐含能力的特性总和。其质量特性主要体现在适用性、安全性、耐久性、可靠性、经济性及其与环境的协调性六个方面。

2. 质量管理和工程项目质量管理

《质量管理体系　基础和术语》关于质量管理的定义是：关于质量的管理。而管理就是指挥和控制组织的协调的活动。与质量有关的活动，通常包括质量方针和质量目标的建立、质量策划、质量控制、质量保证和质量改进等。所以，质量管理就是建立和确定质量方针、质量目标及职责，并在质量管理体系中通过质量策划、质量控制、质量保证和质量改进等手段来实施和实现全部质量管理职能的所有活动。

工程项目质量管理是指在工程项目实施过程中，指挥和控制项目各参与方关于质量的相互协调的活动，是围绕着使工程项目满足质量要求而开展的策划、组织、计划、实施、检查、监督和审核等所有管理活动的总和。它是工程项目建设、勘察、设计、施工、监理等单位的共同职责，各参与方的项目经理必须调动与项目质量有关的所有人员的积极性，共同做好本职工作，才能完成项目质量管理的任务。

3. 质量控制与工程项目质量控制

根据《质量管理体系　基础和术语》的定义，质量控制是质量管理的一部分，是致力于满足质量要求的一系列相关活动。这些活动主要包括：

1）设定目标：即设定要求，确定需要控制的标准、区间、范围和区域。

2）测量结果：测量满足所设定目标的程度。

3）评价：即评价控制的能力和效果。

4）纠偏：对不满足设定目标的偏差及时纠正，保持控制能力的稳定性。

也就是说，质量控制是在明确的质量目标和具体的条件下，通过行动方案和资源配置的计划、实施、检查和监督，进行质量目标的事前预控、事中控制和事后纠偏控制，实现预期质量目标的系统过程。

工程项目的质量要求是由业主方提出的，即项目的质量目标，是业主的建设意图通过项目策划（包括项目的定义及建设规模、系统构成、使用功能和价值、规格、档次、标准等的定位策划和目标决策）来确定的。工程项目质量控制，就是在项目实施的整个过程中（包括项目的勘察设计、招标采购、施工安装、竣工验收等各个阶段），项目各参与方致力于实现业主要求的项目质量总目标的一系列活动。

工程项目质量控制包括项目的建设、勘察、设计、施工、监理各方的质量控制活动。

1.2 建筑工程质量的形成过程和影响因素分析

建筑产品的多样性和单件性的生产方式，决定了各个具体建筑工程项目质量特性的差异，但它们的质量形成过程和影响因素却有着共同的规律。

1. 建筑工程项目质量的基本特性

建筑工程项目从本质上说是一项拟建或在建的建筑产品，它和一般产品具有同样的质量内涵，即一组固有特性满足需要的程度。这些特性是指产品的适用性、可靠性、安全性、耐久性、经济性及其与环境的协调性等。由于建筑产品一般采用单件性筹划、设计和施工的生产组织方式，因此，其具体的质量特性指标是在各建筑工程项目的策划、决策和设计过程中进行定义的。建筑工程项目质量的基本特性可以概括如下：

（1）反映使用功能的质量特性

工程项目的功能性质量，主要表现为反映项目使用功能需求的一系列特性指标，如房屋建筑工程的平面空间布局、通风采光性能；工业建筑工程的生产能力和工艺流程；道路交通工程的路面等级、通行能力等。按照现代质量管理理念，功能性质量必须以顾客关注为焦点，来满足顾客的需求或期望。

（2）反映安全可靠的质量特性

建筑产品不仅要满足使用功能和用途的要求，而且在正常的使用条件下应能达到安全可靠的标准，如建筑结构自身安全可靠，使用过程防腐蚀、防坠、防火、防盗、防辐射，以及设备系统运行与使用安全等。可靠性质量必须在满足功能性质量需求的基础上，结合技术标准、规范（特别是强制性条文）的要求进行确定与实施。

（3）反映文化艺术的质量特性

建筑产品具有深刻的社会文化背景，历来人们都把建筑产品视同艺术品。其个性的艺术效果，包括建筑造型、立面外观、文化内涵、时代表征以及装饰装修、色彩视觉等，不仅为使用者所关注，而且也为社会所关注；不仅受到现在的人们的关注，而且也受到未来的人们的关注和评价。工程项目文化艺术特性的质量来自设计者的设计理念、创意和创新，以及施工者对设计意图的领会与精益施工。

（4）反映建筑环境的质量特性

作为项目管理对象（或管理单元）的工程项目，可能是独立的单项工程或单位工程，甚至某一主要分部工程，也可能是一个由群体建筑或线性工程组成的建设项目，如新、改、扩建的工业厂区、大学城或校区、交通枢纽、航运港区、高速公路、油气管线等。建筑环境质量包括项目用地范围内的规划布局、交通组织、绿化景观、节能环保，还要追求其与周边环境的协调性或适宜性。

2. 建筑工程项目质量的形成过程

建筑工程项目质量的形成过程贯穿于整个工程项目的决策过程和各个子项目的设计与施工过程，体现在工程项目质量的目标决策、目标细化到目标实现的系统过程中。

（1）质量需求的识别过程

在工程项目决策阶段，主要工作包括建设项目发展策划、可行性研究、建设方案论证和投资决策。这一过程的质量管理职能在于识别建设意图和需求，对工程项目的性质、规模、使用功能、系统构成和建设标准要求等进行策划、分析和论证，对整个工程项目的质量总目标以及项目内各个子项目的质量目标提出明确要求。

必须指出，由于建筑产品采取定制式的发承包方式生产，因此，其质量目标的决策是建设单位（业主）或项目法人的质量管理职能。尽管工程项目的前期工作，业主可以采用社会化、专业化的方式，委托咨询机构、设计单位或建筑工程总承包企业进行，但这一切并不改变业主或项目法人决策的性质。业主的需求和法律法规的要求，是决定工程项目质量目标的主要依据。

（2）质量目标的定义过程

建筑工程项目质量目标的具体定义过程，主要是在工程设计阶段。工程项目的设计任务，因其产品对象的单件性，总体上符合目标设计与标准设计相结合的特征。总体规划设计与单体方案设计阶段，相当于目标产品的开发设计阶段；总体规划和方案设计经过可行性研究和技术经济论证后，进入工程的标准设计，在这整个过程中实现对工程项目质量目标的明确定义。由此可见，工程项目设计的任务就是按照业主的建设意图、决策要点、相关法规和标准、规范的强制性条文要求，将工程项目的质量目标具体化。通过方案设计、扩大初步设计、技术设计和施工图设计等环节，对工程项目各细部的质量特性指标进行明确定义，即确定各项质量目标值，为工程项目的施工安装作业活动及质量控制提供依据。另外，承包方有时也会为了创品牌工程或根据业主的创优要求及具体情况来制定更高的项目质量目标，创造精品工程。

（3）质量目标的实现过程

建筑工程项目质量目标实现的最重要和最关键的过程是在施工阶段，包括施工准备过程和施工作业技术活动过程。其任务是按照质量策划的要求，制定企业或工程项目内控标准，实施目标管理、过程监控、阶段考核、持续改进的方法，严格按设计图和施工技术标准施工，把特定的劳动对象转化成符合质量标准的建筑产品。

综上所述，建筑工程项目质量的形成过程，贯穿于项目的决策过程和实施过程，这些过程的各个重要环节构成了工程建设的基本程序，它是工程建设客观规律的体现。无论哪个国家和地区，也无论其发达程度如何，只要讲求科学，都必须遵循这样的客观规律。尽管在信息技术高速发展的今天，流程可以再造、优化，但其不能改变流程所反映的事物本身的内在规律。建筑工程项目质量的形成过程，从某种意义上说，也就是在执行建设程序的实施过程中，对建筑工程项目实体注入一组固有的质量特性，以满足业主的预期需求。在这个过程中，业主方的项目管理担负着对整个工程项目质量总目标的策划、决策和实施监控的任务；而工程项目各参与方则直接承担着相关项目质量目标的控制职能和相应的质量责任。

3. 建筑工程项目质量的影响因素

建筑工程项目质量的影响因素主要是指在项目质量目标策划、决策和实现过程中影响质量形成的各种客观因素和主观因素，包括人、材料、机械、方法和环境等因素（简称人、材、机、法、环）等。

（1）人的因素

在工程项目质量管理中，人的因素起决定性的作用。项目质量控制应以控制人的因素为基本出发点。影响项目质量的人的因素包括两个方面：一是指直接履行项目质量职能的决策者、管理者和作业者个人的质量意识及质量活动能力；二是指承担项目策划、决策或实施的建设单位、勘察设计单位、咨询服务机构、工程承包企业等实体组织的质量管理体系及其管理能力。前者是个体的人，后者是群体的人。我国实行建筑业企业经营资质管理制度、市场准入制度、执业资格注册制度、作业及管理人员持证上岗制度等，从本质上说，这些都是对从事建筑工程活动的人的素质和能力进行必要的控制。作为控制对象，人的工作应避免失误；作为控制动力，应充分调动人的积极性，发挥人的主导作用。因此，必须有效控制项目各参与方的人员素质，不断提高人的质量活动能力，才能保证项目质量。

（2）材料的因素

材料包括工程材料和施工用料，又可将之分为原材料、半成品、成品、构配件和周转材料等。各类材料是工程施工的基本物质条件，材料质量是工程质量的基础，材料质量不符合要求，工程质量就不可能达到标准。所以，加强对材料的质量控制，是保证工程质量的基础。

（3）机械的因素

机械包括工程设备、施工机械和各类施工器具。工程设备是指组成工程实体的工艺设备和各类机具，如各类生产设备、装置和辅助配套的电梯、泵机，以及通风空调、消防、环保设备等，它们是工程项目的重要组成部分，其质量的优劣直接影响工程使用功能的发挥。施工机械和各类工器具是指施工过程中使用的各类机具设备，包括运输设备、吊装设备、操作工具、测量仪器、计量器具以及施工安全设施等。施工机械设备是所有施工方案和工法得以实施的重要物质基础，合理选择和正确使用施工机械设备是保证项目施工质量和安全的重要条件。

（4）方法的因素

方法的因素也可以称为技术因素，包括勘察、设计、施工所采用的技术和方法，以及工程检测、试验的技术和方法等。从某种程度上说，技术方案和工艺水平的高低决定了项目质量的优劣。依据科学的理论，采用先进合理的技术方案和措施，按照规范进行勘察、设计、施工，必将对保证项目的结构安全和满足使用功能，对组成质量因素的产品精度、强度、平整度、清洁度、耐久性等物理、化学特性等方面起到良好的推进作用。如建设主管部门近年在建筑业中推广应用的10项新的应用技术，包括地基基础和地下空间工程技术、高性能混凝土技术、高效钢筋和预应力技术、新型模板及脚手架应用技术、钢结构技术、建筑防水技术等，对消除质量通病、保证建筑工程质量起到了积极作用，收到了明显效果。

（5）环境的因素

影响项目质量的环境因素包括项目的自然环境、社会环境、管理环境和作业环境等因素。

1）自然环境因素。自然环境因素主要是指工程地质、水文、气象条件和地下障碍物以及其他不可抗力等影响项目质量的因素。例如，复杂的地质条件必然对地基处理和房屋基础设计提出更高的要求，处理不当就会对结构安全造成不利影响；在地下水位高的地区，若在雨期进行基坑开挖，遇到连续降雨或排水困难，就会引起基坑塌方或地基受水浸泡影响承载力等；在寒冷地区，若冬期施工措施不当，工程会因受到冻融而影响质量；基层未干燥或在大风天进行卷材屋面防水层的施工，就会导致粘贴不牢及空鼓等质量问题的出现。

2）社会环境因素。社会环境因素主要是指会对项目质量造成影响的各种社会环境因素，包括国家建设法律法规的健全程度及其执法力度、建筑工程项目法人决策的理性化程度以及建筑业经营者的经营管理理念、建筑市场（包括建筑工程交易市场和建筑生产要素市场）的发育程度及交易行为的规范程度、政府的工程质量监督及行业管理成熟程度、建设咨询服务业的发展程度及其服务水准的高低、廉政管理及行风建设的状况等。

3）管理环境因素。管理环境因素主要是指项目参建单位的质量管理体系、质量管理制度和各参建单位之间的协调等因素。例如，参建单位的质量管理体系是否健全，运行是否有效，决定了该单位的质量管理能力；在项目施工中根据发承包的合同结构，理顺管理关系，建立统一的现场施工组织系统和质量管理的综合运行机制，确保工程项目质量保证体系处于良好的状态，创造良好的质量管理环境和氛围，则是施工顺利进行，提高施工质量的保证。

4）作业环境因素。作业环境因素主要是指项目实施现场平面和空间环境条件，各种能源介质供应，施工照明、通风、安全防护设施，施工场地给水排水，以及交通运输和道路条件等因素。这些条件是否良好，都直接影响到施工能否顺利进行，以及施工质量能否得到保证。

上述因素对项目质量的影响具有复杂多变和不确定的特点。对这些因素进行控制是建筑工程质量控制的主要内容。

1.3 建筑工程质量管理的责任和义务

《中华人民共和国建筑法》和《建设工程质量管理条例》（国务院令第279号）规定，建筑工程项目的建设单位、勘察单位、设计单位、施工单位、工程监理单位都要依法对建筑工程质量负责。

1. 建设单位的质量责任和义务

1）建设单位应当将工程发包给具有相应资质等级的单位，并不得将建筑工程肢解发包。

2）建设单位应当依法对工程建设项目的勘察、设计、施工、监理以及与工程建设有关的重要设备、材料等的采购进行招标。

3）建设单位必须向有关的勘察、设计、施工、工程监理等单位提供与建筑工程有关的原始资料。原始资料必须真实、准确、齐全。

4）建筑工程发包单位不得迫使承包方以低于成本的价格竞标；不得任意压缩合理工期；不得明示或者暗示设计单位或者施工单位违反工程建设强制性标准，降低建筑工程质量。

5）建设单位应当将施工图设计文件报县级以上人民政府建设行政主管部门或者其他有关部门审查。施工图设计文件未经审查批准的，不得使用。

6）实行监理的建筑工程，建设单位应当委托具有相应资质等级的工程监理单位进行监理。

7）建设单位在领取施工许可证或者开工报告前，应当按照国家有关规定办理工程质量监督手续。

8）按照合同约定，由建设单位采购建筑材料、建筑构配件和设备的，建设单位应当保证建筑材料、建筑构配件和设备符合设计文件和合同要求。建设单位不得明示或者暗示施工单位使用不合格的建筑材料、建筑构配件和设备。

9）涉及建筑主体和承重结构变动的装修工程，建设单位应当在施工前委托原设计单位或者具有相应资质等级的设计单位提出设计方案；没有设计方案的，不得施工。房屋建筑使用者在装修过程中，不得擅自变动房屋建筑主体和承重结构。

10）建设单位收到建筑工程竣工报告后，应当组织设计、施工、工程监理等有关单位进行竣工验收。建筑工程经验收合格后，方可交付使用。

11）建设单位应当严格按照国家有关档案管理的规定，及时收集、整理建设项目各环节的文件资料，建立、健全建设项目档案，并在建筑工程竣工验收后，及时向建设行政主管部门或者其他有关部门移交建设项目档案。

2. 勘察、设计单位的质量责任和义务

1）从事建筑工程勘察、设计的单位应当依法取得相应等级的资质证书，在其资质等级许可的范围内承揽工程，并不得转包或者违法分包所承揽的工程。

2）勘察、设计单位必须按照工程建设强制性标准进行勘察、设计，并对其勘察、设计的质量负责。注册建筑师、注册结构工程师等注册执业人员应当在设计文件上签字，对设计文件负责。

3）勘察单位提供的地质、测量、水文等勘察成果必须真实、准确。

4）设计单位应当根据勘察成果文件进行建筑工程设计。设计文件应当符合国家规定的设计深度要求，注明工程合理使用年限。

5）设计单位在设计文件中选用的建筑材料、建筑构配件和设备，应当注明规格、型号、性能等技术指标，其质量要求必须符合国家规定的标准。除有特殊要求的建筑材料、专用设备、工艺生产线等外，设计单位不得指定生产厂、供应商。

6）设计单位应当就审查合格的施工图设计文件向施工单位做出详细说明。

7）设计单位应当参与建筑工程质量事故分析，并对由设计造成的质量事故，提出相应的技术处理方案。

3. 施工单位的质量责任和义务

1）施工单位应当依法取得相应等级的资质证书，在其资质等级许可的范围内承揽工程，并不得转包或者违法分包工程。

2）施工单位对建筑工程的施工质量负责。施工单位应当建立质量责任制，确定工程项目的项目经理、技术负责人和施工管理负责人。建筑工程实行总承包的，总承包单位应当对全部建筑工程质量负责；建设工程勘察、设计、施工、设备采购的一项或者多项实行总承包的，总承包单位应当对其承包的建筑工程或者采购设备的质量负责。

3）总承包单位依法将建筑工程分包给其他单位的，分包单位应当按照分包合同的约定对其分包工程的质量向总承包单位负责，总承包单位与分包单位对分包工程的质量承担连带责任。

4）施工单位必须按照工程设计图和施工技术标准施工，不得擅自修改工程设计，不得偷工减料。施工单位在施工过程中发现设计文件和设计图有差错的，应当及时提出意见和建议。

5）施工单位必须按照工程设计要求、施工技术标准和合同约定，对建筑材料、建筑构配件、设备和商品混凝土进行检验，检验应当有书面记录和专人签字；未经检验或者检验不合格的，不得使用。

6）施工单位必须建立健全施工质量的检验制度，严格工序管理，做好隐蔽工程的质量检查和记录。隐蔽工程在隐蔽前，施工单位应当通知建设单位和建筑工程质量监督机构。

7）施工人员对涉及结构安全的试块、试件以及有关材料，应当在建设单位或者工程监理单位的监督下现场取样，并送具有相应资质等级的质量检测单位进行检测。

8）施工单位对施工中出现质量问题的建筑工程或者竣工验收不合格的建筑工程，应当负责返修。

9）施工单位应当建立健全教育培训制度，加强对职工的教育培训；未经教育培训或者考核不合格的人员，不得上岗作业。

4. 工程监理单位的质量责任和义务

1）工程监理单位应当依法取得相应等级的资质证书，在其资质等级许可的范围内承担工程监理业务，并不得转让工程监理业务。

2）工程监理单位与被监理工程的施工承包单位以及建筑材料、建筑构配件和设备供应单位有隶属关系或其他利害关系的，不得承担该项建筑工程的监理业务。

3）工程监理单位应当依照法律、法规以及有关技术标准、设计文件和建筑工程承包合同，代表建设单位对施工质量实施监理，并对施工质量承担监理责任。

4）工程监理单位应当选派具备相应资格的总监理工程师和监理工程师进驻施工现场。未经监理工程师签字，建筑材料、建筑构配件和设备不得在工程上使用或者安装，施工单位不得进行下一道工序的施工。未经总监理工程师签字，建设单位不得拨付工程款，不得进行竣工验收。

5）监理工程师应当按照工程监理规范的要求，采取旁站、巡视和平行检验等形式，对建筑工程实施监理。

1.4 项目质量控制体系的建立与运行

建筑工程项目的实施涉及业主方、设计方、施工方、监理方、供应方等多方质量责任主体的活动，各方主体各自承担不同的质量责任和义务。为了有效地进行系统、全面的质量控制，必须由项目实施的总负责单位负责建筑工程项目质量控制体系的建立与运行，实施质量目标的控制。

1. 项目质量控制体系的性质、特点和构成

（1）项目质量控制体系的性质

建筑工程项目质量控制体系既不是业主方也不是施工方的质量管理体系或质量保证体系，而是由整个建筑工程项目目标控制的一个工作系统，其性质如下：

1）项目质量控制体系是以项目为对象，由项目实施的总组织者负责建立的面向项目对象开展质量控制的工作体系。

2）项目质量控制体系是项目管理组织的一个目标控制体系，它与项目投资控制、进度控制、职业健康安全与环境管理等目标控制体系，共同依托于同一项目管理的组织机构。

3）项目质量控制体系根据项目管理的实际需要而建立，随着项目的完成和项目管理组织的解体而消失。因此，它是一个一次性的质量控制工作体系，不同于企业的质量管理体系。

（2）项目质量控制体系的特点

如上所述，建筑工程项目质量控制体系是面向项目对象而建立的质量控制工作体系，它与建筑企业或其他组织机构按照 GB/T 19000—2016 质量管理体系族标准建立的质量管理体系相比较，有以下不同：

1）建立的目的不同。项目质量控制体系只用于特定的项目质量控制，而不是用于建筑企业或组织的质量管理，所以其建立的目的不同。

2）服务的范围不同。项目质量控制体系涉及项目实施过程中的所有质量责任主体，而不只是针对某一个承包企业或组织机构，所以其服务的范围不同。

3）控制的目标不同。项目质量控制体系的控制目标是项目的质量目标，并非某一具体建筑企业或组织的质量管理目标，所以其控制的目标不同。

4）作用的时效不同。项目质量控制体系与项目管理组织系统相融合，是一次性的质量工作体系，并非永久性的质量管理体系，所以其作用的时效不同。

5）评价的方式不同。项目质量控制体系的有效性一般由项目管理的总组织者进行自我评价与诊断，不需要进行第三方认证，所以其评价的方式不同。

（3）项目质量控制体系的构成

建筑工程项目质量控制体系一般形成多层次、多单元的结构形态，这是由其实施任务的委托方式和合同结构所决定的。

1）多层次结构。多层次结构是对应于项目工程系统纵向垂直分解的单项、单位工程项目的质量控制体系。在大、中型工程项目，尤其是群体工程项目中，第一层次的质量控制体系应由建设单位的工程项目管理机构负责建立；在委托代建、项目管理或实行交钥匙式工程总承包的情况下，应由相应的代建方项目管理机构、受托项目管理机构或工程总承包企业项目管理机构负责建立。第二层次的质量控制体系通常是指分别由项目的设计总负责单位、施工总承包单位等建立的相应管理范围内的质量控制体系。第三层次及其以下的质量控制体系是指承担工程设计、施工安装、材料设备供应等各承包单位的现场质量自控体系，或称各自的施工质量保证体系。系统纵向层次机构的合理性是项目质量目标、控制责任和措施分解落实的重要保证。

2）多单元结构。多单元结构是指在项目质量控制总体系下，第二层次的质量控制体系及其以下的质量自控或保证体系可能有多个。这是项目质量目标、控制责任和措施分解的必然结果。

2. 项目质量控制体系的建立

项目质量控制体系的建立过程，实际上就是项目质量总目标的确定和分解过程，也是项目各参与方之间质量管理关系和控制责任的确立过程。为了保证质量控制体系的科学性和有效性，必须明确体系建立的原则、程序和责任主体。

（1）建立的原则

实践经验表明，对于项目质量控制体系的建立，遵循以下原则对质量目标的规划、分解和有效实施控制是非常重要的。

1）分层次规划原则。项目质量控制体系的分层次规划是指项目管理的总组织者（建设单位或代建制项目管理企业）和承担项目实施任务的各参与单位，分别进行不同层次和范围的建筑工程项目质量控制体系规划。

2）目标分解原则。项目质量控制系统总目标的分解是根据控制系统内工程项目的分解结构，将工程项目的建设标准和质量总体目标分解到各个责任主体，明示于合同条件，由各责任主体制订出相应的质量计划，确定其具体的控制方式和控制措施。

3）质量责任制原则。项目质量控制体系的建立应按照《中华人民共和国建筑法》和《建设工程质量管理条例》有关工程质量责任的规定，界定各方的质量责任范围和控制要求。

4）系统有效性原则。项目质量控制体系应从实际出发，结合项目特点、合同结构和项目管理组织系统的构成情况，建立项目各参与方共同遵循的质量管理制度和控制措施，并形成有效的运行机制。

（2）建立的程序

项目质量控制体系的建立过程一般可按以下环节依次展开工作：

1）确立系统质量控制网络。明确系统各层面的工程质量控制负责人（一般应包括承担项目实施任务的项目经理或工程负责人、总工程师，项目监理机构的总监理工程师、专业监理工程师等），以形成明确的项目质量控制责任者的关系网络架构。

2）制定质量控制制度。其包括质量控制例会制度、协调制度、报告审批制度、质量验收制度和质量信息管理制度等，形成建筑工程项目质量控制体系的管理文件或手册，作为承担建筑工程项目实施任务各方主体共同遵循的管理依据。

3）分析质量控制界面。项目质量控制体系的质量责任界面包括静态界面和动态界面。一般来说，静态界面根据法律法规、合同条件、组织内部职能分工来确定。动态界面主要是指项目实施过程中设计单位之间、施工单位之间、设计单位与施工单位之间的衔接配合关系及其责任划分，必须通过分析研究，确定管理原则与协调方式。

4）编制质量控制计划。项目管理总组织者负责主持编制建筑工程项目总质量计划，根据质量控制体系的要求，部署各质量责任主体编制与其承担任务范围相符合的质量计划，并按规定程序完成质量计划的审批，作为其实施自身工程质量控制的依据。

（3）质量控制体系的责任主体

根据建筑工程项目质量控制体系的性质、特点和结构，一般情况下，项目质量控制体系应由建设单位或工程项目总承包企业的工程项目管理机构负责建立；在分阶段依次对勘察、设计、施工、安装等任务进行分别招标发包的情况下，该体系通常应由建设单位或其委托的工程项目管理企业负责建立，并由各承包企业根据项目质量控制体系的要求，建立隶属于总的项目质量控制体系的设计项目、施工项目、采购供应项目等分质量保证体系（可称相应的质量控制子系统），以具体实施其质量责任范围内的质量管理和目标控制。

3. 项目质量控制体系的运行

项目质量控制体系的建立为项目的质量控制提供了组织制度方面的保证。项目质量控制体系的运行，实质上就是系统功能的发挥过程，也是质量活动职能和效果的控制过程。质量控制体系要有效运行，还有赖于系统内部的运行环境和运行机制的完善。

（1）运行环境

项目质量控制体系的运行环境主要是指以下几方面为系统运行提供支持的管理关系、组织制度和资源配置的条件：

1）项目的合同结构。建筑工程合同是联系建筑工程项目各参与方的纽带，只有在项目合同结构合理，质量标准和责任条款明确，并严格进行履约管理的条件下，质量控制体系的运行才能成为各方的自觉行动。

2）质量管理的资源配置。质量管理的资源配置包括专职的工程技术人员和质量管理人员的配置，实施技术管理和质量管理所必需的设备、设施、器具、软件等物质资源的配置。人员和资源的合理配置是质量控制体系得以运行的基础条件。

3）质量管理的组织制度。项目质量控制体系内部的各项管理制度和程序性文件的建立，为质量控制系统各个环节的运行提供必要的行动指南、行为准则和评价基准的依据，是系统有序运行的基本保证。

（2）运行机制

项目质量控制体系的运行机制是由一系列质量管理制度安排所形成的内在动力。运行机制是质量控制体系的生命，机制缺陷是造成系统运行无序、失效和失控的重要原因。

因此，对系统内部的管理制度设计，必须予以高度的重视，防止重要管理制度的缺失、制度本身的缺陷、制度之间的矛盾等现象出现，这样才能为系统的运行注入动力机制、约束机制、反馈机制和持续改进机制。

1）动力机制。动力机制是项目质量控制体系运行的核心机制，其来源于公正、公开、公平的竞争机制和利益机制的制度设计或安排。这是因为项目的实施过程是由多主体参与的价值增值链，只有保持合理的供方及分供方等各方关系，才能形成合力。它是项目管理成功的重要保证。

2）约束机制。没有约束机制的控制体系是无法使工程质量处于受控状态的。约束机制取决于各质量责任主体内部的自我约束能力和外部的监控效力。约束能力表现为组织及个人的经营理念、质量意识、职业道德及技术能力的发挥；监控效力取决于项目实施主体外部对质量工作的推动和检查监督。两者相辅相成，构成了质量控制过程的制衡关系。

3）反馈机制。运行状态和结果的信息反馈是对质量控制系统的能力和运行效果进行评价，并为及时做出处置提供决策依据。因此，必须有相关的制度安排，保证质量信息反馈的及时和准确；坚持质量管理者深入生产第一线，掌握第一手资料，才能形成有效的质量信息反馈机制。

4）持续改进机制。在项目实施的各个阶段，不同的层面、不同的范围和不同的质量责任主体之间，应用 PDCA 循环原理，即以计划、实施、检查和处置不断循环的方式展开质量控制，同时注重抓好控制点的设置，加强重点控制和例外控制，并不断寻求改进机会、研究改进措施，才能保证建筑工程项目质量控制体系的不断完善和持续改进，不断提高质量控制能力和控制水平。

1.5 建筑施工企业质量管理体系的建立与认证

建筑施工企业质量管理体系是企业为实施质量管理而建立的管理体系，其通过第三方质量认证机构的认证，为该企业的工程承包经营和质量管理奠定基础。企业质量管理体系应按照《质量管理体系　基础和术语》质量管理体系族标准进行建立和认证。该标准是我国按照等同原则，采用国际标准化组织颁布的 ISO 9000：2015 质量管理体系族标准制定的。其内容主要包括 ISO 9000：2015 质量管理体系族标准提出的质量管理七项原则，企业质量管理体系文件的构成，以及企业质量管理体系的建立与运行、认证与监督等相关知识。

1. 质量管理七项原则

质量管理七项原则是 ISO 9000：2015 质量管理体系族标准的编制基础，是世界各国质量管理成功经验的科学总结。其中，不少内容与我国全面质量管理的经验吻合。它的贯彻执行能促进企业管理水平的提高，提高顾客对其产品或服务的满意程度，帮助企业达到持续成功的目的。质量管理七项原则的具体内容如下：

（1）以顾客为关注焦点

满足顾客的需求相当重要，因为组织的持续成功主要取决于顾客。首先，要全面识别和了解组织现在和未来顾客的需求；其次，要为超越顾客期望做一切努力。同时，还要考虑组织利益相关方的需要和期望。

（2）领导作用

领导作用是通过设定愿景、展开方针，确立统一的组织宗旨和方向，指导员工，引导组织按正确的方向前进来实现的。领导的主要作用是率先发扬道德行为，维护好内部环境，鼓励员工在活动中承担义务以实现组织的目标。

（3）全员参与

能够全面担责并有胜任能力的员工在为提升组织的全面绩效方面做出了贡献，他们构成了组织管理的基础。组织的绩效最终是由员工决定的。员工是一种特殊的资源，因为他们不仅不会被损耗掉，而且具有提升胜任能力的潜力。组织应懂得员工的这种重要性和独特性。为了有效率地管理组织，使每个员工都担责，提高员工的知识和技能、激励员工、尊重员工是至关重要的。

（4）过程方法

把组织的活动作为过程加以管理，以加强其提供过程结果的能力。将相互作用的过程和相应资源作为系统加以管理，以提高实现目标的能力。为了建立一个好的质量管理体系，质量管理系统是相当重要的，这个体系有一个统一的目标，并且由一系列过程所组成。要考虑整个体系与各组成部分，以及各个组成部分之间的关系。要用焦点导向的方法，设计、实施和改进质量管理体系，以便实现全面优化。

组织通过规定输入、输出、活动、资源、测量指标和组成体系的过程控制点，识别影响过程输出的因素，对一系列活动和资源进行管理，就能有效地发挥质量管理体系的作用。

建立质量管理体系的工作内容一般包括：确定顾客期望；建立质量目标和方针；确定实现目标的过程和职责；确定必须提供的资源；规定测量过程有效性的方法；实施测量，确定过程的有效性；确定防止不合格现象并清除其产生原因的措施；建立和应用改进质量管理体系的过程。

（5）改进

任何类型的改进都为组织提供了宝贵的机会。基于对持续提高组织能力的理解，组织提倡为更好而做改变。面临经营环境的变化，若组织要在为顾客提供价值上取得持续成功，就必须维护好企业文化和价值观。这些文化和价值观注重组织的成长，积极倡导基于学习能力、自主和敏捷性的改进和创新。

（6）基于证据的决策

根据证据对组织的活动进行管理。以证据为依据的管理是通过识别关键指标、测量和监视、分析测量和监视数据，以及根据结果分析进行决策来实现的。

（7）关系管理

在价值网络里开展合作，提升组织为顾客提供价值的能力。没有一个组织能靠单打独斗向顾客提供价值并使他们满意。

2. 企业质量管理体系文件的构成

组织的质量管理体系应包括标准所要求的形成文件的信息以及组织确定的确保质量管理体系有效运行所需的形成文件的信息。质量管理标准所要求的质量管理体系文件一般由下列内容构成，这些文件的详略程度无统一规定，以适合企业使用，使过程受控为准则：

（1）质量方针和质量目标

质量方针和质量目标一般都以简明的文字来表述，是企业质量管理的方向目标，其反映用户及社会对工程质量的要求及企业相应的质量水平和服务承诺，也是企业质量经营理念的反映。

（2）质量手册

质量手册是规定企业组织质量管理体系的文件，质量手册对企业质量体系进行了系统、完整的描述。其内容一般包括：企业的质量方针、质量目标；组织机构及质量职责；体系要素或基本控制程序；质量手册的评审、修改和控制的管理办法。

质量手册作为企业质量管理系统的纲领性文件，应具备指令性、系统性、协调性、先进性、可行性和可检查性。

（3）程序文件

各种生产、工作和管理的程序文件是质量手册的支持性文件，是企业各职能部门为落实质量手册的要求而规定的细则。企业为落实质量管理工作而建立的各项管理标准、规章制度都属于程序文件范畴。各企业程序文件的内容及详略可视企业情况而定。一般来说，以下六个方面的程序为通用性管理程序，各类企业都应在程序文件中制定：

1）文件控制程序。

2）质量记录管理程序。

3）内部审核程序。

4）不合格品控制程序。

5）纠正措施控制程序。

6）预防措施控制程序。

除上述六个程序外，涉及产品质量形成过程各环节控制的程序文件，如生产过程、服务过程、管理过程、监督过程等管理程序文件，可视企业质量控制的需要来制定，不做统一规定。

为确保过程的有效运行和控制，在程序文件的指导下，还可按管理需要编制相关文件，如作业指导书、具体工程的质量计划等。

（4）质量记录

质量记录是产品质量水平和质量体系中各项质量活动及其结果的客观反映。其对质量体系程序文件所规定的运行过程及控制测量检查的内容如实加以记录，用以证明产品质量达到合同要求及质量保证的满足程度。若在控制体系中出现偏差，则质量记录不仅需要反映偏差情况，而且应反映出针对不足之处所采取的纠正措施及纠正效果。

质量记录应完整地反映质量活动实施、验证和评审的情况，并记载关键活动的过程参数，具有可追溯性的特点。质量记录以规定的形式和程序进行，并包含实施、验证、审核等意见。

不同组织的质量管理体系文件的多少与详略程度各有不同，其取决于：组织的规模、活动类型、过程、产品和服务；过程及其相互作用的复杂程度；人员的能力。

3. 企业质量管理体系的建立和运行

（1）企业质量管理体系的建立

1）企业质量管理体系的建立是在确定市场及顾客需求的前提下，按照七项质量管理原则制定企业的质量方针、质量目标、质量手册、程序文件及质量记录等体系文件，并将质量目标分解落实到相关层次、相关岗位的职能和职责中，形成企业质量管理体系的执行系统。

2）企业质量管理体系的建立还包含组织企业不同层次的员工进行培训，使体系的工作内容和执行要求被员工所了解，为形成全员参与的企业质量管理体系的运行创造条件。

3）企业质量管理体系的建立需识别并提供实现质量目标和持续改进所需的资源，包括人员、基础设施、环境、信息等。

（2）企业质量管理体系的运行

1）企业质量管理体系的运行是在生产及服务的全过程中，按质量管理体系文件所指定的程序、标准、工作要求及目标分解的岗位职责进行运作的。

2）在企业质量管理体系运行的过程中，按各类体系文件的要求，监视、测量和分析过程的有效性和效率，做好文件规定的质量记录，持续收集、记录并分析过程数据和信息。

3）按文件规定的办法进行质量管理评审和考核。对过程运行的评审考核工作，应针对发现的主要问题，采取必要的改进措施，使这些过程达到所策划的结果并实现对过程的持续改进。

4）落实质量体系的内部审核程序，有组织、有计划地开展内部质量审核活动。其主要目的是：

① 评价质量管理程序的执行情况及适用性。

② 揭露过程中存在的问题，为质量改进提供依据。

③ 检查质量体系运行的信息。

④ 向外部审核单位提供体系有效的证据。

为确保系统内部审核的效果，企业领导应发挥决策领导作用，制定审核政策和计划，组织内审人员队伍，落实内审条件，并对审核发现的问题采取纠正措施和提供人、财、物等方面的支持。

4. 企业质量管理体系的认证与监督

《中华人民共和国建筑法》规定，国家对从事建筑活动的单位推行质量认证制度。

（1）企业质量管理体系认证的意义

质量认证制度是由公正的第三方认证机构对企业的产品及质量体系做出正确、可靠的评价，从而使社会对企业的产品建立信心。第三方质量认证制度自20世纪80年代以来已得到世界各国的普遍重视，它对供方、需方、社会和国家的利益具有以下重要意义：

1）提高供方企业的质量信誉。

2）促进企业完善质量体系。

3）增强企业的国际市场竞争能力。

4）减少社会重复检验和检查费用。

5）有利于保护消费者利益。

6）有利于法规的实施。

（2）企业质量管理体系认证的程序

1）申请和受理。具有法人资格，并已按《质量管理体系　基础和术语》质量管理体系族标准或其他国际公认的质量体系规范建立了文件化的质量管理体系，并在生产经营全过程贯彻执行的企业可提出申请。申请单位必须按要求填写申请书。认证机构经审查符合要求后接受申请，若不符合要求则不接受申请，接受或不接受均发出书面通知书。

2）审核。认证机构派出审核组对申请方的质量管理体系进行检查和评定，包括文件审查、现场审核，并提出审核报告。

3）审批与注册发证。认证机构对审核组提出的审核报告进行全面审查，对符合标准者予以批准并注册，发给认证证书（内容包括证书号、注册企业名称和地址、认证和质量管理体系覆盖产品的范围、评价依据和质量保证模式标准及说明、发证机构、签发人和签发日期）。

（3）获准认证后的维持与监督管理

企业质量管理体系获准认证的有效期为3年。获准认证后，企业应通过经常性的内部审核，维持质量管理体系的有效性，并接受认证机构对企业质量管理体系实施监督管理。

获准认证后的质量管理体系，其维持与监督管理内容如下：

1）企业通报。认证合格的企业质量管理体系在运行中出现较大变化时，需向认证机构通报。认证机构接到通报后，视情况采取必要的监督检查措施。

2）监督检查。认证机构对认证合格单位的质量管理体系的维持情况进行监督性现场检查，包括定期和不定期的监督检查。定期检查通常是每年一次，不定期检查视需要临时安排。

3）认证注销。注销是企业的自愿行为。在企业质量管理体系发生变化或证书有效期届满未提出重新申请等情况下，认证持证者提出注销的，认证机构应予以注销，收回该体系认证证书。

4）认证暂停。认证暂停是认证机构在获证企业质量管理体系发生不符合认证要求的情况下所采取的警告措施。认证暂停期间，企业不得使用质量管理体系认证证书做宣传。企业在规定期间采取纠正措施满足规定条件后，认证机构撤销认证暂停，否则将撤销认证注册，收回合格证书。

5）认证撤销。当获证企业的质量管理体系严重不符合规定，或在认证暂停的规定期限未予整改，或出现其他构成撤销体系认证资格情况时，认证机构应做出撤销认证的决定。企业若不服可提出申诉。撤销认证的企业一年后可重新提出认证申请。

6）复评。认证合格有效期满前，若企业愿继续延长，可向认证机构提出复评申请。

7）重新换证。在认证证书有效期内，出现体系认证标准变更、体系认证范围变更、体系认证证书持有者变更等情况时，可按规定重新换证。

复习思考题

1. 什么是质量？什么是建筑工程质量？
2. 什么是质量管理？什么是质量控制？
3. 建筑工程项目质量的基本特性有哪些？
4. 建筑工程项目质量的影响因素有哪些？
5. 建设单位的质量责任和义务有哪些？
6. 勘察、设计单位的质量责任和义务有哪些？
7. 施工单位的质量责任和义务有哪些？
8. 工程监理单位的质量责任和义务有哪些？
9. 项目质量控制体系有几种结构形态？
10. 项目质量控制体系建立的原则有哪些？
11. 建立质量控制体系的责任主体有哪些？
12. 项目质量控制体系的运行机制有哪些？
13. 什么是质量管理七项原则？
14. 企业质量管理体系认证有何意义？
15. 对于获准认证后的质量管理体系，其维持与监督管理内容有哪些？

第 2 章

建筑工程项目质量控制

2.1 施工质量控制的依据与基本环节

1. 施工质量的基本要求

工程项目施工是实现项目设计意图，形成工程实体的阶段，是最终形成项目质量和实现项目使用价值的阶段。项目施工质量控制是整个工程项目质量控制的关键和重点。

施工质量要达到的最基本要求是：通过施工形成的项目工程实体质量经检查验收合格。

项目施工质量验收合格应符合下列要求：

1）符合《建筑工程施工质量验收统一标准》（GB 50300—2013）和相关专业验收规范的规定。

2）符合工程勘察、设计文件的要求。

3）符合施工承包合同的约定。

上述要求1）是国家法律、法规的要求。国家建设行政主管部门为了加强建筑工程质量管理，规范建筑工程施工质量的验收，保证工程质量，制定了相应的标准和规范。这些标准、规范主要从技术的角度，为保证房屋建筑各专业工程的安全性、可靠性、耐久性而提出的一般性要求。

上述要求2）是勘察、设计对施工提出的要求。工程勘察、设计单位针对本工程的水文地质条件，根据建设单位的要求，从技术和经济结合的角度，为满足工程的使用功能和安全性、经济性、与环境的协调性等要求，以设计图、文件的形式对施工提出要求，是针对每个工程项目的个性化要求。

上述要求3）是施工承包合同约定的要求。施工承包合同的约定具体体现了建设单位的要求和施工单位的承诺，合同的约定全面体现了对施工形成的工程实体的适用性、安全性、耐久性、可靠性、经济性以及与环境的协调性六个质量特性的要求。

为了达到上述要求，项目的建设单位、勘察单位、设计单位、施工单位、工程监理单位应切实履行法定的质量责任和义务，在整个施工阶段对影响项目质量的各项因素实行有效的控制，以保证项目实施过程的工作质量来保证项目工程实体的质量。

“合格”是对项目质量最基本的要求，国家鼓励采用先进的科学技术和管理方法，提高建筑工程质量。国家和地方（部门）建设主管部门或行业协会所设立的“中国建筑工程鲁班奖（国家优质工程）”“长城杯奖”“白玉兰奖”以及以“某某杯”命名的各种优质工程奖等，都是为了鼓励项目参建单位创造更好的工程质量。

2. 施工质量控制的依据

（1）共同性依据

共同性依据是指和施工质量管理有关的、通用的、具有普遍指导意义和必须遵守的基本法规，主要包括国家和政府有关部门颁布的与工程质量管理有关的法律法规性文件，如《中华人民共和国建筑法》《中华人民共和国招标投标法》和《建设工程质量管理条例》等。

（2）专业技术性依据

专业技术性依据是指针对不同的行业、不同质量控制对象所制定的专业技术规范文件，包括规范、规程、标准、规定等，如工程建设项目质量检验评定标准，有关建筑材料、半成品和构配件质量方面的专门技术法规性文件，有关材料验收、包装和标志等方面的技术标准和规定，施工工艺质量等方面的技术法规性文件，有关新工艺、新技术、新材料、新设备的质量规定和鉴定意见等。

（3）项目专用性依据

项目专用性依据是指本项目的工程建设合同、勘察设计文件、设计交底及图纸会审记录、设计修改和技术变更通知，以及相关会议记录和工程联系单等。

3. 施工质量控制的基本环节

施工质量控制应贯彻全面、全员、全过程质量管理的思想，运用动态控制原理，进行质量的事前控制、事中控制和事后控制。

（1）事前质量控制

事前质量控制是指在正式施工前进行的事前主动质量控制，通过编制施工质量计划，明确质量目标，制定施工方案，设置质量管理点，落实质量责任，分析可能导致质量目标偏离的各种影响因素，针对这些影响因素制定有效的预防措施，防患于未然。

事前质量控制必须充分发挥组织的技术和管理方面的整体优势，把长期形成的先进技术、管理方法和经验智慧，创造性地应用于工程项目。

事前质量控制要求针对质量控制对象的控制目标、活动条件、影响因素进行周密分析，找出薄弱环节，制定有效的控制措施和对策。

（2）事中质量控制

事中质量控制是指在施工质量形成过程中，对影响施工质量的各种因素进行全面的动态控制。事中质量控制也称为作业活动过程质量控制，包括质量活动主体的自我控制和他人监控的控制方式。自我控制是第一位的，即作业者在作业过程中对自己的质量活动行为的约束和技术能力的发挥，以完成符合预定质量目标的作业任务；他人监控是对作业者的质量活动过程和结果，由来自企业内部的管理者和企业外部有关方面进行监督检查，如工程监理机构、政府质量监督部门等的监控。

施工质量的自控和监控是相辅相成的系统过程。自控主体的质量意识和能力是关键，是施工质量的决定因素；各监控主体所进行的施工质量监控是对自控行为的推动和约束。

因此，自控主体必须正确处理自控和监控的关系，在致力于施工质量自控的同时，还必须接受来自业主、监理等方面对其质量行为和结果所进行的监督管理，包括质量检查、评价和验收。自控主体不能因为监控主体的存在和监控职能的实施而减轻或免除其质量责任。

事中质量控制的目标是确保工序质量合格，杜绝质量事故的发生；控制的关键是坚持质量标准；控制的重点是对工序质量、工作质量和质量控制点的控制。

（3）事后质量控制

事后质量控制也称为事后质量把关，是使不合格的工序或最终产品（包括单位工程或整个工程项目）不流入下道工序、不进入市场。事后质量控制包括对质量活动结果的评价、认定；对工序质量偏差的纠正；对不合格产品进行整改和处理。控制的重点是发现施工质量方面的缺陷，并通过分析提出施工质量改进的措施，保持质量处于受控状态。

以上三大环节不是互相孤立和截然分开的，它们共同构成有机的系统过程，实质上也就是质量管理 PDCA 循环的具体化，在每一次滚动循环中不断提高，从而达到质量管理和质量控制的持续改进。

2.2 施工质量计划的内容与编制方法

按照《质量管理体系　基础和术语》，质量计划是质量管理体系文件的组成内容。在合同环境下，质量计划是企业向顾客表明质量管理方针、目标及其具体实现的方法、手段和措施的文件，是体现企业对质量责任的承诺和实施的具体步骤。

1. 施工质量计划的形式和基本内容

在建筑施工企业的质量管理体系中，以施工项目为对象的质量计划称为施工质量计划。

（1）施工质量计划的形式

目前，我国除已经建立质量管理体系的施工企业直接采用施工质量计划的形式外，通常还采用在工程项目施工组织设计或施工项目管理实施规划中包含施工质量计划内容的形式。因此，现行的施工质量计划有三种形式：

1）工程项目施工质量计划。

2）工程项目施工组织设计（含施工质量计划）。

3）施工项目管理实施规划（含施工质量计划）。

工程项目施工组织设计和施工项目管理实施规划之所以能发挥施工质量计划的作用，是因为根据建筑生产的技术经济特点，每个工程项目都需要进行施工生产过程的组织与计划，包括施工质量、进度、成本、安全等目标的设定，实现目标的计划和控制措施的安排等。因此，施工质量计划所要求的内容，理所当然地被包含于工程项目施工组织设计或施工项目管理实施规划中，而且能够充分体现施工项目管理目标（质量、工期、成本、安全）的关联性、制约性和整体性，这也和全面质量管理的思想方法一致。

（2）施工质量计划的基本内容

在已经建立质量管理体系的情况下，质量计划的内容必须全面体现和落实企业质量管理体系文件的要求（也可引用质量体系文件中的相关条文）。同时，结合本工程的特点，在质量计划中编写专项管理要求。施工质量计划的基本内容一般应包括：

1）工程特点及施工条件（合同条件、法规条件和现场条件等）分析。

2）质量总目标及其分解目标。

3）质量管理组织机构和职责，人员及资源配置计划。

4）确定施工工艺与操作方法的技术方案和施工组织方案。

5）施工材料、设备等物资的质量管理及控制措施。

6）施工质量检验、检测、试验工作的计划安排及其实施方法与检测标准。

7）施工质量控制点及其跟踪控制的方式与要求。

8）质量记录的要求等。

2. 施工质量计划的编制与审批

建筑工程项目施工任务的组织，无论业主方采用平行发包还是总分包方式，都将涉及多方参与主体的质量责任。也就是说，建筑产品的直接生产过程是在协同方式下进行的。因此，在工程项目质量控制系统中，要按照“谁实施，谁负责”的原则，明确施工质量控制的主体构成及其各自的控制范围。

（1）施工质量计划的编制主体

施工质量计划应由自控主体，即施工承包企业进行编制。在平行发包方式下，各承包单位应分别编制施工质量计划；在总分包模式下，施工总承包单位应编制总承包工程范围的施工质量计划，各分包单位编制相应分包范围的施工质量计划，作为施工总承包方质量计划的深化和组成部分。施工总承包方有责任对各分包方施工质量计划的编制进行指导和审核，并承担相应施工质量的连带责任。

（2）施工质量计划涵盖的范围

施工质量计划涵盖的范围，按整个工程项目质量控制的要求，应与建筑安装工程施工任务的实施范围一致，以此保证整个项目建筑安装工程的施工质量总体受控；对具体施工任务承包单位而言，施工质量计划涵盖的范围应能满足其履行工程承包合同质量责任的要求。项目的施工质量计划应在施工程序、控制组织、控制措施、控制方式等方面，形成一个有机的质量计划系统，确保实现项目质量总目标和各分解目标的控制能力。

（3）施工质量计划的审批

施工单位的项目施工质量计划或施工组织设计文件编成后，应按照工程施工管理程序进行审批，包括施工企业内部的审批和项目监理机构的审查。

1）施工企业内部的审批。施工单位的项目施工质量计划或施工组织设计的编制与内部审批，应根据企业质量管理程序性文件规定的权限和流程进行。其通常是由项目经理部主持编制，报企业组织管理层批准。

施工质量计划或施工组织设计文件的内部审批过程，是施工企业自主技术决策和管理决策的过程，也是发挥企业职能部门与施工项目管理团队的智慧和经验的过程。

2）项目监理机构的审查。实施工程监理的施工项目，按照我国建筑工程监理规范的规定，施工承包单位必须填写《施工组织设计（方案）报审表》并附施工组织设计（方案），报送项目监理机构审查。规范规定项目监理机构“在工程开工前，总监理工程师应组织专业监理工程师审查承包单位报送的《施工组织设计（方案）报审表》，提出意见，并经总监理工程师审核、签认后报建设单位”。

3）审批关系的处理原则。正确执行施工质量计划的审批程序是正确理解工程质量目标和要求，保证施工部署、技术工艺方案和组织管理措施的合理性、先进性和经济性的重要环节，也是进行事前质量控制的重要方法。因此，在执行审批程序时，必须正确处理施工企业内部审批和监理机构审批的关系，其基本原则如下：

① 充分发挥质量自控主体和监控主体的共同作用，在坚持项目质量标准和质量控制能力的前提下，正确处理承包人利益和项目利益的关系，施工企业内部的审批首先应从履行工程承包合同的角度，审查实现合同质量目标的合理性和可行性，以项目施工质量计划向发包方提供可信任的依据。

② 施工质量计划在审批过程中，对监理机构审查所提出的建议、希望、要求等是否采纳以及采纳的程度，应由负责施工质量计划编制的施工单位自主决策，在满足合同和相关法规要求的情况下确定施工质量计划的调整、修改和优化，并对相应执行结果承担责任。

③ 按规定程序审查批准的施工质量计划，在实施过程中如因条件变化需要对某些重要决定进行修改，其修改内容仍应按照相应程序经过审批后执行。

3. 施工质量控制点的设置与管理

施工质量控制点的设置是施工质量计划的重要组成内容。施工质量控制点是施工质量控制的重点对象。

（1）施工质量控制点的设置

施工质量控制点应选择那些技术要求高、施工难度大、对工程质量影响大或发生质量问题时危害大的对象进行设置。一般选择下列部位或环节作为质量控制点：

1）对工程质量形成过程产生直接影响的关键部位、工序、环节及隐蔽工程。

2）施工过程中的薄弱环节，或者质量不稳定的工序、部位或对象。

3）对下道工序有较大影响的上道工序。

4）采用新技术、新工艺、新材料的部位或环节。

5）施工质量无把握的、施工条件困难的或技术难度大的工序或环节。

6）用户反馈指出的和过去有过返工的不良工序。

一般建筑工程施工质量控制点的设置可参考表 2-1。

表 2-1 施工质量控制点的设置

分项工程	质量控制点
工程测量定位	标准轴线桩、水平桩、龙门板、定位轴线、标高
地基、基础（含设备基础）	基坑（槽）尺寸、标高、土质、地基承载力，基础垫层标高，基础位置、尺寸、标高，预埋件、预留孔洞的位置、标高、规格、数量，基础杯口弹线
砌体	砌体轴线，皮数杆，砂浆配合比，预留洞孔、预埋件的位置、数量，砌块排列
模板	模板位置、标高、尺寸，预留孔洞的位置、尺寸，预埋件的位置，模板的承载力、刚度和稳定性，模板内部清理及润湿情况
钢筋混凝土	水泥品种、强度等级，砂石质量，混凝土配合比，外加剂比例，混凝土振捣，钢筋品种、规格、尺寸、搭接长度，钢筋焊接、机械连接，预留孔洞及预埋件的规格、位置、尺寸、数量，预制构件吊装或出厂（脱模）强度，吊装位置、标高、支承长度、焊缝长度
吊装	吊装设备的起重能力、吊具、索具、地锚
钢结构	翻样图、放大样
焊接	焊接条件、焊接工艺
装修	视具体情况而定

（2）施工质量控制点的重点控制对象

施工质量控制点的选择要准确，还要根据对重要质量特性进行重点控制的要求，选择施工质量控制点的重点部位、重点工序和重点的质量因素作为施工质量控制点的重点控制对象，进行重点预控和监控，从而有效地控制和保证施工质量。施工质量控制点的重点控制对象主要包括以下几个方面：

1）人的行为。某些操作或工序，应以人为重点控制对象，如高处、高温、水下、易燃易爆、重型构件吊装作业以及操作要求高的工序和技术难度大的工序等，都应从人的生理、心理、技术能力等方面进行控制。

2）材料的质量与性能。这是直接影响工程质量的重要因素，在某些工程中应作为控制的重点，如钢结构工程中使用的高强度螺栓、某些特殊焊接作业中使用的焊条，都应重点控制其材质与性能；又如水泥的质量是直接影响混凝土工程质量的关键因素，在施工中就应对进场的水泥质量进行重点控制，必须检查核对其出厂合格证，并按要求进行强度和安定性的复验等。

3）关键操作与施工方法。某些直接影响工程质量的关键操作应作为控制的重点，如预应力钢筋的张拉工艺操作过程及张拉力的控制，是可靠地建立预应力值和保证预应力构件质量的关键过程。同时，那些易对工程质量产生重大影响的施工方法，也应被列为控制的重点，如大模板施工中模板的稳定和组装问题、液压滑模施工时支撑杆稳定问题、升板法施工中提升量的控制问题等。

4）施工技术参数。如混凝土的外加剂掺量、水胶比，回填土的含水率，砌体的砂浆饱和度，防水混凝土的抗渗等级，建筑物沉降与基坑边坡稳定监测数据，大体积混凝土内外温差及混凝土冬期施工受冻临界强度等技术参数都是应重点控制的质量参数与指标。

5）技术间歇。有些工序之间必须留有必要的技术间歇时间，如砌筑与抹灰之间，应在墙体砌筑后留 6～10d 时间，让墙体充分沉陷、稳定、干燥，然后再抹灰，抹灰层干燥后才能喷白、刷浆；混凝土浇筑与模板拆除之间，应保证混凝土有一定的硬化时间，达到规定拆模强度后方可拆除等。

6）施工顺序。某些工序之间必须严格控制施工顺序的先后，如对冷拉的钢筋应当先焊接后冷拉，否则会失去冷强；屋架的安装固定，应采取对角同时施焊的方法，否则会由于焊接应力导致校正好的屋架发生倾斜。

7）易发生或常见的质量通病。如混凝土工程的蜂窝、麻面、空洞，墙、地面、屋面工程渗水、漏水、空鼓、起砂、裂缝等，都与工序操作有关，均应事先研究对策，提出预防措施。

8）新技术、新材料及新工艺的应用。由于缺乏经验，施工时应将其作为重点进行控制。

9）产品质量不稳定和不合格率较高的工序应被列为重点，并应认真分析，严格控制。

10）特殊地基或特种结构。对于湿陷性黄土、膨胀土、红黏土等特殊土地基的处理，以及大跨度结构、高耸结构等技术难度较大的施工环节和重要部位，均应予以特别的重视。

（3）施工质量控制点的管理

设定了施工质量控制点，质量控制的目标及工作重点就更加明确了。

1）要做好施工质量控制点的事前质量控制工作，包括明确质量控制的目标与控制参数、编制作业指导书和确定质量控制措施、确定质量检查检验方式及抽样的数量与方法、明确检查结果的判断标准及质量记录与信息反馈要求等。

2）要向施工作业班组认真进行交底，使每一个施工质量控制点上的作业人员明白施工作业规程及质量检验评定标准，掌握施工操作要领；在施工过程中，相关技术管理和质量控制人员要在现场进行重点指导和检查验收。

3）还要做好施工质量控制点的动态设置和动态跟踪管理。所谓动态设置，是指在工程开工前、设计交底和图纸会审时，可确定项目的一批施工质量控制点，随着工程的展开、施工条件的变化，随时或定期进行控制点的调整和更新。动态跟踪管理是应用动态控制原理，落实专人负责跟踪和记录控制点质量控制的状态和效果，并及时向项目管理组织的高层管理者反馈质量控制信息，保持施工质量控制点的受控状态。

对于危险性较大的分部分项工程或特殊施工过程，除按一般过程质量控制的规定执行外，还应由专业技术人员编制专项施工方案或作业指导书，经施工单位技术负责人、项目总监理工程师、建设单位项目负责人签字后执行。超过一定规模的危险性较大的分部分项工程，还要组织专家对专项方案进行论证。作业前施工员、技术员做好交底和记录，使操作人员在明确工艺标准、质量要求的基础上进行作业。为保证施工质量控制点的目标实现，应严格按照三级检查制度进行检查控制。在施工中发现质量控制点有异常时，应立即停止施工，召开分析会，查找原因，采取对策予以解决。

施工单位应积极主动地支持、配合监理工程师的工作，应根据现场工程监理机构的要求，将施工作业质量控制点，按照不同的性质和管理要求，细分为“见证点”和“待检点”以进行施工质量的监督和检查。凡属“见证点”的施工作业，如重要部位、特种作业、专门工艺等，施工方必须在该项作业开始前24h，书面通知现场监理机构到位旁站，见证施工作业过程；凡属“待检点”的施工作业，如隐蔽工程等，施工方必须在完成施工质量自检的基础上，提前通知项目监理机构进行检查验收，然后才能进行工程隐蔽或下道工序的施工。未经过项目监理机构检查验收合格，不得进行工程隐蔽或下道工序的施工。

2.3 施工生产要素的质量控制

施工生产要素是施工质量形成的物质基础，其质量的含义包括以下内容：作为劳动主体的施工人员，即直接参与施工的管理者、作业者的素质及其组织效果；作为劳动对象的建筑材料、半成品、工程用品、设备等的质量；作为劳动方法的施工工艺及技术措施的水平；作为劳动手段的施工机械、设备、工具、模具等的技术性能；以及施工环境——现场水文、地质、气象等自然环境，通风、照明、安全等作业环境以及协调配合的管理环境。

1. 施工人员的质量控制

施工人员的质量包括参与工程施工的各类人员的施工技能、文化素养、生理体能、心理行为等方面的个体素质，以及经过合理组织和激励发挥个体潜能综合形成的群体素质。因此，企业应通过择优录用、加强思想教育及技能方面的培训，合理组织、严格考核，并辅以必要的激励机制，使企业员工的潜在能力得到充分的发挥和最好的组合，使施工人员在质量控制系统中发挥主体自控作用。

施工企业必须坚持执业资格注册制度和作业人员持证上岗制度；对所选派的施工项目领导者、组织者进行教育和培训，使其质量意识和组织管理能力能满足施工质量控制的要求；对所属施工队伍进行全员培训，加强质量意识的教育和技术训练，提高每个作业者的质量活动能力和自控能力；对分包单位进行严格的资质考核和施工人员的资格考核，其资质、资格必须符合相关法规的规定，与其分包的工程相适应。

2. 材料、设备的质量控制

原材料、半成品及工程设备是工程实体的构成部分，其质量是项目工程实体质量的基础。加强原材料、半成品及工程设备的质量控制，不仅是提高工程质量的必要条件，也是实现工程项目投资目标和进度目标的前提。

对原材料、半成品及工程设备进行质量控制的主要内容为：控制材料、设备的性能、标准、技术参数与设计文件的相符性；控制材料、设备各项技术性能指标、检验测试指标与标准规范要求的相符性；控制材料、设备进场验收程序的正确性及质量文件资料的完备性；控制优先采用节能低碳的新型建筑材料和设备，禁止使用国家明令禁用或淘汰的建筑材料和设备等。

施工单位应在施工过程中贯彻执行企业质量程序文件中关于材料和设备封样、采购、进场检验、抽样检测及质保资料提交等方面明确规定的一系列控制标准。

3. 工艺方案的质量控制

施工工艺的先进合理是直接影响工程质量、工程进度及工程造价的关键因素，施工工艺的合理可靠也直接影响到工程施工安全。因此，在工程项目质量控制系统中，制定和采用技术先进、经济合理、安全可靠的施工技术工艺方案，是工程质量控制的重要环节。对施工工艺方案的质量控制主要包括以下内容：

1）深入正确地分析工程特征、技术关键及环境条件等资料，明确质量目标、验收标准、控制的重点和难点。

2）制定合理有效的、有针对性的施工技术方案和组织方案，前者包括施工工艺、施工方法，后者包括施工区段划分、施工流向及劳动组织等。

3）合理选用施工机械设备和设置施工临时设施，合理布置施工总平面图和各阶段施工平面图。

4）选用和设计保证质量和安全的模具、脚手架等施工设备。

5）编制工程所采用的新材料、新技术、新工艺的专项技术方案和质量管理方案。

6）针对工程具体情况，分析气象、地质等环境因素对施工的影响，制定应对措施。

4. 施工机械的质量控制

施工机械是指施工过程中使用的各类机械设备，包括起重运输设备、人货两用电梯、加工机械、操作工具、测量仪器、计量器具以及专用工具和施工安全设施等。施工机械设备是所有施工方案和工法得以实施的重要物质基础，合理选择和正确使用施工机械设备是保证施工质量的重要措施。

1）对施工所用的机械设备，应根据工程需要从设备选型、主要性能参数及使用操作要求等方面加以控制，使其符合安全、适用、经济、可靠和节能、环保等方面的要求。

2）对施工中使用的模具、脚手架等施工设备，除可按适用的标准定型选用之外，一般需按设计及施工要求进行专项设计，将其设计方案及制作质量的控制及验收作为重点并进行控制。

3）按现行施工管理制度的要求，工程所用的施工机械、模板、脚手架，特别是危险性较大的现场安装的起重机械设备，不仅要对其设计安装方案进行审批，而且安装完毕交付使用前必须经专业管理部门的验收，合格后方可使用。同时，在使用过程中还需落实相应的管理制度，以确保其安全正常使用。

5. 施工环境因素的控制

环境的因素主要包括施工现场自然环境因素、施工质量管理环境因素和施工作业环境因素。环境因素对工程质量的影响，具有复杂多变的特点和不确定性，以及明显的风险特性。要减少其对施工质量的不利影响，主要是采取预测预防的风险控制方法。

（1）对施工现场自然环境因素的控制

对地质、水文等方面的影响因素，应根据设计要求，分析工程岩土地质资料，预测不利因素，并会同设计等方面制定相应的措施，采取如基坑降水、排水、加固围护等技术控制方案。

对天气气象方面的影响因素，应在施工方案中制定专项紧急预案，明确在不利条件下的施工措施，落实人员、器材等方面的准备，加强施工过程中的监控与预警。

（2）对施工质量管理环境因素的控制

施工质量管理环境因素主要是指施工单位质量保证体系、质量管理制度和各参建施工单位之间的协调等因素。要根据工程发承包的合同结构，理顺管理关系，建立统一的现场施工组织系统和质量管理的综合运行机制，确保质量保证体系处于良好的状态，创造良好的质量管理环境和氛围，使施工顺利进行，保证施工质量。

（3）对施工作业环境因素的控制

施工作业环境因素主要是指施工现场的给水排水条件，各种能源介质供应，施工照明、通风、安全防护设施，施工场地空间条件和通道，以及交通运输和道路条件等因素。

要认真实施经过审批的施工组织设计和施工方案，落实保证措施，严格执行相关管理制度和施工纪律，保证上述环境条件良好，使施工顺利进行以及使施工质量得到保证。

2.4 施工准备的质量控制

1. 施工技术准备工作的质量控制

施工技术准备是指在正式开展施工作业活动前进行的技术准备工作。这类工作内容繁多，主要在室内进行，例如，熟悉施工图，组织设计交底和图纸审查；进行工程项目检查验收的项目划分和编号；审核相关质量文件，细化施工技术方案和施工人员、机具的配置方案，编制施工作业技术指导书，绘制各种施工详图（如测量放线图，大样图及配筋、配板、配线图表等），进行必要的技术交底和技术培训。如果施工准备工作出错，必然影响施工进度和作业质量，甚至直接导致质量事故的发生。

技术准备工作的质量控制，包括对上述技术准备工作成果的复核审查，检查这些成果是否符合设计图和施工技术标准的要求；依据经过审批的质量计划审查、完善施工质量控制措施；针对施工质量控制点，明确质量控制的重点对象和控制方法；尽可能地提高上述工作成果对施工质量的保证程度等。

2. 现场施工准备工作的质量控制

（1）计量控制

计量控制是施工质量控制的一项重要基础工作。施工过程中的计量包括施工生产时的投料计量，施工测量，监测计量以及对项目、产品或过程的测试、检验、分析计量等。开工前要建立和完善施工现场计量管理的规章制度；明确计量控制责任者和配置必要的计量人员；严格按规定对计量器具进行维修和校验；统一计量单位，组织量值传递，保证量值统一，从而保证施工过程中计量的准确。

（2）测量控制

工程测量放线是建筑工程产品由设计转化为实物的第一步。施工测量质量的好坏直接影响工程的定位和标高是否正确，并且制约施工过程有关工序的质量。因此，施工单位在开工前应编制测量控制方案，经项目技术负责人批准后实施。要对建设单位提供的原始坐标点、基准线和水准点等测量控制点进行复核，并将复测结果上报监理工程师审核，批准后施工单位才能建立施工测量控制网，进行工程定位和标高基准的控制。

（3）施工平面图控制

建设单位应按照合同约定并充分考虑施工的实际需要，事先划定并提供施工用地和现场临时设施用地的范围，协调平衡和审查批准各施工单位的施工平面设计。施工单位要严格按照批准的施工平面布置图，科学合理地使用施工场地，正确安装设置施工机械设备和其他临时设施，维护现场施工道路畅通无阻和通信设施完好，合理控制材料的进场与堆放，保持良好的防洪排水能力，保证充分的给水和供电。建设（监理）单位应会同施工单位制定严格的施工场地管理制度、施工纪律和相应的奖惩措施，严禁乱占场地和擅自断水、断电、断路，及时制止和处理各种违纪行为，并做好施工现场的质量检查记录。

3. 工程质量检查验收的项目划分

一个建筑工程项目从施工准备开始到竣工交付使用，要经过若干工序、工种的配合施工。施工质量的优劣取决于各个施工工序、工种的管理水平和操作质量。因此，为了便于控制、检查、评定和监督每个工序和工种的工作质量，要把整个项目逐级划分为若干个子项目，并分级进行编号，在施工过程中据此来进行质量控制和检查验收。这是进行施工质量控制的一项重要准备工作，应在项目施工开始之前进行。项目划分越合理、明细，越有利于分清质量责任，便于施工人员进行质量自控和检查监督人员检查验收，也有利于质量记录等资料的填写、整理和归档。

根据《建筑工程施工质量验收统一标准》的规定，建筑工程质量验收应逐级划分为单位（子单位）工程、分部（子分部）工程、分项工程和检验批。

2.5 施工过程的质量控制

施工过程的质量控制是在工程项目质量实际形成过程中的事中质量控制。

建筑工程项目施工是由一系列相互关联、相互制约的作业过程（工序）构成的。因此，施工质量控制必须对全部作业过程，即各道工序的作业质量持续进行控制。从项目管理的立场考虑，工序作业质量的控制首先是质量生产者，即作业者的自控，在施工生产要素合格的条件下，作业者的能力及其发挥的状况是决定作业质量的关键。其次，来自作业者外部的各种作业质量检查、验收和对质量行为的监督，也是不可缺少的设防和把关的管理措施。

1. 工序施工质量控制

工序是人、材料、机械设备、施工方法和环境因素对工程质量综合起作用的过程，所以对施工过程的质量控制，必须以工序的作业质量控制为基础和核心。工序的质量控制是施工阶段质量控制的重点。只有严格控制工序质量，才能确保施工项目的实体质量。《建筑工程施工质量验收统一标准》规定：各施工工序应按施工技术标准进行质量控制，每道施工工序完成后，经施工单位自检符合规定后，才能进行下道工序的施工。各专业工种之间的相关工序应进行交接检验，并应记录。对于监理单位提出检查要求的重要工序，应经监理工程师检查认可，才能进行下道工序施工。

工序施工质量控制主要包括工序施工条件质量控制和工序施工效果质量控制。

（1）工序施工条件质量控制

工序施工条件是指从事工序活动的各生产要素及环境条件。工序施工条件质量控制就是控制工序活动的各种生产要素质量和环境条件质量。控制的手段主要包括检查、测试、试验、跟踪监督等。控制的依据主要是：设计质量标准、材料质量标准、机械设备技术性能标准、施工工艺标准以及操作规程等。

（2）工序施工效果质量控制

工序施工效果主要反映工序产品的质量特征和特性指标。对工序施工效果的控制就是控制工序产品的质量特征和特性指标，使其达到设计质量标准以及施工质量验收标准的要求。工序施工效果质量控制属于事后质量控制，其控制的主要途径是：实测获取数据、统计分析所获取的数据、判断认定质量等级和纠正质量偏差。

按有关施工验收规范的规定，下列工序质量必须进行现场质量检测，合格后才能进行下道工序：

1）地基基础工程。

① 地基及复合地基承载力检测。对灰土地基、砂和砂石地基、土工合成材料地基、粉煤灰地基、强夯地基、注浆地基、预压地基，其竣工后的结果（地基强度或承载力）必须达到设计要求的标准。检验数量：每单位工程不应少于 3 点；$1000m^2$以上工程，每 $100m^2$至少应有 1 点；$3000m^2$以上工程，每 $300m^2$至少应有 1 点。每一独立基础下至少应有 1 点，基槽每 20 延米应有 1 点。

对水泥土搅拌桩复合地基、高压喷射注浆桩复合地基、砂桩地基、振冲桩复合地基、土和灰土挤密桩复合地基、水泥粉煤灰碎石桩复合地基及夯实水泥土桩复合地基，其承载力检验，数量为总数的 0.5% ~1%，但不应小于 3 处。有单桩强度检验要求时，数量为总数的 0.5% ~1%，但不应少于 3 根。

② 工程桩的承载力检测。对于地基基础设计等级为甲级或地质条件复杂、成桩质量可靠性低的灌注桩，应采用静荷载试验的方法进行检验，检验桩数不应少于总数的 1%，且不应少于 3 根，当总桩数少于 50 根时，不应少于 2 根。

设计等级为甲级、乙级的桩基或地质条件复杂、桩施工质量可靠性低、本地区采用的新桩型或新工艺的桩基应进行桩的承载力检测。检测数量在同一条件下不应少于 3 根，且不宜少于总桩数的 1%。

③ 桩身质量检验。对设计等级为甲级或地质条件复杂、成桩质量可靠性低的灌注桩，

抽检数量不应少于总数的 30%，且不应少于 20 根；其他桩基工程的抽检数量不应少于总数的 20%，且不应少于 10 根；对混凝土预制桩及地下水位以上且终孔后经过核验的灌注桩，检验数量不应少于总桩数的 10%，且不得少于 10 根。每个柱子承台下不得少于 1 根。

2）主体结构工程。

① 混凝土、砂浆、砌体强度现场检测。检测同一强度等级同条件养护的试块强度，以此检测结果代表工程实体的结构强度。

混凝土：按统计方法评定混凝土强度的基本条件是，同一强度等级的同条件养护试件的留置数量不宜少于 10 组，按非统计方法评定混凝土强度时，留置数量不应少于 3 组。

砂浆抽检数量：每一检验批且不超过 250m^3 砌体的各种类型及强度等级的砌筑砂浆，每台搅拌机应至少抽检 1 次。

砌体：普通砖 15 万块、多孔砖 5 万块、灰砂砖及粉灰砖 10 万块各为一检验批，抽检数量为 1 组。

② 钢筋保护层厚度检测。钢筋保护层厚度检测的结构部位，应由监理（建设）、施工等各方根据结构构件的重要性共同选定。

对梁类、板类构件，应各抽取构件数量的 2% 且不少于 5 个构件进行检验。

③ 混凝土预制构件结构性能检测。对成批生产的构件，应按同一工艺正常生产的不超过 1000 件且不超过 3 个月的同类型产品为一批。在每批中应随机抽取 1 个构件作为试件进行检验。

3）建筑幕墙工程。

① 铝塑复合板的剥离强度检测。

② 石材的弯曲强度检测、室内用花岗石的放射性检测。

③ 玻璃幕墙用结构胶的邵氏硬度、标准条件拉伸黏结强度、相容性试验，石材用结构胶的黏结强度及石材用密封胶的污染性检测。

④ 建筑幕墙的气密性、水密性、风压变形性能、层间变位性能检测。

⑤ 硅酮结构胶相容性检测。

4）钢结构及管道工程。

① 钢结构及钢管焊接质量无损检测：对有无损检验要求的焊缝，竣工图上应标明焊缝编号、无损检验方法、局部无损检验焊缝的位置、底片编号、热处理焊缝位置及编号、焊缝补焊位置及施焊焊工代号；焊缝施焊记录及检查、检验记录应符合相关标准的规定。

② 钢结构、钢管防腐及防火涂装检测。

③ 钢结构节点、机械连接用紧固标准件及高强度螺栓力学性能检测。

2. 施工作业质量自控

（1）施工作业质量自控的意义

施工作业质量自控，从经营的层面上说，强调的是作为建筑产品生产者和经营者的施工企业，应全面履行企业的质量责任，并应向顾客提供质量合格的工程产品；从生产的过程来说，其强调的是施工作业者的岗位质量责任，并向后道工序提供合格的作业成果（中间产品）。因此，施工方是施工阶段质量的自控主体。施工方不能因为监控主体的存在和监控责任的实施而减轻或免除其质量责任。《中华人民共和国建筑法》和《建设工程质量管理条例》规定：建筑施工企业对工程的施工质量负责；建筑施工企业必须按照工程设计要求、施工技术标准和合同的约定，对建筑材料、建筑构配件和设备进行检验，不合格的不得使用。

施工方作为工程施工质量的自控主体，既要遵循本企业质量管理体系的要求，也要根据其在所承建的工程项目质量控制系统中的地位和责任，通过具体项目质量计划的编制与实施，有效地实现施工质量的自控目标。

（2）施工作业质量自控的程序

施工作业质量自控过程是由施工作业组织成员进行的，其基本的控制程序包括：作业技术交底，作业活动的实施和作业质量的自检自查、互检互查以及专职管理人员的质量检查等。

1）施工作业技术交底。技术交底是施工组织设计和施工方案的具体化，施工作业技术交底的内容必须具有可行性和可操作性。

从项目的施工组织设计到分部分项工程的作业计划，在实施之前都必须逐级进行交底，其目的是使管理者的计划和决策意图为实施人员所理解。施工作业交底是最基层的技术和管理交底活动，施工总承包方和工程监理机构都要对施工作业交底进行监督。作业交底的内容包括作业范围，施工依据，作业程序，技术标准和要领，质量目标以及其他与安全、进度、成本、环境等目标管理有关的要求和注意事项。

2）施工作业活动的实施。施工作业活动是由一系列工序所组成的。为了保证工序质量受控，首先要对作业条件进行再确认，即按照作业计划检查作业准备状态是否落实到位，其中包括对施工程序和作业工艺顺序的检查确认，在此基础上，严格按作业计划的程序、步骤和质量要求展开工序作业活动。

3）施工作业质量的检查。施工作业的质量检查是贯穿整个施工过程的最基本的质量控制活动，包括施工单位内部的工序作业质量自检、互检、专检和交接检查，以及现场监理机构的旁站检查、平行检验等。施工作业质量检查是施工质量验收的基础，已完检验批及分部分项工程的施工质量，必须在施工单位完成质量自检并确认合格之后，才能报请现场监理机构进行检查验收。

前道工序作业质量经验收合格后，才可进入下道工序施工。未经验收合格的工序，不得进入下道工序施工。

（3）施工作业质量自控的要求

工序作业质量是直接形成工程质量的基础，为达到对工序作业质量控制的效果，在加强工序管理和质量目标控制方面应坚持以下要求：

1）预防为主。严格按照施工质量计划的要求，进行各分部分项施工作业的部署。同时，根据施工作业的内容、范围和特点，制订施工作业计划，明确作业质量目标和作业技术要领，认真进行作业技术交底，落实各项作业技术组织措施。

2）重点控制。在施工作业计划中，一方面要认真贯彻实施施工质量计划中的质量控制点的控制措施，另一方面要根据作业活动的实际需要，进一步建立工序作业控制点，深化工序作业的重点控制。

3）坚持标准。工序作业人员在工序作业过程中应严格进行质量自检，通过自检不断改善作业，并创造条件开展作业质量互检，通过互检加强技术与经验的交流。对已完工序作业产品，即检验批或分部分项工程，应严格坚持质量标准。对不合格的施工作业质量，不得进行验收签证，必须按照规定的程序进行处理。

《建筑工程施工质量验收统一标准》及配套使用的专业质量验收规范，是施工作业质量自控的合格标准。有条件的施工企业或项目经理部应结合自己的条件编制高于国家标准的企业内控标准或工程项目内控标准，或采用施工承包合同明确规定更高的标准，列入质量计划中，努力提升工程质量水平。

4）记录完整。施工图、质量计划、作业指导书、材料质保书、检验试验及检测报告、质量验收记录等，是形成可追溯的质量保证的依据，也是工程竣工验收所不可缺少的质量控制资料。

因此，对工序作业质量，应有计划、有步骤地按照施工管理规范的要求进行填写记载，做到及时、准确、完整、有效，并具有可追溯性。

（4）施工作业质量自控的制度

根据实践经验的总结，施工作业质量自控的有效制度有：

1）质量自检制度。

2）质量例会制度。

3）质量会诊制度。

4）质量样板制度。

5）质量挂牌制度。

6）每月质量讲评制度。

3. 施工作业质量的监控

（1）施工作业质量的监控主体

为了保证项目质量，建设单位、监理单位、设计单位及政府的工程质量监督部门，在施工阶段依据法律法规和工程施工承包合同，对施工单位的质量行为和项目实体质量实施监督控制。

设计单位应当就审查合格的施工图设计文件向施工单位做出详细说明，应当参与建筑工程质量事故分析，并对因设计造成的质量事故，提出相应的技术处理方案。

建设单位在领取施工许可证或者开工报告前，应当按照国家有关规定办理工程质量监督手续。

作为监控主体之一的项目监理机构，在施工作业实施过程中，根据其监理规划与实施细则，采取现场旁站、巡视、平行检验等形式，对施工作业质量进行监督检查，如发现工程施工不符合工程设计要求、施工技术标准和合同约定，有权要求建筑施工企业改正。

监理机构应进行检查而没有检查或没有按规定进行检查的，给建设单位造成损失时应承担赔偿责任。

必须强调，施工质量的自控主体和监控主体，在施工全过程中相互依存、各尽其责，共同推动着施工质量控制过程的展开并最终实现工程项目的质量总目标。

（2）现场质量检查

现场质量检查是施工作业质量监控的主要手段。

1）现场质量检查的内容。

① 开工前的检查。主要检查是否具备开工条件，开工后是否能够保持连续正常施工，能否保证工程质量。

② 工序交接检查。对于重要的工序或对工程质量有重大影响的工序，应严格执行“三检”制度（即自检、互检、专检），未经监理工程师（或建设单位技术负责人）检查认可，不得进行下道工序的施工。

③ 隐蔽工程的检查。施工中凡是隐蔽工程必须经检查认证后方可进行隐蔽掩盖。

④ 停工后复工的检查。因客观因素停工或处理质量事故等停工复工时，经检查认可后方能复工。

⑤ 分项、分部工程完工后的检查。应经检查认可，并签署验收记录后，才能进行下一工程项目的施工。

⑥ 成品保护的检查。检查成品有无保护措施以及保护措施是否有效可靠。

2）现场质量检查的方法。

① 目测法。目测法即凭借感官进行检查，也称为观感质量检验，其手段可概括为“看、摸、敲、照”四个字。

a. 看，就是根据质量标准要求进行外观检查，例如，清水墙面是否洁净，喷涂的密实度和颜色是否良好、均匀，工人的操作是否正常，内墙抹灰的大面及口角是否平直，混凝土外观是否符合要求等。

b. 摸，就是通过触摸手感进行检查、鉴别，如油漆的光滑度，浆活是否牢固、不掉粉等。

c. 敲，就是运用敲击工具进行音感检查，例如，对地面工程、装饰工程中的水磨石、面砖、石材饰面等，均应进行敲击检查。

d. 照，就是通过人工光源或反射光照射，检查难以看到或光线较暗的部位，例如，管道井、电梯井等内部管线、设备安装质量，装饰吊顶内连接及设备安装质量等。

② 实测法。实测法就是通过实测数据与施工规范、质量标准的要求及允许偏差值进行对照，以此判断质量是否符合要求，其手段可概括为“靠、量、吊、套”四个字。

a. 靠，就是用直尺、塞尺检查墙面、地面、路面等的平整度。

b. 量，就是用测量工具和计量仪表等检查断面尺寸、轴线、标高、湿度、温度等的偏差，例如，大理石板拼缝尺寸、摊铺沥青拌合料的温度、混凝土坍落度的检测等。

c. 吊，就是利用托线板以及线锤吊线检查垂直度，例如，砌体垂直度检查、门窗的安装等。

d. 套，就是以方尺套方，辅以塞尺检查，例如，对阴阳角的方正、踢脚板的垂直度、预制构件的方正、门窗口及构件的对角线的检查等。

③ 试验法。试验法是指通过必要的试验手段对质量进行判断的检查方法，主要包括以下内容：

a. 理化试验。工程中常用的理化试验包括物理力学性能方面的检验和化学成分及化学性能的测定等两个方面。物理力学性能的检验包括各种力学指标的测定，如抗拉强度、抗压强度、抗弯强度、抗折强度、冲击韧性、硬度、承载力等，以及各种物理性能方面的测定，如密度、含水率、凝结时间、安定性及抗渗性、耐磨性、耐热性等。化学成分及化学性质的测定，如钢筋中的磷、硫含量，混凝土中粗集料中的活性氧化硅成分，以及耐酸、耐碱、抗腐蚀性等。此外，根据规定有时还需进行现场试验，例如，对桩或地基的静载试验、下水管道的通水试验、压力管道的耐压试验、防水层的蓄水或淋水试验等。

b. 无损检测。利用专门的仪器仪表从表面探测结构物、材料、设备的内部组织结构或损伤情况。常用的无损检测方法有超声波探伤、X 射线探伤、γ 射线探伤等。

（3）技术核定与见证取样送检

1）技术核定。在建筑工程项目施工过程中，因施工方对施工图的某些要求不甚明白，或施工图内部存在某些矛盾，或工程材料调整与代用，改变建筑节点构造、管线位置或走向等，需要通过设计单位明确或确认的，施工方必须以技术核定单的方式向监理工程师提出，报送设计单位核准确认。

2）见证取样送检。为了保证建筑工程质量，我国规定对工程所使用的主要材料、半成品、构配件以及施工过程留置的试块、试件等应实行现场见证取样送检。见证人员由建设单位及工程监理机构中有相关专业知识的人员担任；送检的试验室应具备经国家或地方工程检验检测主管部门核准的相关资质；见证取样送检必须严格按执行规定的程序进行，包括取样见证并记录、为样本编号、填单、封箱、送试验室、核对、交接、试验检测、报告等。

检测机构应当建立档案管理制度。检测合同、委托单、原始记录、检测报告应当按年度统一编号，编号应当连续，不得随意抽撤、涂改。

4. 隐蔽工程验收与施工成品保护

（1）隐蔽工程验收

凡被后续施工所覆盖的施工内容，如地基基础工程、钢筋工程、预埋管线等均属隐蔽工程。加强隐蔽工程质量验收，是施工质量控制的重要环节。其程序要求施工方首先应完成自检并合格，然后填写专用的《隐蔽工程验收单》。验收单所列的验收内容应与已完的隐蔽工程实物一致，并事先通知监理机构及有关部门，按约定时间进行验收。验收合格的隐蔽工程由各方共同签署验收记录；验收不合格的隐蔽工程，应按验收整改意见进行整改后重新验收。严格填写隐蔽工程验收的程序和记录，对于预防工程质量隐患及提供可追溯质量记录具有重要作用。

（2）施工成品保护

建筑工程项目已完施工的成品保护，其目的是避免已完施工成品受到来自后续施工以及其他方面的污染或损坏。已完施工的成品保护问题和相应措施，在工程施工组织设计与计划阶段就应该从施工顺序上进行考虑，防止施工顺序不当或交叉作业造成相互干扰、污染和损坏；成品形成后可采取防护、覆盖、封闭、包裹等相应措施进行保护。

2.6 施工质量与设计质量的协调

建筑工程项目施工是按照工程设计图（施工图）进行的，施工质量离不开设计质量，优良的施工质量要靠优良的设计质量和周到的设计现场服务来保证。

1. 项目设计质量的控制

要保证施工质量，首先要控制设计质量。项目设计质量的控制主要是从满足项目建设需求入手，包括国家相关法律法规、强制性标准和合同规定的明确需求以及潜在需求，以使用功能和安全可靠性为核心，进行下列设计质量的综合控制：

（1）项目功能性质量控制

功能性质量控制的目的是保证建筑工程项目使用功能的符合性，其内容包括项目内部的平面空间组织、生产工艺流程组织。如满足使用功能的建筑面积分配以及宽度、高度、净空、通风、保暖、日照等物理指标和节能、环保、低碳等方面的符合性要求。

(2) 项目可靠性质量控制

其主要是指建筑工程项目建成后，在规定的使用年限和正常的使用条件下，保证使用安全和建筑物、构筑物及其设备系统性能稳定、可靠。

(3) 项目观感性质量控制

对于建筑工程项目，其主要是指建筑物的总体格调、外部形体及内部空间观感效果，整体环境的适宜性、协调性，文化内涵的韵味及其魅力等的体现；道路、桥梁等基础设施工程同样也有其独特的构型格调、观感效果及其环境适宜性的要求。

(4) 项目经济性质量控制

建筑工程项目设计经济性质量是指不同设计方案的选择对建设投资的影响。设计经济性质量控制的目的在于强调设计过程的多方案比较，通过价值工程、优化设计，不断提高建筑工程项目的性价比。在满足项目投资目标要求的条件下，做到经济高效、无浪费。

(5) 项目施工可行性质量控制

任何设计意图都要通过施工来实现，设计意图不能脱离现实的施工技术和装备水平，否则再好的设计意图也无法实现。设计一定要充分考虑施工的可行性，并尽量做到方便施工，使施工顺利进行，从而保证项目施工质量。

2. 施工与设计的协调

从项目施工质量控制的角度来说，项目建设单位、施工单位和监理单位，都要注重施工与设计的相互协调。这个协调工作主要包括以下几个方面：

(1) 设计联络

项目建设单位、施工单位和监理单位应组织施工单位到设计单位进行设计联络，其任务主要是：

1) 了解设计意图、设计内容和特殊技术要求，分析其中的施工重点和难点，以便有针对性地编制施工组织设计，及时做好施工准备；对于以现有的施工技术和装备水平实施有困难的设计，要及时提出意见，协商修改设计，或者探讨通过技术攻关提高技术装备水平来实施的可能性，同时向设计单位介绍和推荐先进的施工新技术、新工艺和工法，争取通过适当的设计，使这些新技术、新工艺和工法在施工中得到应用。

2) 了解设计进度，根据项目进度控制总目标、施工工艺顺序和施工进度安排，提出设计的时间和顺序要求，对设计和施工进度进行协调，使施工得以连续顺利地进行。

3) 从施工质量控制的角度，提出合理化建议，优化设计，为保证和提高施工质量创造更好的条件。

(2) 设计交底和图纸会审

建设单位和监理单位应组织设计单位向所有的施工实施单位进行详细的设计交底，使实施单位充分理解设计意图，了解设计内容和技术要求，明确质量控制的重点和难点；同时认真地进行图纸会审，深入发现和解决各专业设计之间可能存在的矛盾，消除施工图的差错。

(3) 设计现场服务和技术核定

建设单位和监理单位应要求设计单位派出得力的设计人员到施工现场进行设计服务，解决施工中发现和提出的与设计有关的问题，及时做好相关设计核定工作。

（4）设计变更

在施工期间无论是建设单位、设计单位或施工单位提出需要进行局部设计变更的内容，都必须按照规定的程序，先将变更意图或请求报送监理工程师审查，经设计单位审核认可并签发《设计变更通知书》后，再由监理工程师下达《变更指令》。

复习思考题

1. 建筑工程施工质量要达到的最基本的要求是什么？
2. 施工质量控制的依据是什么？
3. 施工质量控制的基本环节有哪些？
4. 施工质量计划有哪几种形式？
5. 施工质量计划的基本内容有哪些？
6. 什么是施工质量控制点？施工质量控制点应如何设置？
7. 施工质量控制点的重点控制对象有哪些？
8. 施工生产要素质量的含义有哪些？
9. 施工环境因素的控制有哪些？
10. 施工技术准备工作的质量控制有哪些？
11. 现场施工准备工作的质量控制有哪些？
12. 工程质量检查验收的项目如何划分？
13. 工序施工质量控制主要包括哪些内容？
14. 施工作业质量自控的意义有哪些？
15. 施工作业质量自控的有效制度有哪些？
16. 施工作业质量的监控主体有哪些？
17. 现场质量检查的内容有哪些？
18. 现场质量检查的方法有哪些？
19. 什么是见证取样送检？

第 3 章

建筑工程各分部工程质量控制要点

3.1 地基与基础工程施工质量控制要点

1. 基坑支护质量控制要点

1）根据基坑深度、气候条件、土质情况和周边位置建筑情况，合理选用基坑支护形式。

2）砂浆护坡、锚杆护坡、预应力锚杆护坡和排桩护坡等护坡的施工质量要符合相应规范和规定。

3）合理排放坡顶和基坑的水，坡面和坡顶的水得到有效排放，能较好地维护土质结构。

2. 地基降排水质量控制要点

1）施工前应做好施工区域内临时排水系统的总体规划，并注意与原排水系统相适应。做好统筹规划，阻止场外水流入施工场地。

2）在地形、地质条件复杂，有可能发生滑坡、坍塌的地段挖方时，应根据设计单位确定的方案进行排水。

3）进行低于地下水位挖方时，应根据当地工程地质资料、挖方尺寸等，选用集水坑降水、井点降水或两者相结合等措施降低地下水位，应使地下水位经常低于开挖底面不少于0.5m。

4）采用井点降水时，应根据含水层土的类别及其渗透系数、要求降水深度、工程特点、施工设备条件和施工工期等因素进行技术经济比较，选用适当的井点装置。

5）井点降水的施工方案应包括以下主要内容：

① 基坑（槽）或管沟的平面图、剖面图和降水深度要求。

② 井点的平面布置、井的结构（包括孔径、井深、过滤器类型及其安设位置等）和地面排水管路（或沟渠）布置图。

③ 井点降水干扰计算书。

④ 井点降水的施工要求。

⑤ 水泵的型号、数量及备用的井点、水泵和电源等。

3. 土方开挖

1）土方开挖时，应防止附近既有建筑物或构筑物、道路、管线等发生下沉或变形，在施工中要对以上部位进行沉降和位移观测。

2）土方施工中，应经常测量和校核其平面位置、水平标高和边坡坡度等是否符合设计要求，并严禁扰动，对平面控制桩和水准点也应定期复测和检查其是否正确。

3）开挖基坑（槽），不得挖至设计标高以下，如不能准确地挖至设计地基标高时，可在设计标高以上暂留一层土不挖，找平后由人工挖出。暂留土厚度：一般铲运机、推土机挖土时，厚度为20cm左右；挖土机用反铲、正铲、拉铲挖土时，厚度为30cm左右。

4）土方开挖允许偏差见表3-1。

表3-1 土方开挖允许偏差

项　目	允许偏差/mm	检验方法
表面标高	0～－50	用水准仪检查
长度、宽度（结构永久占用）	0	由设计中心线向两边量，用经纬仪、拉线和尺量检查
边坡偏陡	不允许	坡度尺检查

5）土方开挖顺序应遵循“开槽支撑，先撑后挖，分层开挖，严禁超挖”的原则，开挖前应做好防止土体回弹变形过大、防止边坡失稳、防止桩位移和倾斜及配合基坑支护结构施工的预防措施。

6）冬雨期施工。

① 土方开挖一般不宜在雨期进行，开挖工作面不宜过大，应逐段、逐片分期完成。

② 雨期施工中开挖的基坑（槽）或管沟，应注意边坡稳定，必要时可适当放缓边坡坡度或设置支撑。同时，应在坑（槽）外侧设堤埂和截水排水沟，防止地面水流入。经常对边坡、支撑、堤埂进行检查，发现问题要及时处理。

③ 土方开挖若必须在冬期施工，其施工方法应按冬期施工方案进行。

④ 采用防止冻结法开挖土方时，可在冻结以前用保温材料覆盖或将表层土翻耕耙松，其翻耕深度应根据当时的气候条件决定，一般不小于30cm。

4. 土方回填

（1）前期准备

1）从经济角度出发，合理安排挖土的施工顺序和时间，减少运土工程量。

2）回填土优先选用基槽中挖出的原土，但不得含有垃圾及有机杂质。

3）回填土使用前含水率应符合规定，简单测试方法：手攥成团，落地开花。

4）回填土施工前，必须对基础墙或地下室防水层、保护层等进行检查验收，并办好隐检手续，而且只有在混凝土强度达到规定强度、回填坑垃圾清理干净时，方可进行回填。

5）管沟的回填应在完成上下水、煤气管道安装、检查、分段打压无渗漏，以及管沟墙间加固后再进行。

6）施工前必须看清施工图，做好水平标志，以控制回填土的高度和厚度，如在基坑（槽）或管沟边坡上，每隔3m钉上水平橛，在室内和散水的边墙上弹上水平线或在地坪上钉上水平控制木桩。

（2）过程中控制

1）回填土必须分层铺摊，每层虚土厚度应根据密实度的要求和机具性能确定。柴油打夯机每层铺土厚度为200～250mm，人工打夯不大于200mm，平碾每层铺土厚度为250～300mm，振动压实机每层铺土厚度为250～350mm，虚土铺摊时，随铺随找平。

2）回填土每层至少夯打3遍，打夯应一夯压半夯，夯夯相连，行行相接。深浅不一致的基础相连时，应先填夯深基础，填至浅基础标高时再与浅基础一起填夯，依次类推。如必须分段夯实，交接处应填成踏步槎，上、下层错缝距离不小于1m。

（3）事后控制

1）验收方法按规范要求，夯实系数满足规范要求。

2）部分室外回填土在雨后可查看有无沉陷，若有较大量的沉降，必须重新补填夯实。

（4）冬期施工注意事项

1）冬期施工回填土每层铺土厚度比常温施工时减少20%～25%，其中冻土块体积不超过填土总体积的15%，其粒径不得大于100mm，铺填时冻土块应均匀分布，逐层压实。其虚土厚度不得超过150mm。

2）填土前，应清除基底上的冰雪，室内基坑（槽）或管沟不得用含冻土块的土回填，冬期施工回填土应连续进行，防止基底或已填土层受冻，应及时采取防冻措施。

（5）填土工程质量检查

对于填土工程质量，重点检查标高、分层压实系数、回填土料、分层厚度及含水率、表面平整度。

5. 桩基工程的一般规定

1）施工单位必须按照审定的资质等级承接相应的桩基施工任务，进行钻孔灌注桩施工必须具有专项资格。

2）各项桩基工程必须按设计要求、现行规范、标准、规程，委托有资质证书的检测单位进行承载力和桩身质量的检测。

3）现场预制桩和一次浇灌量大于15m^3的钻孔灌注桩必须使用预拌（商品）混凝土浇捣。

4）根据桩基损坏造成建筑物的破坏后果的严重性，桩基分为3个安全等级，其中，一般工业与民用建筑为二级桩基。

5）桩基工程施工前应进行试桩或试成孔，以便施工单位检验施工设备、施工工艺及技术参数。对需要通过试桩检测确定桩基承载力的工程，试桩数量不宜少于总桩数的1%，且不应少于3根，总桩数在50根以内时不应少于2根；试成孔数量不少于2个。

6）桩基轴线测量定位须经总包、建设或监理单位复核签认。施工过程中应对其做系统检查，每10d不少于1次，对控制桩应妥善保护，若发现移动，应及时纠正，并做好记录。

7）沉桩结束后，应根据土质、沉桩密度及速率的不同，休止一段时间后再进行基坑土方开挖；土方开挖时应制定合理的施工顺序和技术措施，为防止土方开挖不当，造成桩位偏移和倾斜，土方开挖应分层实施，分层厚度视土质不同而定。

8）破桩后，桩顶锚入承台的长度应符合设计要求。若设计无规定，桩径（边长）大于或等于400mm时，取100mm；桩径小于400mm时，可取50mm；桩顶应凿成平面，桩顶上的浮泥、破裂的混凝土块要清除干净。

9）成桩结束后应按设计要求进行成桩质量检测，检测数量和方法由设计单位以书面方式确定。若设计无要求，则应符合以下要求：

① 下列情况之一的桩基工程，应采用静荷载检测工程桩承载力，检测桩数不宜少于总桩数的 1%，且不应少于 3 根，总桩数在 50 根内检测时不应少于 2 根：

a. 工程桩施工前未进行单桩静载试验的一级建筑桩基。

b. 工程桩施工前未进行单桩静载试验，且有下列情况之一者：地质条件复杂、桩的施工质量可靠性低、确定单桩竖向承载力可靠性低、桩数多的二级建筑桩基。

② 有下列情况之一的桩基工程，可采用可靠的动测法对工程桩承载力进行检测：

a. 工程桩施工前已进行单桩静载试验的一级建筑桩基。

b. 属于上述条款规定范围外的二级建筑桩基。

c. 三级建筑桩基。

③ 采用高应变动测法检测桩身质量时，检测数量不宜少于总桩数的 5%，并不少于 5 根。

④ 采用低应变动测法检测桩身质量时，检测数量应符合以下要求：对于多节打（压）入桩，不应少于总桩数的 20% ~30%，且不得少于 10 根，对灌注桩必须大于 50%；对于采用独立承台形式的桩基工程、一柱一桩形式的工程以及重要建筑的桩基工程，必须增加检测比例。

⑤ 成桩检测中发现有Ⅲ、Ⅳ类桩及单桩静载试验结果达不到设计要求时，应由设计单位提出书面处理意见。

⑥ 当桩基工程的一些重要技术指标（如桩位轴线偏差、桩长、桩顶标高、灌注桩充盈系数、泥浆密度等）超过了设计和规范规定的限值要求时，必须取得设计单位认定的处理意见。

6. 预制桩施工控制要点

1）预制方桩（管桩）的混凝土强度等级不应低于 C30，待混凝土强度达到设计强度的 70% 时方可起吊，达到 100% 时才可运输。采用锤击法沉桩时，混凝土预制方桩还需满足龄期不得小于 28d 的要求。

2）沉桩过程中若发现以下异常现象，要及时研究，由设计单位认定处理意见：

① 锤击沉桩、贯入度突变。

② 桩身出现明显的倾斜移位。

③ 静力压桩阻力骤减或骤增。

④ 接桩接头破坏和错断。

⑤ 桩顶发生破碎，桩身裂缝扩大。

3）当桩顶设计标高低于现场地面标高，需送桩时，在每根桩沉至地面时，应按规范要求进行中间验收，办理签证手续。

4）混凝土预制桩和钢桩的停打（沉）控制原则应符合以下要求：

① 设计桩尖位于坚硬、硬塑的黏土、碎石土、中密以上的砂土或风化岩等土层时，以贯入度控制为主，桩尖进入持力层的深度或桩尖标高可作为参考。

② 贯入度已达到而桩尖标高未达到时，应继续锤击 3 阵，其每阵 10 击的平均贯入度不应大于设计规定值，控制贯入度应通过试验确认。

③ 桩尖位于其他软土层时，以桩尖设计标高控制为主，贯入度可作为参考。压桩应以桩端设计标高控制为主，压桩力可作为参考。

④ 桩基施工图要求实行双控时，若发现桩顶标高已符合设计要求，但贯入度仍未达到要求或贯入度已达到停锤标准而桩顶标高达不到要求需截桩，都应取得设计单位的认定手续后方可实施停锤和截桩。地基变化不是太大时，可以了解周边类似建筑桩基数据作为参考依据。

⑤ 采用液压压桩机沉桩时，若桩顶标高已达到设计要求，而其压力值小于设计极限荷载较多或压力值远大于单桩极限荷载值，但桩顶标高仍未达到设计要求需截桩，都应在取得设计单位的认定手续后方可停压或实施截桩。

5）焊接接桩时，上、下节桩的中心线偏差不得大于10mm，节点弯曲矢高不得大于桩长的1‰，焊接质量应符合钢结构焊接规程的要求。

6）混凝土预制管桩和钢管桩，在沉桩前除检查强度报告和出厂合格证外，还应按有关标准抽样检验。

7）钢管桩焊接应符合国家钢结构施工的验收规范和建筑钢结构焊接规程，其每个接头除按要求做好外观检查外，还应按接头总数的5%做超声波或2%做X光射线拍片检查，在同一工程内探伤检查不少于3个接头。气温低于0℃，遇雨、雪天气和桩身潮湿而无可靠措施确保质量时，不得进行焊接操作。

8）预制桩（钢桩）桩位的允许偏差应符合表3-2的要求。

表3-2　预制桩（钢桩）桩位的允许偏差

序　号	项　目	允许偏差/mm
1	条形基础下的桩基：垂直于条形基础纵轴方向 平行于条形基础纵轴方向	100 150
2	桩数为1~3根承台桩基中的桩	100
3	桩数为4~16根承台桩基中的桩	1/3桩径（或边长）
4	桩数大于16根群桩基础中的边桩	1/3桩径（或边长）
	桩数大于16根群桩基础中的中间桩	1/2桩径（或边长）

9）钢管桩接头质量的允许偏差应符合表3-3的要求。

表3-3　钢管桩接头质量的允许偏差

序　号	项　目		允许偏差/mm
1	上、下节桩错口	钢管桩外径≥700mm	3
		钢管桩外径<700mm	2
2	焊缝咬边深度		0.5
3	焊缝加强层高度		0~2
	焊缝加强层宽度		0~3

10）钢桩接头焊接完成后，需经1min以上冷却后才能继续锤击沉桩。

11）沉桩记录应完整，其内容包括锤型、落距、每米锤击数、最后贯入度、总锤击数、入土深度和平面偏差，钢管桩应增加土芯高度和回弹量。

7. 灌注桩施工控制要点

1）成孔用钻头直径应等于桩的设计直径，桩身实际灌注混凝土体积和按设计桩身计算的体积加预留长度体积之和的比，即充盈系数不得小于1，也不宜大于1.3。

2）成孔施工应一次不间断地完成，不得无故停钻，成孔过程中的泥浆密度一般可控制在1.1～1.3g/cm³，若遇特殊地质，不易成孔，应采用特制泥浆，确保成孔质量。

3）清孔应分2次进行，第一次清孔在成孔完毕后立即进行，第二次清孔在下放钢筋骨架和浇捣混凝土导管安装完毕后进行。

4）第二次清孔后，泥浆密度应小于1.15g/cm³。若土质较差，泥浆的密度不易达到1.15g/cm³，可通过试桩得出一个实测泥浆密度，并经设计签证将泥浆密度适当放宽。

5）第二次清孔结束后，校孔内仍应保持足够的水头高度，并在30min内灌注混凝土。若遇特殊情况超过30min，则应该在灌注混凝土前，重新测定沉淤厚度，若沉淤厚度超过下列标准：承重桩100mm、支护桩300mm，应重新清孔至符合要求。

6）钢筋骨架经中间验收合格后方可安装入孔，在起吊、运输和安装中应采取措施防止变形。安装时，钢筋骨架应保持垂直状态，对准孔位徐徐轻放，避免碰撞孔壁。在下钢筋骨架过程中，若遇到阻碍，严禁强冲下放，应吊起查明原因处理后再继续下钢筋骨架。

7）钢筋骨架安装位置确认符合要求后，应采取措施使钢筋骨架定位，防止灌注混凝土时钢筋骨架上拱。

8）混凝土在灌注过程中，导管应始终埋在混凝土中，严禁将导管提出混凝土面。导管埋入混凝土的深度以3～10m为宜，最小埋入深度不得小于2m。混凝土灌注用导管隔水塞应采用混凝土浇制，并配有橡胶垫片，若大直径灌注桩采用球胎作导管隔水塞时，必须要有球胎回收记录。

9）混凝土实际灌注高度应比设计桩顶标高高出一定高度，其最小高度不小于桩长的5%，且不小于2m，以确保桩顶混凝土质量。

10）混凝土在灌注过程中，现场应进行坍落度测定，测定次数如下：单桩混凝土量少于25m³时，每根桩上、下各测1次；单桩混凝土量大于25m³时，应每根桩上、中、下各测1次。

11）水下浇筑的钻孔灌注桩混凝土的强度应比设计强度高一等级进行配制，以确保达到设计强度。所以，混凝土试块强度按高一等级验收，设计桩混凝土强度等级不应低于C20。

12）沉管（套管成孔）灌注桩应根据不同沉管方式，如锤击沉管、振动沉管、振动冲击沉管、静压沉管，按有关规范、规程的要求，制定防止缩径、断径等措施，通过试成桩符合要求后，方可采用。

13）套管沉孔可采用预制钢筋混凝土桩尖或活瓣桩尖。混凝土预制桩尖的强度不得低于C30，钢制桩尖也应具有足够的强度和刚度；套管下端与桩尖接触处应垫置缓冲密封圈。

14）沉管符合要求后，应立即灌注混凝土，尽量减少间隙时间；灌注混凝土前，必须检查桩管内是否吞桩尖或进泥、进水。

15）为确保沉管混凝土质量，必须严格控制拔管速度；同时，还应根据不同的沉管方法采取使混凝土密实的措施。

16）沉管桩混凝土的充盈系数按设计规定执行，但不得小于1。成桩后的实际桩身混凝土顶面标高应大于设计桩顶标高500mm以上。

17）施工前应检查进入现场的成品桩、接桩用电焊条等产品的质量。

18）在施工过程中应检查桩的贯入情况、桩顶完整状况、电焊接桩质量、桩体垂直度、电焊后停息时间。重要工程应对电焊接头做10%的焊缝探伤检查。

19）施工结束后应做荷载试验，以检查设计承载力，同时，应做桩体质量验收。荷载试验及桩体质量检验数量要求同混凝土预制桩施工。

20）泥浆护壁成孔灌注桩应提供每根桩的一组试块报告。对于沉管灌注桩，同一配合比的混凝土应提供每一台班一组试块报告。

21）灌注桩桩位的允许偏差应符合表3-4的要求。

表3-4　灌注桩桩位的允许偏差

<table>
<tr><th rowspan="2">序号</th><th rowspan="2" colspan="2">成孔方式及桩径</th><th rowspan="2">桩径偏差/mm</th><th colspan="2">桩允许偏差/mm</th><th rowspan="2">垂直及允许偏差（%）</th></tr>
<tr><th>单桩、条基沿垂直向和群桩基中的边桩</th><th>条基沿轴线方向和群桩基中的中间桩</th></tr>
<tr><td rowspan="2">1</td><td rowspan="2">泥浆护壁钻（冲）孔桩</td><td>$d \leqslant 1000$mm</td><td>$-0.1d$ 且 $\leqslant 50$</td><td>$d/6 \leqslant 100$</td><td>$d/4 \leqslant 150$</td><td>1</td></tr>
<tr><td>$d > 1000$mm</td><td>−50</td><td>$100 + 0.01H$</td><td>$150 + 0.01H$</td><td>1</td></tr>
<tr><td rowspan="2">2</td><td rowspan="2">锤击（振动）冲击沉管成孔</td><td>$d \leqslant 500$mm</td><td rowspan="2">20</td><td>70</td><td>150</td><td rowspan="2">1</td></tr>
<tr><td>$d > 500$mm</td><td>100</td><td>150</td></tr>
</table>

注：1. d是设计桩径，H是施工地面与桩顶标高的距离。
2. 桩径允许偏差为负值仅出现于个别断面。

3.2　主体工程施工质量控制要点

1. 钢筋工程质量控制要点

（1）钢筋原材料质量控制要点

1）钢筋原材料进场必须按照规范要求进行验收，钢筋品牌、规格、型号等必须符合合同要求。

2）建设单位、监理单位、施工单位对进场钢筋现场进行见证取样，待复试报告合格后下发材料使用许可证。

（2）钢筋加工质量控制要点

1）钢筋加工制作时，要将钢筋加工表与设计图进行复核，检查下料表是否有错误和遗漏，对每种钢筋要按下料表检查其是否达到要求，经过这两道检查后，再按下料表放出实样，试制合格后方可成批制作，加工好的钢筋要挂牌，整齐有序堆放。施工中如需要钢筋代换，必须经建设单位与设计院同意。

2）钢筋表面应洁净，附着的油污、泥土、浮锈在使用前必须清理干净。

3）钢筋调直时可用机械或人工调直。经调直后的钢筋不得有局部弯曲、死弯、小波浪形，其表面伤痕不应使钢筋截面减小5%。

4）钢筋弯钩或弯曲。

① 钢筋弯钩。其形式有三种，分别为半圆弯钩、直弯钩及斜弯钩。钢筋弯曲后，弯曲处内皮收缩、外皮延伸、轴线长度不变，弯曲处形成圆弧，弯起后尺寸不大于下料尺寸，应考虑弯曲调整值。

② 弯起钢筋。中间部位弯折处的弯曲直径 D 应不小于钢筋直径的 5 倍。

③ 箍筋。箍筋的末端应做弯钩，弯钩形式应符合设计要求。箍筋调整，即弯钩增加长度和弯曲调整值两项之差或两项之和，根据箍筋量外包尺寸或内包尺寸而定。

（3）钢筋绑扎与安装质量控制要点

钢筋绑扎前先认真熟悉设计图，检查配料表与设计图、设计是否有出入，仔细检查成品尺寸、弯钩是否与下料表相符。核对无误后方可进行绑扎。

1）墙钢筋。

① 墙的钢筋网绑扎与基础相同，钢筋有 90°弯钩时，弯钩应朝向混凝土内。

② 采用双层钢筋网时，在两层钢筋之间应设置撑铁（钩）以固定钢筋的间距。

③ 墙钢筋绑扎时应吊线控制垂直度，并严格控制主筋间距，以防钢筋偏位。可采取设置梯子筋的方式控制主筋间距。

④ 为了保证钢筋位置的正确，在竖向受力筋外绑一道水平筋或箍筋，并将其与竖筋点焊，以固定墙、柱筋的位置，在点焊固定时要用线锤校正。

⑤ 外墙浇筑后严禁开洞，所有洞口预埋件及埋管均应预留，洞边加筋详见施工图。墙、柱内预留钢筋做防雷接地引线，应焊成通路。其位置、数量及做法详见安装施工图，焊接工作应选派合格的焊工进行，不得损伤结构钢筋，水电安装的预埋，土建必须配合，不能错埋或漏埋。

2）梁与板钢筋。

① 纵向受力钢筋出现双层或多层排列时，两排钢筋之间应垫直径为 15mm 的短钢筋，如纵向钢筋直径大于 25mm 短钢筋直径规格与纵向钢筋直径规格相同。

② 板钢筋绑扎前在模板面按照施工图要求的间距放出线，以便控制板筋间距。

③ 板的钢筋网绑扎与基础相同，双向板钢筋交叉点应满绑。应注意板上部的负筋（面加筋）要防止被踩下；特别是雨篷、挑檐、阳台等悬臂板，要严格控制负筋的位置及高度。

④ 在板、次梁与主梁交叉处，板的钢筋在上，次梁的钢筋在中层，主梁的钢筋在下，当有圈梁或垫梁时，主梁的钢筋在上。

⑤ 在楼板钢筋的弯起点，可按以下规定弯起钢筋：板的边跨支座按跨度 $L/10$ 为弯起点，板的中跨及连续多跨可按支座中线 $L/6$ 为弯起点（L 为板的中—中跨度）。

⑥ 框架梁节点处钢筋穿插十分稠密时，应注意梁顶面主筋间要留有 30mm 的净间距，以利于灌注混凝土。

（4）钢筋连接质量控制要点

钢筋连接方式主要有搭接连接、焊接连接、机械连接。

1）钢筋的绑扎接头应符合下列规定：

① 连接长度的末端距钢筋弯折处，不得小于钢筋直径的 10 倍，接头不宜位于构件最大弯矩处。

② 在受拉区域内，HPB300 级钢筋绑扎接头的末端应做弯钩，HRB335 级以上钢筋可不做弯钩。

③ 钢筋连接处，应在中心和两端用钢丝扎牢。

④ 受拉钢筋绑扎接头的连接长度应符合结构设计要求。

⑤ 受力钢筋的混凝土保护层厚度应符合结构设计要求。

2）钢筋焊接质量控制要点。

① 钢筋的材质、规格及焊条类型应符合钢筋工程的设计施工规范，有材质及产品合格证书和物理性能检验，对于进口钢材需增加化学性能检定，检验合格后方能使用。

② 钢筋的规格、形状、尺寸、数量、间距、锚固长度、接头位置、保护层厚度必须符合设计要求和施工规范的规定。

③ 焊工必须持相应等级焊工证才允许上岗操作。

④ 在焊接前应预先用相同的材料、焊接条件及参数，制作2个抗拉试件，其试验结果大于该类别钢筋的抗拉强度时，才允许正式施焊。

⑤ 按同类型（钢种直径相同）分批，每300个焊接接头为一批，每批取6个试件，3个做抗拉试验，3个做冷弯试验。

⑥ 对所有焊接接头必须进行外观检验，其要求是：焊缝表面平顺，没有较明显的咬边、凹陷、焊瘤、夹渣及气孔，严禁有裂纹出现。

3）钢筋直螺纹机械连接质量控制要点。直螺纹的质量控制包括套筒、丝头和连接三个方面，套筒是通过出厂检验进行控制的，丝头和连接是对在现场进行的工作进行控制。直螺纹的质量包括外观质量和力学性能。

① 套筒出厂检验。以500个为一个验收批，每批按10%抽检，通过目测、外形尺寸检验，套筒合格率应大于95%，若合格率小于95%，需加倍取样复验，若合格率大于95%，该批判为合格，若合格率小于95%，则对该批套筒逐个检验，合格品方可使用。

② 丝头检验。加工工人应逐个目测检查加工质量，并提供检查记录，每10个丝头应用环规检查螺纹一次，剔除不合格品。经自检合格的丝头质检员在现场以一个工作班为一个验收批，随即抽检10%，合格率应大于95%，若合格率小于95%，需加倍取样复验，合格率大于95%时，该批判为合格，若合格率小于95%，则对丝头逐个检验，合格品方可使用。不合格的丝头切除重加工。

③ 连接检验。在同一施工条件下，采用同一批材料的同等级、同形式、同规格的300个接头为一验收批，不足一批仍按一批送检。每批随机抽取3个试件做抗拉强度试验。接头强度应不低于母材强度。

2. 模板工程质量控制要点

1）模板施工之前，要求施工单位进行模板专项设计，如对模板材料选用、排板、模板整体和支撑系统刚度、稳定性等进行设计，应进行认真审核，重点审核支撑体系的刚度、稳定性，墙、柱、梁侧模对拉螺栓的选型布置等设计是否可靠，并以此为依据检查模板施工。

2）施工过程中应定期检查模板、支架的损耗情况，出现损坏应及时维修，防止因模板本身缺陷造成工程质量问题。

3）施工时，应严格按照设计图检查模板安装的轴线、标高、截面尺寸、表面平整度、拼接缝等是否超差。

4）梁、板跨度≥4m时，模板应预先起拱1/1000～3/1000。

5）施工中应加强模板脱模剂的使用管理，不得使用影响结构、装饰工程质量的油质隔离剂，严禁使用废机油。隔离剂应涂刷均匀，无漏涂，且不得污染钢筋与混凝土面。

6）拆模应严格执行混凝土同条件试块强度满足原则，同时要加强拆模报验管理工作。

① 底模及支架拆除时的混凝土强度应符合下列要求：

a. 板：当跨度≤2m 时，强度≥50%；当 2m＜跨度≤8m 时，强度≥75%；当跨度＞8m 时，强度≥100%。

b. 梁：当跨度≤8m 时，强度≥75%；当跨度＞8m 时，强度≥100%。

c. 悬壁构件：与跨度无关，均必须≥100%。

② 不承重的侧模板，包括梁、柱、墙的侧模板，只要混凝土强度保证其表面、棱角不因拆模而损坏即可。

7）应注意在回填土上的支模要有可靠的防止回填土沉陷引起模板下挠的措施。

3. 混凝土工程质量控制要点

（1）混凝土浇筑

1）混凝土浇筑前，应检查水电供应是否保证各工种人员的配备情况；振捣器的类型、规格、数量是否满足混凝土的振捣要求；浇筑期间的气候、气温，夏季、冬雨期施工，覆盖材料是否准备好。针对不同的板、梁、柱、剪力墙、薄壁型构件应要求采用不同类型的振捣器；当混凝土浇筑超过 2m 时，应采用串筒式溜槽。

2）在混凝土浇筑过程中，必须按照要求安排全程旁站。旁站过程中主要控制以下问题：

① 注意观察混凝土拌合物的坍落度等性能，若有问题，应及时对混凝土配合比做合理调整，浇筑过程中严禁私自加水。

② 控制好每层混凝土浇筑厚度及振捣器的插点是否均匀，移动间距是否符合要求。

③ 对钢筋交叉密集的梁柱节点应振捣到位，以防出现蜂窝、麻面。

④ 检查确认施工缝的设置位置是否合适，使施工单位安排好混凝土的浇筑顺序，保证分区、分层混凝土在初凝之前搭接。

⑤ 严格控制结构构件的几何尺寸，发现胀模、跑模应立即安排人员整改。

⑥ 要求施工单位现场制作混凝土试块。

（2）混凝土振捣

1）振动棒要快插慢拔，快插是为了避免表层振实而下层还未振实，拌合物形成分层；慢拔是使拌合物得到振实，同时，使振动棒插入形成时的孔洞能用周围的拌合物来填实。

2）要注意振动棒的间隔距离，使拌合物不致漏振。

3）振捣孔的排列一般有行列式和交错式（梅花式）两种。

4）根据结构截面和配筋的不同，振动棒可以直插，也可以斜插，不拘于一种形式。

5）振捣时要使振动棒避免直接振动钢筋、模板和预埋件，以免钢筋受振位移，模板变形，预埋件移位。

（3）混凝土养护

混凝土的养护包括自然养护和蒸汽养护。自然养护中的覆盖浇水养护应符合下列规定：

1）覆盖浇水养护在混凝土浇筑完毕后的 12h 内进行。

2）混凝土的浇水养护时间内，对采用硅酸盐水泥、普通硅酸盐水泥等拌制的混凝土，不得少于 7d。

3）浇水次数应能够保持混凝土处于湿润的状态。

4）混凝土的养护用水与拌制水相同。

5）当日平均气温低于5℃时，不得浇水。

4. 砌体工程质量控制要点

（1）砌体工程施工前的准备工作

1）建筑砂浆搅拌现场必须悬挂配合比报告，并配置磅秤，工人在操作过程中严格按配合比进行搅拌，水泥砂浆必须在3h（2h）内用完，严禁使用隔夜砂浆进行砌筑。

2）砌块及配砖在砌筑前，提前一天浇水湿润充分，严禁干砖上楼润湿及干砖上墙。

3）砌体计算前需要计算模数。不计算模数会造成灰缝过大不均，增加施工成本，使植筋位置错误。

4）按照砌体施工检验批做好对楼层的放线工作。楼层放线应以结构施工内控点主线为依据，根据建筑施工图弹好楼层标高控制线和墙体边线。

5）砌体放线合格后，与混凝土结构交界处采用植筋方式对墙体拉结筋等进行植筋，其锚固长度必须满足设计要求。植筋位置根据不同梁高组砌排砖按“倒排法”准确定位，钻孔深度必须满足设计要求；孔洞的清理要求用专用电动吹风机，以确保粉尘的清理效果；墙体拉结筋抗拔试验合格后才能进行砌筑。

6）构造柱的设置严格按建筑施工图的要求进行布置，纵筋搭接长度必须满足设计要求，搭接区域箍筋按要求加密设置。构造柱采用预埋钢筋时，应确保钢筋留设长度满足搭接要求。

7）所有卫生间墙根按强度规定要求采用C20素混凝土（200mm高、宽同墙厚）进行浇筑，混凝土浇筑前必须进行凿毛，并用水冲洗湿润，浇筑时必须确保密实。

8）楼层内砌体材料堆码尽量靠墙放置，应均匀分散，不得集中。

9）所有预制过梁必须严格按设计图集及相关规范要求进行制作，制作完成后用墨汁标注上下方向，避免安装过程中钢筋位置反向。过梁要求提前制作，安装时必须确保强度达到设计要求。

（2）砌体工程施工质量控制要点

1）所有墙体砌筑三线实心配砖（除卫生间素混凝土浇筑200mm外），砌筑完成后，对照各方确认的固化图对所有墙肢、门洞及门垛、窗洞等尺寸进行复核。门窗洞口的高宽必须含地坪和抹灰厚度。

2）排砖至墙底铺底灰厚超过20mm时，应采取细石混凝土进行铺底砌筑。门洞控制尺寸严格按施工图要求留设。

3）墙体砌筑前根据墙高采用“倒排法”确定砌块匹数，采取由上至下的原则，即先留足后塞口200mm高度（预留高度允许误差±10mm），然后根据砖模数进行排砖。后塞口斜砖逐块敲紧挤实，斜砌角度控制为（60±10）°。

4）墙体实心砖砌筑应采用“一顺一丁”的砌法；空心砖采用顺砌法，不应有通缝，搭砌长度不应小于90mm。

5）墙体砌筑时灰缝不得超过8~12mm，同时要求同一面墙上砌体灰缝厚度差（最大与最小之差）不得超过2mm，以保证灰缝观感上均匀一致。砌筑灰缝应横平竖直，砂浆饱满不低于90%，竖缝不得出现挤接密缝。

6）拉结筋间距设置应沿墙、柱500mm高植2Φ6.5钢筋，伸入填充墙700mm（且大于或等于1/5墙长），填充墙转角处应设水平拉结筋。所有伸入填充墙或构造柱中的拉结筋端头需做180°弯钩。

7）实心砖砌筑部位：卫生间（除墙根200mm高采用C20素混凝土）以上1800mm高度范围内为实心砖砌筑；厨房墙体1500mm高以上至梁底或板底砌筑实心砖；构造柱边及L形、T形墙转角砌筑实心砖；栏杆与后砌墙相交处砌筑实心砖（底标高为阳台梁以上1000mm砌筑300mm×300mm）；门窗洞口四周砌实心砖。

8）砌体安装留洞宽度超过300mm以上时，洞口上部应设置过梁。消防箱、卫生间墙体洞口宽度小于600mm时应设置钢筋砖带过梁，否则应采用预制过梁或现浇过梁。

9）所有门窗过梁安装必须统一以标高1m线进行控制，门窗洞口高度尺寸按建筑施工图的尺寸要求进行留设，过梁搁置处应采用细石混凝土坐浆，搁置长度不得小于250mm。相邻门洞间过梁交叉处要求现浇过梁，预制过梁不能确保搁置长度。

10）墙顶后塞口斜砌需等墙体砌筑完成7d后再进行，后塞口采用多孔配砖砌筑，斜砌角度应控制在60°，两端可采用预制三角混凝土块或切割实心砖进行砌筑，斜砌灰缝厚度应宽窄一致，与墙体平砌要求相同。重点注意砌体砂浆饱满度，特别是外墙后塞口砂浆饱满度的控制，以防外墙渗漏。

11）砌体构造柱按经确认的构造柱平面布置图进行留设。应先进行构造柱钢筋绑扎，再进行墙体砌筑；构造柱“马牙槎”应先退后进，退进尺寸按60mm留设，位置应准确，端部需吊线砌筑。构造柱纵向钢筋搭接长度要满足设计要求，搭接区域箍筋要进行加密。

12）砌体构造柱模板安装前，需清理干净底脚砂灰，并按要求贴双面胶堵缝，双面胶需弹线粘贴，以保证顺直、界面清晰。

13）构造柱模板必须采用对拉螺杆拉结，构造柱上端制作喇叭口，混凝土浇筑牛腿，模板拆除后将牛腿剔凿。喇叭口模板安装高度略高于梁下口10～20mm，确保喇叭口混凝土浇筑密实。

14）管道井应等安装完成后采取后砌，根据平面尺寸在后砌墙位置留设砖插头及甩槎拉结钢筋，待管道安装、楼板吊补及管道口周边防水处理完成后再进行后砌墙体砌筑。

15）落地窗地台或阳台边梁等混凝土二次浇筑部位，其浇筑高度按经甲方确认的平面图示尺寸进行浇筑；阳台边梁二次浇筑时应同时埋设栏杆安装预埋件，保证埋设位置准确，建议后置埋件。

16）现浇过梁两端均需植筋时应控制过梁底部钢筋接头位置不得留在梁跨中部，需错头在1/3跨边，保证搭接长度。

17）安装砌体线管、线盒时，应根据施工图在砌体上标出线管、线盒的敷设位置、尺寸。使用切割机按标示切出线槽，严禁使用人工剔打。在砌体上严禁开水平槽，应采用45°斜槽。线管敷设弯曲半径应符合要求，并固定牢靠。

18）后砌墙上安装留洞必须在砌筑过程中进行埋设，不得事后凿洞。竖向线管可在墙上采用切割机切槽埋设，如多管埋设，其切槽宽度应保证线管之间净距不小于20mm。水平方向线管禁止空心砖切槽。要求用细石混凝土填塞线盒周边及线槽周边，用细石混凝土填塞密实后按要求挂钢丝网防止抹灰裂缝。

19）墙体砌筑完毕、线管线盒安装完成后，在主体结构验收前，混凝土与砌体接缝两侧各150mm表层抹灰应加挂0.8mm厚、9mm×25mm的冷镀锌钢丝网。采用专用镀锌垫片压钉。若不同材质交接处存在高低错台不平整现象，则铺网前应高剔低补后再钉钢丝网，严禁在铺钉钢筋网的过程中使用非镀锌垫片或钢钉直接铺钉。

5. 钢结构质量控制要点

（1）质保体系检查

1）施工单位的资质条件及焊工上岗证。

2）原材料（钢材、连接材料、涂料）及成品的储运条件。

3）构件安装前的检验制度。

（2）设计图和施工组织设计

详细查看设计图说明和施工组织设计；明确设计对钢材和连接、涂装材料的要求，钢材连接要求，焊缝无损探伤要求，涂装要求及预拼装和吊装要求。

（3）质保资料

1）钢材、焊接材料、高强度螺栓连接、防腐涂料、防火涂料等的质量证明书，试验报告，焊条的烘焙记录。

2）钢构件出厂合格证和构件试验报告。

3）高强度螺栓连接面滑移系数的厂家试验报告和安装前的复验报告。

4）螺栓连接预拉力或扭矩系数复试报告（包括制作和安装）。

5）一、二级焊缝探伤报告（包括制作和安装）。

6）首次采用的钢材和材料的焊接工艺评定报告。

7）高强度螺栓连接检查记录（包括制作和安装）。

8）焊缝检查记录（包括制作和安装）。

9）构件预拼装检查记录。

10）涂装检验记录。

（4）现场实物检查

1）焊接。

① 焊接外观质量及焊缝缺陷。

② 焊钉的外观质量。

③ 焊钉焊接后的弯曲检验。

2）高强度螺栓连接。

① 连接摩擦面的平整度和清洁度。

② 螺栓穿入方式和方向及外露长度。

③ 螺栓终拧质量。

3）钢结构制作。

① 钢结构切割面或剪切面质量。

② 钢构件外观质量（变形、涂层、表面缺陷）。

③ 零部件顶紧组装面。

4）钢结构安装。

① 地脚螺栓位置、垫板规格与柱底接触情况。

② 钢构件的中心线及标高基准点等标志。

③ 钢结构外观清洁度。

④ 安装顶紧面。

5）钢结构涂装。

① 钢材表面除锈质量和基层清洁度。

② 涂层外观质量（包括防腐和防火涂料）。

（5）施工质量

1）钢结构的制作、安装单位的资质等级及工艺和安装施工组织设计。

2）钢结构工程所采用的钢材应具有质量证明书，并应符合设计要求和有关规定。

① 承重结构的钢材应具有抗拉强度，伸长率，屈服强度和硫、磷含量的合格保证。

② 市场结构的钢材强屈比不应小于 1.2，伸长率应大于 20%。

③ 采用焊接连接的节点，当板厚大于或等于 50mm，并承受沿板厚方向的拉力时，应进行板厚方向的材料性能试验。

④ 进口钢材应严格遵守先试验后使用的原则，除具有质量证明和商检报告外，进场后，应对其进行力学性能和化学成分的复试。

⑤ 当钢材表面有锈蚀、麻点或划痕等缺陷时，其深度不得大于该钢材厚度负允许偏差值的 1/2。

3）钢结构所采用的连接材料应具有出厂质量证明书，并符合设计要求和有关规定：

① 焊接用的焊条、焊丝和焊剂，应与主体金属强度相适应。

② 不得使用药皮脱落或焊芯生锈的焊条和受潮结块的焊剂，焊丝、焊钉在使用前应清除油污、铁锈。

③ 高强度螺栓应符合《钢结构用高强度大六角头螺栓》（GB/T 1228—2006）或《钢结构用扭剪型高强度螺栓连接副》（GB/T 3632—2008）的规定。

④ 高强度螺栓（大六角和扭剪型）应按出厂号分别复验扭矩系数和预应力。

4）钢构件的制作质量。

① 钢材切割面或剪切面应无裂纹、夹渣、分层和大于 1mm 的缺棱。

② 采用高强度螺栓连接时，应对构件摩擦面进行加工处理，对已经处理的摩擦面应采取防油污和操作的保护措施。

5）钢结构焊接。

① 焊接缝表面不得有裂纹、焊瘤、烧穿、弧坑等缺陷。

② 检查焊工合格证及施焊资格，合格证应注明放焊条件、有效期限。

③ 焊缝的位置、外形尺寸必须符合施工图和《钢结构工程施工质量验收规范》（GB 50205—2001）的要求；常用接头焊缝外形和尺寸的允许偏差应符合规范要求。

6）钢结构高强度螺栓连接。

① 安装高强度螺栓时，螺栓应自由穿入孔内，不得敲打，并不得气割扩孔，不得用高强度螺栓作临时安装螺栓。

② 由制造厂处理的钢构件摩擦面，安装前应复验所附试件的抗滑系数，合格后方可安装。

③ 零部件组装顶紧接触面应有 75% 以上的面积紧贴，安装接触面应有 70% 的面积紧贴，边缘间隙不应大于 0.8mm。

7）钢结构安装。

① 钢结构安装应按施工组织设计进行，安装顺序必须保证结构的稳定性和不导致永久

变形。

② 钢结构安装前应对建筑物的定位轴线、基础轴线和标高、地脚螺栓位置等进行检查，并应进行基础检测和办理交接验收。

③ 基础顶面直接作为柱的支撑面和基础顶面预埋钢板或支座作为支撑面前，其支撑面、地脚螺栓（锚栓）的允许偏差应符合规范规定。

④ 钢结构主要构件安装就位后，应立即进行校正、固定。当天安装的钢构件应形成稳定的空间体系。

⑤ 安装时必须控制楼面施工荷载，严禁超过梁和板的承载能力。

8）钢结构工程验收。

① 钢结构工程验收应在钢结构的全部或空间刚度单元部分的安装完成后进行。

② 钢结构工程验收时，应提交下列资料：

a. 钢结构工程竣工资料和设计文件。

b. 安装过程中形成的与工程技术有关的文件。

c. 安装所采用的钢连接材料和涂料等材料质量证明书或试验复试报告。

d. 工厂制作构件的出厂合格证。

e. 焊接工艺评定报告及焊接质量检验报告。

f. 高强度螺栓抗滑移系数试验报告和检查记录。

g. 隐蔽工程验收记录。

h. 工程中间检查交接记录。

i. 结构安装检测记录及安装质量评定记录。

j. 钢结构安装后涂装检测资料和设计要求的钢结构试验报告。

3.3 屋面工程施工质量控制要点

1. 材料要求

（1）水泥

采用32.5MPa及以上水泥，水泥进场时应具有出厂合格证、性能检验报告。

（2）砂

一般采用0.35～0.5mm的中砂，颗粒要求坚硬洁净，不得含有黏土、草根等杂物，并要求过筛，筛孔直径为5mm。

（3）保温材料

保温材料分松散保温材料、板块保温材料和现喷（浇）保温材料，其中松散保温材料和板块保温材料的质量要求见表3-5、表3-6。

表3-5 松散保温材料的质量要求

项　目	膨胀蛭石	膨胀珍珠岩
粒径/mm	3～15	≥0.15，<0.15的含量不大于8%
堆积密度/（kg/m^3）	≤300	≤120
导热系数/［$W\cdot(m\cdot K)^{-1}$］	≤0.14	≤0.07

表 3-6　板块保温材料的质量要求

项　　目	聚苯乙烯泡沫塑料类		硬质聚氨酯泡沫塑料	泡沫玻璃	微孔混凝土类	膨胀蛭石（珍珠岩）制品
	挤　压	模　压				
表观密度/（kg/L）	≥32	15～30	≥30	≥150	500～700	300～800
导热系数/[W·(m·K)$^{-1}$]	≤0.03	≤0.041	≤0.027	≤0.062	≤0.22	≤0.26
抗压强度/MPa	—	—	—	≥0.4	≥0.4	≥0.3
在 10% 形变下的压缩应力/MPa	≥0.15	≥0.06	≥0.15	—	—	—
70℃，48h 后尺寸变化率（%）	≤2.0	≤5.0	≤5.0	≤0.5	—	—
吸水率（V/V,%）	≤1.5	≤6	≤3	≤0.5	—	—
外观质量	板外形基本平整，无严重凹凸不平，厚度允许偏差为 5%，且不大于 4mm					

进场时具有产品出厂合格证、性能检测报告，进场后及时取样复试，合格后方可使用。

（4）防水材料

防水材料进场时应具有出厂合格证、性能检测报告；进场后及时请建设（监理）单位进行见证取样复试，合格后方可使用。

（5）防水涂料胎体

防水涂料用的胎体进场时应具有出厂合格证、性能检测报告；进场后进行取样做抗拉强度、延伸率性能复试。

2. 屋面保温层施工质量控制要点

（1）基层处理

铺装保温层前，用铲刀、扫把等工具，将基层表面上的落地砂浆、灰尘等清理干净；将有水的部位擦拭干净，保证基层干燥、干净、平整。

（2）铺装

板状保温层铺装：沿屋面整齐铺装，铺装平稳，接缝严密、顺直；将有缝隙的部位用碎的保温板填塞密实。

（3）含水率检验

现场取样检验保温层的含水率，要求有机胶结材料的含水率不大于 5%，无机胶结材料的含水率不大于 20%。

（4）保温层质量要求

1）板状保温层：紧贴（靠）基层，铺平垫稳，拼缝严密。

2）整体现浇（喷）保温层：拌和均匀，分层铺设，压实适当，表面平整。

3. 找坡层施工质量控制要点

（1）铺设施工

1）根据基层所做的控制点，按屋脊的分布情况拉线找坡、冲筋。

2）拌和：先将焦渣（或陶粒）浇水闷透，然后与水泥按 1∶6 的比例拌和均匀，最后加水拌和，加水要适中，不可太湿。

3）根据所冲的筋，分片浇筑，按线进行找坡；摊平后用滚辊碾压密实。

4）浇筑时运送材料的手推车，不得直接行走在苯板类保温层上，如果必须走，则应在保温层上满铺竹胶合板，以保护保温层。

（2）质量要求

1）水泥焦渣（陶粒）配合比准确。

2）找坡层分层铺设，碾压密实；表面平顺，找坡正确。

3）允许偏差检查。焦渣（陶粒混凝土）屋面找坡层的允许偏差见表3-7。

表3-7 焦渣（陶粒混凝土）屋面找坡层的允许偏差

检查项目	允许偏差/mm			检查方法
	GB	CCB	QB	
表面平整	10	—	5	2m靠尺、塞尺
标高	±10	—	±5	水准仪检查
坡度	≤相应尺寸的0.2%，且≤30	—	≤相应尺寸的0.2%，且≤30	坡度尺检查
厚度	≤设计厚度的10%		≤设计厚度的10%	钢尺检查

4. 水泥砂浆找平层质量控制要点

1）找坡、冲筋。在找坡层的基面上，根据基层所做的控制点，按屋脊的分布情况拉线找坡、冲筋；然后将基层做的控制点全部拆除至基层，并用保温材料、找坡材料填平至找平位置，以防止出现冷桥。

2）埋设分格条。根据屋面情况埋设20mm宽的分格条，分格间距基本一致，间距不得大于6m。

3）搅拌砂浆。使用32.5MPa及以上的水泥和中砂，按1∶2.5～1∶3的比例使用机械搅拌砂浆。

4）抹找平层。抹水泥砂浆前，基层先洒水湿润，然后将搅拌好的水泥砂浆摊铺在找坡层上，用刮杠沿冲筋刮平，用木抹子压实，用铁抹子压光。

5）细部处理。四周女儿墙、凸出屋面结构、结构阴阳角处，在抹找平层的同时，抹成半径为20～50mm的圆弧；雨水口周围500mm半径内，加大坡度为5%。

6）沿女儿墙四周，离墙300mm留置贯通的20mm×20mm的分格缝。

7）养护。找平层做完后，覆盖一层塑料薄膜或浇水养护7d。

5. 防水层施工质量控制要点

（1）基层处理

1）基层清理。基层验收后，将基层表面的落地砂浆、灰尘等，用铲刀、扫把等清扫干净。

2）基层干燥。基层要干燥，将含水率控制为9%～12%。测试方法：将一块1m见方的卷材平铺在基层上，3～4h后揭开卷材无明显水印即可。

3）嵌缝。先将分格缝的渣土、灰尘清理干净，再用沥青建筑密封膏将所有分格嵌满。

4）涂刷冷底油。用配套的氯丁橡胶防水涂料，改善基层与卷材的黏结强度。涂刷时先将涂料搅拌均匀，用滚刷和棕刷进行涂刷施工，施工时先涂刷阴阳角等部位，然后大面积涂刷，涂刷时要均匀、到位。

5）铺附加层。在女儿墙、排气道等阳角及转角处先做一层不小于250mm宽的附加层，粘牢贴实。在阳角外侧做一道附加层。在天沟、檐沟转角处空铺一层附加层。

（2）高聚物防水卷材热熔施工

1）先在防水基层上按卷材的宽度，弹出每幅卷材的基准线。

2）将卷材对齐所弹卷材的基准线，进行卷材预铺，然后再卷起。热熔施工时，两人配合，一个人点燃汽油喷灯，加热基层与卷材交接处，喷灯距加热面保持 300mm 左右的距离，往返喷烤。当卷材的沥青刚刚熔化（即卷材表面光亮发黑）时，用脚将卷材向前缓缓滚动，以两侧渗出沥青为宜，另一人随后用滚辊压实。

3）铺贴上层卷材。上层卷材与下层卷材平行铺贴，长边接缝错开 1/3 幅宽以上，短边接缝错开不小于 500mm。方法同下层卷材一样，先弹线，再铺贴；铺贴时注意火焰强度，不可将下层卷材烧破。

4）铺设时要求用力均匀、不窝气，铺设压边宽度应掌握好。长向和短向搭接宽度均为 100mm；相邻两幅卷材接缝相互错开 500mm 以上。铺贴时将卷材自然松铺且无皱折即可，不可拉紧，以免影响质量。

5）搭接缝封口及收头。搭接缝封口及收头的卷材必须 100% 烘烤，粘铺时必须有熔融沥青从边端挤出，用刮刀将挤出的热熔胶刮平，沿边端封严。搭接缝及封口收头粘贴后，可用火焰及抹子沿缝边缘再行均匀加热抹压封严。

（3）高分子卷材冷粘施工

1）先在防水基层上按卷材的宽度，弹出每幅卷材的基准线。

2）将卷材对齐所弹的卷材的基准线，将卷材铺开；粘贴卷材采用条粘，先将卷材折起 1/3，沿卷材和基层用板刷或滚刷，将胶液均匀地刷在卷材和基层上，待胶液干燥后（以手摸不粘手为宜），将卷材与基层黏结牢固，随后用滚辊压实。

3）待一侧粘贴完后，再将另一侧折起 1/3，做法同上，但卷材搭接处不涂胶。

4）铺设时要求用力均匀、不窝气，铺设压边宽度应掌握好。长短边搭接宽度均不小于 100mm；相邻两幅卷材接缝相互错开 500mm 以上。铺贴时将卷材自然松铺且无皱折即可，不可拉紧，以免影响质量。

5）封口收头。待所有防水层全部铺贴完毕后，再将卷材搭接缝处折起，在两搭接处两层的卷材上，涂刷专用的封口胶；待胶液干燥后，将两层卷材黏结在一起，用压辊压平、压实，不得翘边、打折；最后封底一道 10mm 宽的密封胶。

（4）涂膜防水施工要点

1）配料。根据说明书的配合比要求，将粉料和液料混合在一起，用电动搅拌机强制搅拌均匀，搅拌时设专人负责。

2）底涂。将配好的混合料加一定的稀料，搅拌均匀，用滚刷或棕刷，均匀地涂刷在基层上。

3）涂刷无胎体的防水层。涂膜防水层采取多遍涂（刮）刷，用滚刷均匀涂刷防水涂料，不漏刷、不堆积；待第一道防水层凝固后，再刷第二道、第三道涂层，直至涂膜厚度达到设计厚度。

4）涂刷有胎体的防水层。先将胎体平铺在基层上，浇上涂料用胶皮刮板刮匀；胎体短边搭接不小于 70mm，长边搭接不小于 50mm；第一道固化后再用同样的方法涂刷第二涂层，第二层胎体与下层胎体平行，接缝错开幅宽的 1/3 以上；最后刷一道或多道面涂，直到厚度达到设计要求。

6. 细部构造处理

1）泛水收口的做法。应在以下两种做法中选择一种，不允许采用压入凹槽内的做法：

① 采用金属压条的做法，如图 3-1 所示。

② 采用压条在挑檐下的做法，如图 3-2 所示。

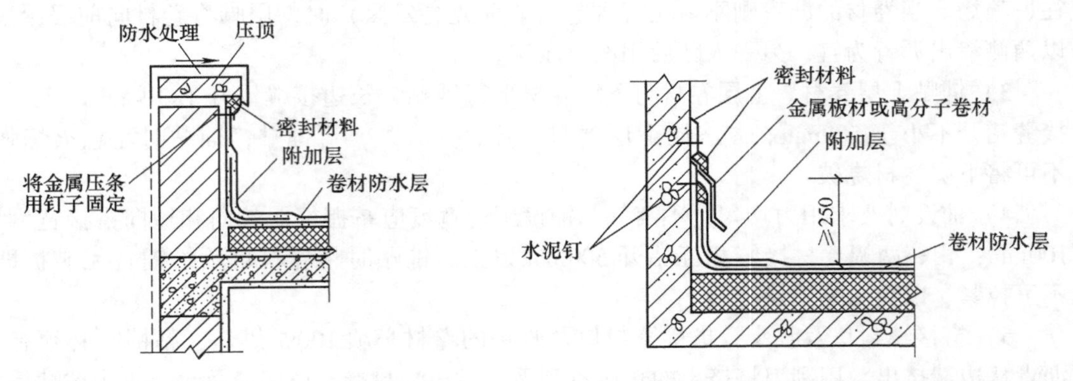

图 3-1　泛水收口的做法之金属压条　　　图 3-2　泛水收口的做法之压条在挑檐下

2）出屋面管根的做法如图 3-3 所示。防水收头必须采用金属箍箍紧，并用密封材料填严。

3）由于屋面上人较多，容易破坏，故屋面变形缝处需采用混凝土盖板，其做法如图 3-4 所示。

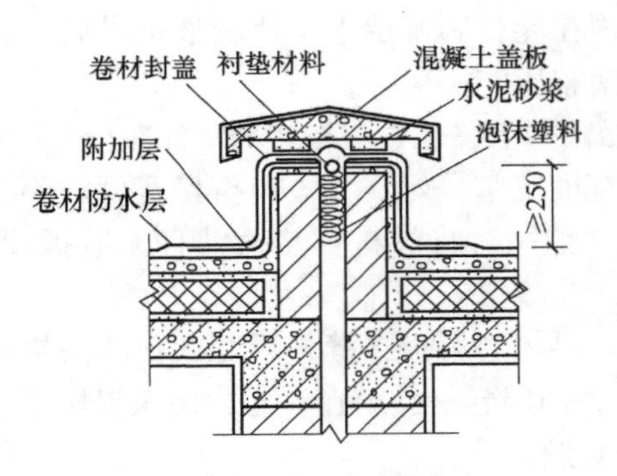

图 3-3　出屋面管根的做法

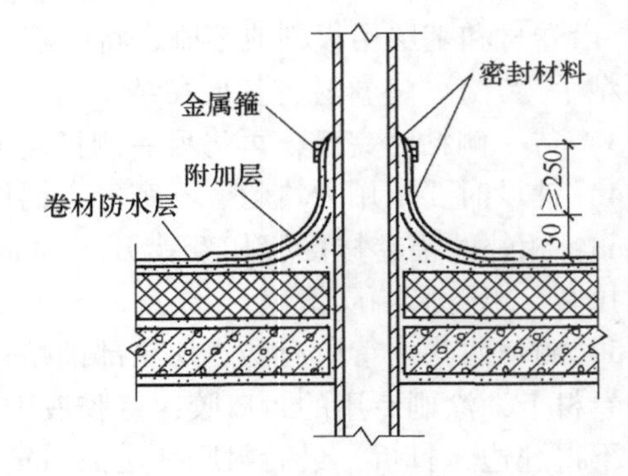

图 3-4　屋面变形缝处的做法

4）屋面高、低跨处的做法。此处是常见的一个漏点，根据以往的经验，若采用金属盖板则往往发生渗漏的概率很高，故应采用在高跨做混凝土挑板的做法。

5）在各屋面的出入口需做好防水卷材保护层，其做法如图 3-5 所示。

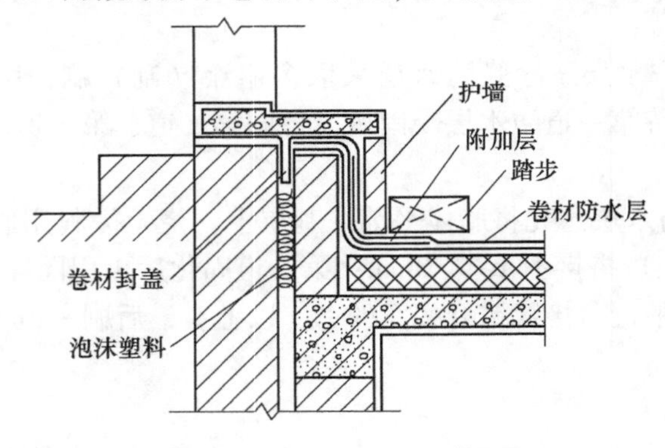

图 3-5　屋面出入口的做法

6）防水卷材在雨水口处需伸入雨水口内 5cm，其做法如图 3-6 所示。

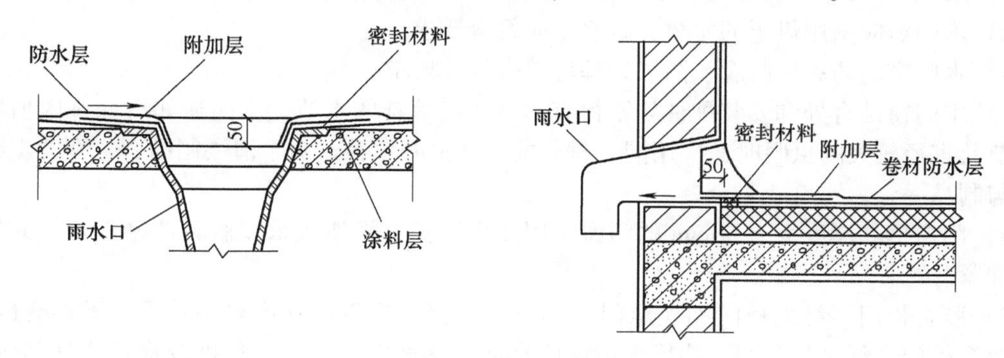

图 3-6 屋面雨水口处的做法

3.4 装饰工程施工质量控制要点

1. 抹灰工程质量控制要点

（1）一般抹灰工程质量控制要点

1）抹灰前应将基层表面的尘土、污垢、油渍等清除干净，并应洒水润湿。

2）一般抹灰工程所用材料的品种和性能应符合设计要求。水泥的凝结时间和安定性复验应合格。砂浆的配合比应符合设计要求。

3）抹灰工程应分层进行。当抹灰总厚度大于或等于 35mm 时，应采取措施。对不同材料基体交接处表面的抹灰，应采取防止开裂的加强措施，当采用加强网时，加强网与各基体的搭接宽度不应小于 100mm。

4）抹灰层与基层之间及各抹灰层之间必须黏结牢固，抹灰层应无脱层、空鼓，面层应无爆灰和裂缝。

（2）装饰抹灰工程质量控制要点

1）抹灰前应将基层表面的尘土、污垢、油渍等清除干净，并应洒水润湿。

2）装饰抹灰工程所用材料的品种和性能应符合设计要求。水泥的凝结时间和安定性复验应合格。砂浆的配合比应符合设计要求。

3）抹灰工程应分层进行。当抹灰总厚度大于或等于 35mm 时，应采取加强措施。对不同材料基体交接处表面的抹灰，应采取防止开裂的加强措施，当采用加强网时，加强网与各基体的搭接宽度不应小于 100mm。

4）各抹灰层之间及抹灰层与基体之间必须黏结牢固，抹灰层应无脱层、空鼓和裂缝。

（3）清水砌体勾缝工程质量控制要点

1）清水砌体勾缝所用水泥的凝结时间和安定性复验应合格，砂浆的配合比应符合设计要求。

2）清水砌体勾缝应无漏勾。勾缝材料应黏结牢固、无开裂。

2. 门窗工程质量控制要点

（1）木门窗制作与安装工程质量控制要点

1）木门窗的木材品种、材质等级、规格、尺寸、框扇的线型及人造木板的甲醛含量应符合设计要求。设计未规定材质等级时，所用木材的质量应符合规范规定。

2）木门窗应采用烘干的木材，含水率应符合要求。

3）木门窗的防火、防腐、防蚀处理应符合设计要求。

4）木门窗结合处和安装配件处不得有木节或已填补的木节。木门窗如有允许限值以内的灰节及直径较大的虫眼时，应用同一材质的木塞加胶填补。对于清漆制品，木塞的木纹色泽应与制品一致。

5）门窗框和厚度大于50mm的门窗应用双榫连接。榫槽应采用胶料严密嵌合，并应用胶楔加紧。

6）胶合板门、纤维板门和模压门不得脱胶。胶合板不得刨透表层单板，不得有戗槎。制作胶合板门、纤维板门时，边框和横楞应在同一平面上，面层、边框及横楞应加强胶结。横楞和上、下冒头应各钻两个以上的透气孔，透气孔应通畅。

7）木门窗的品种、类型、规格、开启方向、安装位置和连接方式应符合设计要求。

8）木门窗框的安装必须牢固。预埋木砖的防腐处理，木门窗框固定点的数量、位置及固定方法应符合设计要求。

9）木门窗必须安装牢固，并应开关灵活、关闭严密、无倒翘。

10）木门窗配件的型号、规格、数量应符合设计要求，安装应牢固，位置应正确，功能应满足使用要求。

（2）金属门窗安装工程质量控制要点

1）金属门窗的品种、类型、规格、尺寸、性能、开启方向、安装位置、连接方式及铝合金门窗的型材壁厚应符合设计要求。金属门窗的防腐处理及填嵌、密封处理应符合设计要求。

2）金属门窗框的副框安装必须牢固。预埋件的数量、位置、埋设方式与框的连接方式必须符合设计要求。

3）金属门窗必须安装牢固，并应开关灵活、关闭严密、无倒翘。推拉门窗必须有防脱落措施。

4）金属门窗配件的型号、规格、数量应符合设计要求，安装应牢固，位置应正确，功能应满足使用要求。

（3）塑料门窗安装工程质量控制要点

1）塑料门窗的品种、类型、规格、尺寸、开启方向、安装位置、连接方式及填嵌密封处理应符合设计要求，内衬增强型钢的壁厚及设置应符合国家现行产品标准的质量要求。

2）塑料门窗框、副框和扇的安装必须牢固。固定片或膨胀螺栓的数量与位置应正确，连接方式应符合设计要求。固定点应距窗角、中横框、中竖框150～200mm，固定点间距应不大于600mm。

3）塑料门窗拼樘料内衬增强型钢的规格、壁厚必须符合设计要求，型钢应与型材内腔紧密吻合，其两端必须与洞口固定牢固。窗框必须与拼樘料连接紧密，固定点间距应不大于600mm。

4）塑料门窗扇应开关灵活、关闭严密、无倒翘。推拉门窗扇必须具有防脱落措施。

5）塑料门窗配件的型号、规格、数量应符合设计要求，安装应牢固，位置应正确，功能应满足使用要求。

6）塑料门窗框与墙体间的缝隙应采用闭孔弹性材料填嵌饱满，表面应采用密封胶密封。密封胶应黏结牢固，表面应光滑、顺直、无裂纹。

（4）特种门安装工程质量控制要点

1）特种门的质量和各项性能应符合设计要求。

2）特种门的品种、类型、规格、尺寸、开启方向、安装位置及防腐处理应符合设计要求。

3）带有机械装置、自动装置或智能化装置的特种门，其机械装置、自动装置或智能装置的功能应符合设计要求和有关标准的规定。

4）特种门的安装必须牢固。预埋件的数量、位置、埋设方式、与框的连接方式必须符合设计的要求。

5）特种门的配件应齐全，位置应正确，安装应牢固，功能应满足使用要求和特种门的各项性能要求。

（5）门窗玻璃安装工程质量控制要点

1）玻璃的品种、规格、尺寸、色彩、图案和涂膜朝向应符合设计要求。单块玻璃大于 $1.5m^2$ 时，应使用安全玻璃。

2）门窗玻璃裁割尺寸应正确。安装后的玻璃应牢固，不得有裂纹、损伤和松动。

3）玻璃的安装方法应符合设计要求。固定玻璃的钉子或钢丝卡的数量、规格应保证玻璃安装牢固。

4）镶钉木压条接触玻璃处，应与裁口边缘平齐。木压条应互相紧密连接，并与裁口边缘紧贴，割角应整齐。

5）密封条与玻璃、玻璃槽口的接触应紧密、平整。密封胶与玻璃、玻璃槽口的边缘应黏结牢固、接缝平齐。

6）带密封条的玻璃压条，其密封条必须与玻璃全部贴紧，压条与型材之间应无明显缝隙，压条接缝应不大于0.5mm。

3. 吊顶工程质量控制要点

（1）暗龙骨吊顶工程质量控制要点

1）吊顶标高、尺寸、起拱和造型应符合设计要求。

2）饰面材料的材质、品种、规格、图案和颜色应符合设计要求。

3）暗龙骨吊顶工程的吊杆、龙骨和饰面材料的安装必须牢固。

4）吊杆、龙骨的材质、规格、安装间距及连接方式应符合设计要求。金属吊杆、龙骨应经过表面防腐处理；木吊杆、龙骨应进行防腐、防火处理。

5）石膏板的接缝应按其施工工艺标准进行板缝防裂处理。安装双层石膏板时，面层板与基层板的接缝应错开，并不得在同一根龙骨上接缝。

（2）明龙骨吊顶工程质量控制要点

1）吊顶标高、尺寸、起拱和造型应符合设计要求。

2）饰面材料的材质、品种、规格、图案和颜色应符合设计要求。当饰面材料为玻璃板时，应使用安全玻璃或采取可靠的安全措施。

3）饰面材料的安装应稳固严密。饰面材料与龙骨的搭接宽度应大于龙骨受力面宽度的2/3。

4）吊杆、龙骨的材质、规格、安装间距及连接方式应符合设计要求。对金属吊杆、龙骨应进行表面防腐处理；对木龙骨应进行防腐、防火处理。

5）明龙骨吊顶工程的吊杆和龙骨安装必须牢固。

4. 轻质隔墙工程质量控制要点

（1）板材隔墙工程质量控制要点

1）隔墙板材的品种、规格、性能、颜色应符合设计要求。有隔声、隔热、阻燃、防潮等特殊要求的工程，板材应有相应性能等级的检测报告。

2）安装隔墙板材所需预埋件、连接件的位置、数量及连接方法应符合设计要求。

3）隔墙板材的安装必须牢固。现制钢丝网水泥隔墙与周边墙体的连接方法应符合设计要求，并应连接牢固。

4）隔墙板材所用接缝材料的品种及接缝方法应符合设计要求。

（2）骨架隔墙工程质量控制要点

1）骨架隔墙工程所用龙骨、配件、墙面板、填充材料及嵌缝材料的品种、规格、性能和木材的含水率应符合设计要求。有隔声、隔热、阻燃、防潮等特殊要求的工程，材料应有相应性能等级的检测报告。

2）内架隔墙工程边框龙骨必须与基体结构连接牢固，并应平整、垂直、位置正确。

3）骨架隔墙中龙骨间距和构造连接方法应符合设计要求。骨架内设备管线的安装、门窗洞口等部位的加强龙骨应安装牢固、位置正确，填充材料的设置应符合设计要求。

4）木龙骨及木墙面板的防火和防腐处理必须符合设计要求。

5）骨架隔墙的墙面板应安装牢固，无脱层、翘曲、拆裂及缺损。

6）墙面板所用接缝材料的接缝方法应符合设计要求。

（3）活动隔墙工程质量控制要点

1）活动隔墙工程所用墙板、配件等材料的品种、规格、性能和木材的含水率应符合设计要求。有阻燃、防潮等特性要求的工程，材料应有相应性能等级的检测报告。

2）活动隔墙轨道必须与基体结构连接牢固，并应位置正确。

3）活动隔墙用于组装、推拉和制动的构配件必须安装牢固、位置正确，推拉必须安全、平稳、灵活。

4）活动隔墙的制作方法、组合方式应符合设计要求。

（4）玻璃隔墙工程质量控制要点

1）玻璃隔墙工程所用材料的品种、规格、性能、图案和颜色应符合设计要求。玻璃板隔墙应使用安全玻璃。

2）玻璃砖隔墙的砌筑或玻璃板隔墙的安装方法应符合设计要求。

3）玻璃砖隔墙砌筑中埋设的拉结筋必须与基体结构连接牢固，并应位置正确。

4）玻璃板隔墙的安装必须牢固。玻璃板隔墙胶垫的安装应正确。

5. 饰面板（砖）工程质量控制要点

（1）饰面板安装工程质量控制要点

1）饰面板的品种、规格、颜色和性能应符合设计要求，木龙骨、木饰面板和塑料饰面板的燃烧性能等级应符合设计要求。

2）饰面板孔、槽的数量、位置和尺寸应符合设计要求。

3）饰面板安装工程的预埋件（或后置埋件）、连接件的数量、规格、位置、连接方法和防腐处理必须符合设计要求。后置埋件的现场拉拔强度必须符合设计要求。饰面板安装必须牢固。

（2）饰面砖粘贴工程质量控制要点

1）饰面砖的品种、规格、图案、颜色和性能应符合设计要求。

2）饰面砖粘贴工程的找平、防水、黏结和勾缝材料及施工方法应符合设计要求及国家现行产品标准和工程技术标准的规定。

3）饰面砖粘贴必须牢固。

4）满粘法施工的饰面砖工程应无空鼓、裂缝。

6. 幕墙工程质量控制要点

（1）玻璃幕墙工程质量控制要点

1）玻璃幕墙工程所使用的各种材料、构件和组件的质量，应符合设计要求及国家现行产品标准和工程技术规范的规定。

2）玻璃幕墙的造型和立面分格应符合设计要求。

3）玻璃幕墙所使用的玻璃应符合下列规定：

① 幕墙应使用安全玻璃，玻璃的品种、规格、颜色、光学性能及安装方向应符合设计要求。

② 幕墙玻璃的厚度不应小于6.0mm。全玻璃幕墙肋玻璃的厚度不应小于12mm。

③ 幕墙的中空玻璃应采用双道密封。明框幕墙的中空玻璃应采用聚硫密封胶及丁基密封胶；隐框和半隐框幕墙的中空玻璃应采用硅酮结构密封胶及丁基密封胶；镀膜面应在中空玻璃的第2面或第3面上。

④ 幕墙的夹层玻璃应采用聚乙烯醇缩丁醛（PVB）胶片干法加工合成的夹层玻璃。点支撑玻璃幕墙夹层玻璃的夹层胶片（PVB）厚度不应小于0.76mm。

⑤ 钢化玻璃表面不得有损伤；8.0mm以下的钢化玻璃应进行引爆处理。

⑥ 所有幕墙玻璃均应进行边缘处理。

4）玻璃幕墙与主体结构连接的各种预埋件、连接件、紧固件必须安装牢固，其数量、规格、位置、连接方法和防腐处理应符合设计要求。

5）各种连接件、紧固件的螺栓应有松动措施；焊接连接应符合设计要求和焊接规范的规定。

6）隐框或半隐框玻璃幕墙，每块玻璃下端应设置两个铝合金或不锈钢托条，其长度不应小于100mm，厚度不应小于2mm，托条外端应低于玻璃外表面2mm。

7）明框玻璃幕墙的玻璃安装应符合下列规定：

① 玻璃槽口与玻璃的配合尺寸应符合设计要求和技术标准的规定。

② 玻璃与构件不得直接接触，玻璃四周与构件凹槽底部应保持一定的空隙，每块玻璃下部应至少放置两块宽度与槽口宽度相同、长度不小于100mm的弹性定位垫块；玻璃两边嵌入量及空隙应符合设计要求。

③ 玻璃四周橡胶条的材质、型号应符合设计要求，镶嵌应平整，橡胶条应比边框内槽长1.5%~2.0%，橡胶条在转角处应斜面断开，并应用胶黏剂黏结牢固后嵌入槽内。

8）高度超过4m的全玻璃幕墙应吊挂在主体结构上，吊夹具应符合设计要求，玻璃与玻璃、玻璃与玻璃肋之间的缝隙，应采用硅酮结构密封胶填嵌严密。

9）点支撑玻璃幕墙应采用带万向头的活动不锈钢爪，其钢爪之间的中心距离应大于250mm。

10）玻璃幕墙四周、玻璃幕墙内表面与主体结构之间的连接节点、各种变形缝、墙角的连接节节应符合设计要求和技术标准的规定。

11）玻璃幕墙应无渗漏。

12）玻璃幕墙结构胶和密封胶的打注应饱满、密实、连续、均匀、无气泡，宽度和厚度应符合设计要求和技术标准的规定。

13）玻璃幕墙开启窗的配件应齐全，安装应牢固，安装位置和开启方向、角度应正确，开启应灵活，关闭应严密。

14）玻璃幕墙的防雷装置必须与主体结构的防雷装置可靠连接。

（2）金属幕墙工程质量控制要点

1）金属幕墙工程所使用的各种材料和配件，应符合设计要求及现行国家产品标准和工程技术规范的规定。

2）金属幕墙的造型和立面分格应符合设计要求。

3）金属面板的品种、规格、颜色、光泽及安装方向应符合设计要求。

4）金属幕墙主体结构上的预埋件、后置埋件的数量、位置及后置埋件的拉拔力必须符合设计要求。

5）金属幕墙的金属框架立柱与主体结构预埋件的连接、立柱与横梁的连接、金属面板的安装必须符合设计要求，安装必须牢固。

6）金属幕墙的防火、保温、防潮材料的设置应符合设计要求，并应密实、均匀、厚度一致。

7）金属框架及连接件的防腐处理应符合设计要求。

8）金属幕墙的防雷装置必须与主体结构的防雷装置可靠连接。

9）各种变形缝、墙角的连接节点应符合设计要求和技术标准的规定。

10）金属幕墙的板缝注胶应饱满、密实、连续、均匀、无气泡，宽度和厚度应符合设计要求和技术标准的规定。

11）金属幕墙应无渗漏。

（3）石材幕墙工程质量控制要点

1）石材幕墙工程所用材料的品种、规格、性能和等级，应符合设计要求及现行国家产品标准和工程技术规范的规定。石材的弯曲强度不应小于8.0MPa，吸水率应小于0.8%。石材幕墙的铝合金挂件厚度不应小于4.0mm，不锈钢挂件厚度不应小于3.0mm。

2）石材幕墙的造型、立面分格、颜色、光泽、光纹和图案应符合设计要求。

3）石材孔、槽的数量、深度、位置、尺寸应符合设计要求。

4）石材幕墙主体结构上的预埋件和后置埋件的位置、数量及后置埋件的拉拔力必须符合设计要求。

5）石材幕墙的金属框架立柱与主体结构预埋件的连接、立柱与横梁的连接、连接件与金属框架的连接、连接件与石材面板的连接必须符合设计要求，安装必须牢固。

6）金属框架和连接件的防腐处理应符合设计要求。

7）石材幕墙的防雷装置必须与主体结构的防雷装置可靠连接。

8）石材幕墙的防火、保温、防潮材料的设置应符合设计要求，填充材料应密实、均匀、厚度一致。

9）各种结构变形缝、墙角的连接节点应符合设计要求和技术标准的规定。

10）石材表面和板缝的处理应符合设计要求。

11）石材幕墙的板缝注胶应饱满、密实、连续、均匀、无气泡，板缝宽度和厚度应符合设计要求和技术标准的规定。

12）石材幕墙应无渗漏。

7. 涂饰工程质量控制要点

（1）水性涂料涂饰工程质量控制要点

1）水性涂料涂饰工程所用涂料的品种、型号和性能应符合设计要求。

2）水性涂料涂饰工程的颜色、图案应符合设计要求。

3）水性涂料涂饰工程应涂饰均匀、黏结牢固，不得漏涂、透底、起皮和掉粉。

4）水性涂料涂饰工程的基层处理应符合规范要求。

（2）溶剂型涂料涂饰工程质量控制要点

1）溶剂型涂料涂饰工程所用涂料的品种、型号和性能应符合设计要求。

2）溶剂型涂料涂饰工程的颜色、光泽、图案应符合设计要求。

3）溶剂型涂料涂饰工程应涂饰均匀、黏结牢固，不得漏涂、透底、起皮和反锈。

4）溶剂型涂料涂饰工程的基层处理应符合规范要求。

（3）美术涂饰工程质量控制要点

1）美术涂饰工程所用材料的品种、型号和性能应符合设计要求。

2）美术涂饰工程应涂饰均匀、黏结牢固，不得漏涂、透底、起皮、掉粉和反锈。

3）美术涂饰工程的基层处理应符合规范要求。

4）美术涂饰工程的套色、花纹和图案应符合设计要求。

8. 裱糊与软包工程质量控制要点

（1）裱糊工程质量控制要点

1）壁纸、墙布的种类、规格、图案、颜色和燃烧性能等级必须符合设计要求及现行国家标准的有关规定。

2）裱糊工程基层处理质量应符合规范要求。

3）裱糊后各幅拼接应横平竖直，拼接处花纹、图案应吻合，不离缝，不搭接，不显拼缝。

4）壁纸、墙布应粘贴牢固，不得有漏贴、补贴、脱层、空鼓和翘边。

（2）软包工程质量控制要点

1）软包面料、内衬材料及边框的材质、颜色、图案、燃烧性能等级和木材的含水率应符合设计要求及国家现行标准的有关规定。

2）软包工程的安装位置及构造做法应符合设计要求。

3）软包工程的龙骨、衬板、边框应安装牢固，无翘曲，拼缝应平直。

4）单块软包面料不应有接缝，四周应绷压严密。

9. 楼地面工程质量控制要点

（1）整体楼地面工程

1）各种面层的材质、强度（配合比）和密实度必须符合设计要求和施工规范的规定。

2）面层与基层的结合必须牢固无空鼓。

3）细石混凝土、混凝土、钢屑水泥、菱苦土面层表面应密实光洁，无裂纹、脱皮、麻面和起砂等现象。

4）水泥砂浆面层表面应洁净，无裂纹、脱皮、麻面和起砂等现象。

5）水磨石面层表面应光滑；无裂纹、砂眼和磨纹；石粒密实、显露均匀；颜色、图案一致，不混色；分格条牢固、顺直并清晰。

6）碎拼大理石面层表面应颜色协调、间隙适宜、磨光一致，无裂缝、坑洼和磨纹。

7）沥青混凝土、沥青砂浆面层表面应密实，无裂缝、蜂窝等现象。

8）地漏和供排除液体用的带有坡度的面层，坡度应符合设计要求，不倒泛水，无积水，与地漏（管道）结合处应严密平顺，无渗漏。

9）踢脚板应高度一致，出墙厚度均匀，与墙面结合牢固，局部空鼓长度不超过200mm。

10）楼梯踏步和台阶相邻两步的高度差不超过20mm；齿角应整齐，防滑条顺直。

11）楼地面的镶边用料及尺寸符合设计要求和施工规范的规定，边角整齐、光滑，不同颜色的邻接处不混色。

（2）板块楼地面工程

1）板块面层所用板块的品种、质量必须符合设计要求；面层与基层的结合（黏结）必须牢固、无空鼓。

2）各种板块面层的表面应洁净，图案清晰，色泽一致，接缝均匀，周边顺直，板块无裂纹、掉角和缺棱现象。

3）地漏和供排除液体用的面层的坡度应符合设计要求，不倒泛水，无积水，与地漏（管道）结合处应严密牢固，无渗漏。

4）踢脚板表面应洁净，接缝平整均匀，高度一致，结合牢固，出墙厚度适宜。

5）楼梯踏步和台阶缝隙应一致，相邻两步的高差不超过15mm，防滑条顺直。

6）楼地面镶边面层邻接处的镶边用料及尺寸符合设计要求和施工规范的规定，边角整齐、光滑。

（3）木质楼地面工程

1）木质材质和铺设时的含水率必须符合《木结构工程施工质量验收规范》（GB 50206—2012）的有关规定。

2）木搁栅、毛地板和垫木等必须做防腐处理。木搁栅安装必须牢固、平直；在混凝土基层上铺设木搁栅时，其间距和稳固方法必须符合设计要求。

3）木质板面层必须铺钉牢固无松动，黏结牢固无空鼓。

4）木板和拼花木板面层表面应刨平磨光，无刨痕、戗槎和毛刺等现象；图案清晰；清油面层颜色均匀一致。

5）硬质纤维板面层表面图案应符合设计要求，板面无翘鼓。

6）木板面层板间接缝缝隙应严密，接头位置错开，表面洁净。

7）拼花木板板间接缝缝隙应对齐，粘、钉严密；缝隙宽度均匀一致；表面洁净，黏结面层无溢胶。

8）硬质纤维板板间接缝应均匀，无明显高差；表面洁净，黏结面层无溢胶。

9）踢脚板接缝严密，表面光滑，高度、出墙厚度一致。

10. 细部工程质量控制要点

（1）橱柜制作与安装工程质量控制要点

1）橱柜制作与安装工程所用材料的材质和规格、木材的燃烧性能等级和含水率、花岗石的放射性及人造木板的甲醛含量应符合设计要求。

2）橱柜安装预埋件或后置埋件的数量、规格、位置应符合设计要求。

3）橱柜的造型、尺寸、安装位置、制作和固定方法应符合设计要求。橱柜安装必须牢固。

4）橱柜配件的品种、规格应符合设计要求。配件应齐全，安装应牢固。

5）橱柜的抽屉和柜门应开关灵活、回位正确。

（2）窗帘盒、窗台板和散热器罩制作与安装工程质量控制要点

1）窗帘盒、窗台板和散热器罩制作与安装工程所用材料的材质和规格、木材的燃烧性能等级和含水率、花岗石的放射性及人造木板的甲醛含量应符合设计要求及国家现行标准的有关规定。

2）窗帘盒、窗台板和散热器罩的造型、规格、尺寸、安装位置和固定方法必须符合设计要求。窗帘盒、窗台板和散热器罩的安装必须牢固。

3）窗帘盒配件的品种、规格应符合设计要求，安装应牢固。

（3）门窗套制作与安装工程质量控制要点

1）门窗套制作与安装工程所用材料的材质、规格、花纹和颜色，木材的燃烧性能等级和含水率，花岗石的放射性及人造木板的甲醛含量应符合设计要求及国家现行标准的有关规定。

2）门窗套的造型、尺寸和固定方法应符合设计要求，安装应牢固。

（4）护栏和扶手制作与安装工程质量控制要点

1）护栏和扶手制作与安装工程所用材料的材质、规格、数量和木材、塑料的燃烧性能等级应符合设计要求。

2）护栏和扶手的造型、尺寸及安装位置应符合设计要求。

3）护栏和扶手安装预埋件的数量、规格、位置以及护栏与预埋件的连接节点应符合设计要求。

4）护栏高度、栏杆间距、安装位置必须符合设计要求。护栏安装必须牢固。

5）护栏玻璃应使用公称厚度不小于 12mm 的钢化玻璃或钢化夹层玻璃。当护栏一侧距楼地面高度为 5m 及以上时，应使用钢化夹层玻璃。

（5）花饰制作与安装工程质量控制要点

1）花饰制作与安装工程所用材料的材质、规格应符合设计要求。

2）花饰的造型、尺寸应符合设计要求。

3）花饰的安装位置和固定方法必须符合设计要求，安装必须牢固。

3.5 建筑节能工程施工质量控制要点

1. 外墙外保温开工前注意要点

1）外墙外保温开始施工前，必须严格审查专业分包单位的资质，包括营业执照、安全生产许可证、资质证书、保温体系节能备案证、工人上岗证等资料，上述资料复印件要盖供货商的公章，同时，核查营业执照及安全生产许可证是否通过年检，是否过期。

2）外墙外保温开始施工前，项目技术负责人要组织相关施工人员认真审学施工图，熟悉相应验收规范和所采用的图集，对工人班组要认真组织交底，留存记录。

3）图纸会审应翔实全面，签章齐全。保温材料或做法变更，属重大设计变更，须经过审图机构审查后方可组织施工。

4）工程开工前，提前21d，需抽检和送检的材料必须委托有资质的试验室检测，开工后7d内，必须将各种材料的复试报告全部取回，同时，根据单位工程建筑面积，保证材料送检的批次符合《控制要点》的要求。

5）保温板陈化时间要求：聚苯板（EPS）使用前应在自然条件下陈化不少于42d或在蒸汽中养护不少于5d；挤塑聚苯板（XPS）在自然条件下的陈化时间应不少于45d；泡沫聚苯颗粒混合浆料的混合粉料，自生产日3d后方可使用，当超过60d时必须重新进行产品性能复试，合格后方可使用；水泥类复合保温制品，自生产日起28d后方可使用。

6）保温板、网格布、锚栓、黏结砂浆、抹面砂浆等材料必须做到封样备案、对样验收，保存于样品库中，标识翔实清晰。

2. 原材料检测要点

根据建筑工程材料抽检的相关规定，外保温系统中保温板材需委托具有相应资质的检测机构进行现场抽检，除抽检外，同时应满足以下规定：

（1）膨胀聚苯板薄抹灰外墙外保温系统

1）膨胀聚苯板（EPS）。

① 执行标准：JGJ 144—2004。

② 验收批次：同一厂家同一品种的产品，当单位工程建筑面积在20000m^2以下时，各抽查不少于3次；当单位工程建筑面积在20000m^2以上时，各抽查不少于6次。

③ 取样规格数量：1200mm×600mm，2块。

④ 检测内容：密度、干密度、导热系数、水蒸气渗透系数、压缩性能、抗拉强度、线收缩率、尺寸稳定性、软化系数。

⑤ 检测时间：材料进场使用前，委托方提供产品说明书、检验报告。

2）抹面胶浆。

① 执行标准：JGJ 144—2004。

② 验收批次：同一厂家同一品种的产品，当单位工程建筑面积在20000m^2以下时，各抽查不少于3次；当单位工程建筑面积在20000m^2以上时，各抽查不少于6次。

③ 取样规格数量：8kg。

④ 检测内容：常温常态和浸水拉伸黏结强度（与膨胀聚苯板）。

⑤ 检测时间：材料进场使用前，委托方提供产品说明书、检验报告。

3）胶黏剂。

① 执行标准：JGJ 144—2004。

② 验收批次：同一厂家同一品种的产品，当单位工程建筑面积在 $20000m^2$ 以下时，各抽查不少于 3 次；当单位工程建筑面积在 $20000m^2$ 以上时，各抽查不少于 6 次。

③ 取样规格数量：8kg。

④ 检测内容：常温常态和浸水拉伸黏结强度（分与水泥砂浆、与膨胀聚苯板）。

⑤ 检测时间：材料进场使用前，委托方提供产品说明书、检验报告。

4）耐碱玻纤网格布。

① 材料性能指标要求：网孔中心距普通型（5mm×5mm）、增强型（6mm×6mm），单位面积重量普通型（$\geqslant 160g/m^2$）、增强型（$\geqslant 500g/m^2$），断裂强度普通型（≥1250N/50mm）、增强型（≥3000N/50mm）。

② 执行标准：JGJ 144—2004。

③ 验收批次：同一厂家同一品种的产品，当单位工程建筑面积在 $20000m^2$ 以下时，各抽查不少于 3 次；当单位工程建筑面积在 $20000m^2$ 以上时，各抽查不少于 6 次。

④ 取样规格数量：$2m^2$（试样面积），3 块。

⑤ 检测内容：耐碱拉伸断裂强力、耐碱拉伸断裂强力保留率。

⑥ 检测时间：材料进场使用前，委托方提供产品说明书、检验报告。

5）锚固件。

① 执行标准：JGJ 144—2004。

② 验收批次：同一厂家同一品种的产品，当单位工程建筑面积在 $20000m^2$ 以下时，各抽查不少于 3 次；当单位工程建筑面积在 $20000m^2$ 以上时，各抽查不少于 6 次。

③ 取样规格数量：一组 20 只。

④ 检测内容：锚栓抗拉承载力标准值；技术要求：锚固入墙深度不小于 50mm。

⑤ 检测时间：材料进场使用前，委托方提供产品说明书、检验报告。

（2）胶粉聚苯颗粒外墙外保温系统

1）胶粉聚苯颗粒保温浆料。

① 执行标准：JG/T 158—2013。

② 验收批次：同一厂家同一品种的产品，当单位工程建筑面积在 $20000m^2$ 以下时，各抽查不少于 3 次；当单位工程建筑面积在 $20000m^2$ 以上时，各抽查不少于 6 次。

③ 取样规格数量：胶粉料 8kg、聚苯颗粒 1kg。

④ 检测内容：湿表观密度、干表观密度、导热系数、抗压强度。

⑤ 检测时间：材料进场使用前，委托方提供产品说明书、检验报告。

2）抗裂砂浆。

① 执行标准：JG/T 158—2013。

② 验收批次：同一厂家同一品种的产品，当单位工程建筑面积在 $20000m^2$ 以下时，各抽查不少于 3 次；当单位工程建筑面积在 $20000m^2$ 以上时，各抽查不少于 6 次。

③ 取样规格数量：8kg。

④ 检测内容：常温常态和浸水拉伸黏结强度。

⑤ 检测时间：材料进场使用前，委托方提供产品说明书、检验报告。

3）界面砂浆。

① 执行标准：JG/T 158—2013。

② 验收批次：同一厂家同一品种的产品，当单位工程建筑面积在 20000m² 以下时，各抽查不少于 3 次；当单位工程建筑面积在 20000m² 以上时，各抽查不少于 6 次。

③ 取样规格数量：8kg。

④ 检测内容：原强度和浸水压剪黏结强度。

⑤ 检测时间：材料进场使用前，委托方提供产品说明书、检验报告。

4）耐碱玻纤网格布。

① 执行标准：JG/T 158—2013。

② 验收批次：同一厂家同一品种的产品，当单位工程建筑面积在 20000m² 以下时，各抽查不少于 3 次；当单位工程建筑面积在 20000m² 以上时，各抽查不少于 6 次。

③ 取样规格数量：2m²（试样面积），3 块。

④ 检测内容：耐碱拉伸断裂强力、耐碱拉伸断裂强力保留率。

⑤ 检测时间：材料进场使用前，委托方提供产品说明书、检验报告。

5）锚固件。

① 执行标准：JGJ 144—2004、JG/T 158—2013。

② 验收批次：同一厂家同一品种的产品，当单位工程建筑面积在 20000m² 以下时，各抽查不少于 3 次；当单位工程建筑面积在 20000m² 以上时，各抽查不少于 6 次。

③ 取样规格数量：一组 20 只。

④ 检测内容：锚栓抗拉承载力标准值。

⑤ 检测时间：材料进场使用前，委托方提供产品说明书、检验报告。

6）面砖胶黏剂。

① 执行标准：JG/T 158—2013。

② 验收批次：同一厂家同一品种的产品，当单位工程建筑面积在 20000m² 以下时，各抽查不少于 3 次；当单位工程建筑面积在 20000m² 以上时，各抽查不少于 6 次。

③ 取样规格数量：5kg。

④ 检测内容：拉伸黏结强度、原强度和浸水压剪黏结强度。

⑤ 检测时间：材料进场使用前，委托方提供产品说明书、检验报告。

7）面砖勾缝料。

① 执行标准：JG/T 158—2013。

② 验收批次：同一厂家同一品种的产品，当单位工程建筑面积在 20000m² 以下时，各抽查不少于 3 次；当单位工程建筑面积在 20000m² 以上时，各抽查不少于 6 次。

③ 取样规格数量：5kg。

④ 检测内容：拉伸黏结强度。

⑤ 检测时间：材料进场使用前，委托方提供产品说明书、检验报告。

8）柔性耐水腻子。

① 执行标准：JG/T 158—2013。

② 验收批次：同一厂家同一品种的产品，当单位工程建筑面积在 20000m² 以下时，各抽查不少于 3 次；当单位工程建筑面积在 20000m² 以上时，各抽查不少于 6 次。

③ 取样规格数量：5kg。

④ 检测内容：拉伸黏结强度。

⑤ 检测时间：材料进场使用前，委托方提供产品说明书、检验报告。

9）热镀锌钢丝网。

① 执行标准：JG/T 158—2013、QB/T 3897—1999。

② 验收批次：同一厂家同一品种的产品，当单位工程建筑面积在 20000m^2 以下时，各抽查不少于 3 次；当单位工程建筑面积在 20000m^2 以上时，各抽查不少于 6 次。

③ 取样规格数量：2m^2。

④ 检测内容：丝径（0.8 ~ 1.0mm；122g/m^2）、焊点抗拉力、镀锌层质量。

⑤ 检测时间：材料进场使用前，委托方提供产品说明书、检验报告。

10）绝热用挤塑聚苯乙烯泡沫塑料（XPS）。

① 执行标准：GB/T 10801.2—2002。

② 验收批次：同一厂家同一品种的产品，当单位工程建筑面积在 20000m^2 以下时，各抽查不少于 3 次；当单位工程建筑面积在 20000m^2 以上时，各抽查不少于 6 次。

③ 取样规格数量：1200mm × 600mm，2 块。

④ 检测内容：导热系数、压缩强度。

⑤ 检测时间：材料进场使用前，委托方提供产品说明书、检验报告。

11）中空微珠外墙保温材料。

① 执行标准：GB/T 20473—2006。

② 验收批次：同一厂家同一品种的产品，当单位工程建筑面积在 20000m^2 以下时，各抽查不少于 3 次；当单位工程建筑面积在 20000m^2 以上时，各抽查不少于 6 次。

③ 取样规格数量：10kg。

④ 检测内容：堆积密度、干表观密度、导热系数、抗压强度。

⑤ 检测时间：材料进场使用前，委托方提供产品说明书、检验报告。

（3）保温浆料同条件养护试块

① 执行标准：GB 50411—2007。

② 验收批次：同一厂家同一品种的产品，当单位工程建筑面积在 20000m^2 以下时，各抽查不少于 3 次；当单位工程建筑面积在 20000m^2 以上时，各抽查不少于 6 次。每个检验批抽样制作同条件养护试块不少于 3 组。

③ 取样规格数量：300mm × 300mm × 30mm，3 块；100mm × 100mm × 100mm，5 块。

④ 检测内容：干表观密度、导热系数、抗压强度。

⑤ 检测时间：抽样制作 28d 时送检（同条件养护）。

3. 现场拉拔试验

（1）锚栓锚固力现场拉拔试验

1）执行标准：GB 50411—2007。

2）验收批次：采用相同材料、工艺和施工做法的墙面，每 500 ~ 1000m^2 面积划分为一个检验批，不足 500m^2 也为一个检验批。每个检验批抽查不少于 3 处。承载力抽检数量为 1‰，且不应少于 3 个。

3）检查数量：1 组为 3 个样。

4）检测内容：锚栓锚固承载标准值。

5）检测时间：后置锚固件施工完毕且保温层养护达到龄期后。

6）技术要求：单个锚栓拉拔力承载力标准值不应小于0.3kN。

（2）保温板与基层的黏结强度现场拉拔试验

1）执行标准：GB 50411—2007。

2）验收批次：采用相同材料、工艺和施工做法的墙面，每500～1000m^2面积划分为一个检验批，不足500m^2也为一个检验批。每个检验批抽查不少于3处。

3）检查数量：1组为3个样。

4）检测内容：黏结强度。

5）检测时间：黏结材料达到龄期。

（3）外墙砖现场拉拔试验

1）执行标准：JGJ/T 110—2017。

2）验收批次：500m^2为一组，不足500m^2也为一个检验批，且每个楼层不能少于1组。

3）检查数量：一组不少于3个样。

4）检测内容：黏结强度。

5）检测时间：黏结材料达到龄期。

（4）窗户现场气密性检测

1）执行标准：GB/T 7106—2008、GB 50411—2007、JG/T 211—2007。

2）验收批次：每个单位工程的外窗至少抽查3樘。当一个单位工程外窗有2种以上品种、类型和开启方式时，每个品种、类型和开启方式的外窗应抽查不少于3樘。

3）检查数量：3樘。

4）检测内容：气密性。

5）检测时间：外窗安装完毕后。

（5）对围护结构的外墙节能构造用钻芯法检测保温层厚度

1）执行标准：GB 50411—2007。

2）验收批次：外墙取样数量为一个单位工程每种节能保温做法至少取3个芯体。

3）检查数量：直径70mm的芯样，3个。

4）检测内容：保温层厚度、保温系统的构造。

5）检测时间：在外墙施工完工后、节能分部工程验收前进行。

4. 检验批的划分原则

墙体节能工程验收的检验批划分应符合下列规定：采用相同材料、工艺和施工做法的墙面，每500～1000m^2面积划分为一个检验批，不足500m^2也为一个检验批。考虑到保温板粘贴完成后，不得外露超过3层，所以，检验批的划分不得超过3层。

5. 隐蔽验收的内容及要求

墙体节能工程应对下列部位或内容进行隐蔽工程验收，并应有详细的文字记录和必要的图像照片资料：

1）保温层附着的基层及其表面处理，包括基层做法、所用材料、规格型号、基层厚度等内容。

2）保温板黏结或固定，包括材料保温板材名称规格，胶黏剂的名称规格，黏结面积、厚度。

3）锚固件，包括锚栓的规格、长度、嵌入墙体长度、锚栓的数量等。

4）防火隔离带的做法，选用的材料，设置的部位、宽度。

5）抹面砂浆的材料名称、规格，抹面的厚度等。

6）耐碱玻纤网格布，包括网格布的规格、铺设位置（包括增强网铺设）。

7）墙体热桥部位处理。

8）预置保温板或预制保温墙板的板缝及构造节点。

9）现场喷涂或浇注有机类保温材料的截面。

10）被封闭的保温材料厚度。

11）保温隔热砌块填充墙体。

隐蔽验收的部位要和检验批划分的部位一致，外保温施工过程应分两次组织隐蔽验收：第一次是在保温板粘贴完成、防火隔离带铺设完成、锚栓设置完成，第一遍抹面砂浆施工前组织隐蔽验收，隐蔽验收的内容根据上述 11 项结合工程实际做法进行填写，要附简图说明具体做法，包括节点做法；第二次是在网格布铺设完成，罩面砂浆施工前组织隐蔽验收。

6. 实施施工质量控制要点

根据上述规范及文件规定，外墙外保温工程施工质量控制要点如下：

1）必须实行样板领路制度，样板墙设置部位为首层外墙局部，样板墙应包含外墙保温系统始端、终端、门窗洞口以及外墙挑出构件等部位，样板分层做法标识清晰。

2）防火注意事项：保温板、网格布等所有保温用的材料必须放置在建筑物内的房间中，不得露天放置；保温层抹面应及时隐蔽，外露不得大于 3 层。

3）保温板黏结面积不得小于 80%，涂抹厚度不得小于 10mm，压实厚度应控制为 3 ~ 5mm。锚栓数量：EPS 板 20m 以上每平方米不少于 3 个，XPS 板首层开始每平方米不少于 4 个，转角、洞口边缘加密设置，间距不大于 300mm。技术要求：锚固入墙深度不小于 50mm。

4）洞口四角处保温板采用整块板套割成型，不得拼接。

5）滴水采用成品塑料滴水线条；外墙阴阳角、门窗旁、窗台处应使用成品塑料护角条。

6）首层墙面须加铺一层耐碱网格布，墙阴阳角处网格布应双向绕角互相搭接，宽度不小于 200mm。

7）玻纤网格布在门窗洞口、穿墙洞口、勒脚、阳台、雨篷、变形缝等终止系统的部位，翻包处理。

8）玻纤网格布应铺设于两道抹面胶浆的中间位置，总厚度控制为 3 ~ 5mm，首层控制为 5 ~ 7mm。

9）防火隔离带必须连续设置，所用材料必须符合设计要求，宽度不小于 30cm。

10）以下部位不得漏做保温：空调板、分户墙、楼梯间、女儿墙内侧等。

11）对穿透保温层的雨水管支架、空调冷凝水管、空调室外机穿墙洞、空调护栏、屋面避雷带支架、屋面防护栏杆等应进行防渗漏打胶处理。

12）墙角处 EPS 板应交错互锁。门窗洞口四角处 EPS 板不得拼接，应采用整块 EPS 板切割成形，EPS 板接缝应离开角部至少 200mm。

13）窗台、女儿墙等部位的泄水、滴水、顺水坡度大于5% ~10%，且高差应不小于10mm。其中，女儿墙顶面坡向为向屋面方向。

14）窗台保温构造必须按照设计要求设置角钢护边，具体做法参照相关标准设计图集，当为砌体窗台时，应在窗台标高处设置C20的混凝土压顶，厚度为60mm，用以固定窗台角钢护边，窗台顶面应内高外低，高差不应小于10mm。

15）墙体的四个大阳角、窗口左右边线、空调搁板、出墙腰线、装饰线等部位必须带线施工，上下垂直通线。空调搁板、出墙腰线、装饰线等部位要水平带线施工。

复习思考题

1. 基坑支护质量控制要点有哪些？
2. 地基降排水质量控制要点有哪些？
3. 灌注桩施工控制要点有哪些？
4. 钢筋绑扎与安装质量控制要点有哪些？
5. 模板工程质量控制要点有哪些？
6. 混凝土工程质量控制要点有哪些？
7. 砌体工程质量控制要点有哪些？
8. 防水层施工质量控制要点有哪些？
9. 一般抹灰工程质量控制要点有哪些？
10. 暗龙骨吊顶工程质量控制要点有哪些？
11. 玻璃幕墙工程质量控制要点有哪些？
12. 板块楼地面工程质量控制要点有哪些？
13. 涂饰工程施工质量控制要点有哪些？
14. 木门窗工程质量控制要点有哪些？
15. 轻质隔墙工程质量控制要点有哪些？
16. 外墙外保温工程施工质量控制要点有哪些？

第4章 建筑工程项目质量验收

4.1 建筑工程质量验收的条件和要求

1. 工程质量验收条件

《中华人民共和国建筑法》第六十一条规定：“交付竣工验收的建筑工程，必须符合规定的建筑工程质量标准，有完整的工程技术、经济资料和经签署的工程保修书，并具备国家规定的其他竣工条件。建筑工程竣工经验收合格后，方可交付使用；未经验收或者验收不合格的，不得交付使用。”

根据《建设工程质量管理条例》《房屋建筑工程和市政基础设施工程竣工验收规定》（建质［2013］171号）等相关法规，建筑工程竣工的具体条件有下列内容：

1）完成工程设计和合同约定的各项内容。

2）施工单位在工程完工后对工程质量进行了检查确认，工程质量符合有关法律、法规和工程建设强制性标准，符合设计文件及合同要求，并提出工程竣工报告。工程竣工报告应经项目经理和施工单位有关负责人审核签字。

3）对于委托监理的工程项目，监理单位对工程进行了质量评估，具有完整的监理资料，并提出工程质量评估报告。工程质量评估报告应经总监理工程师和监理单位有关负责人审核签字。

4）勘察、设计单位对勘察、设计文件及施工过程中由设计单位签署的设计变更通知书进行了检查，并提出质量检查报告。质量检查报告应经该项目勘察、设计负责人和勘察、设计单位有关负责人审核签字。

5）有完整的技术档案和施工管理资料。

6）有工程使用的主要建筑材料、建筑构配件和设备的进场试验报告，以及工程质量检测和功能性试验资料。

7）建设单位已按合同约定支付工程款。

8）有施工单位签署的工程质量保修书。

9）对于住宅工程，进行分户验收并验收合格，建设单位按户出具《住宅工程质量分户验收表》。

10）建设主管部门及工程质量监督机构责令整改的问题全部整改完毕。

11）法律、法规规定的其他条件。

2. 工程质量验收要求

根据《建筑工程施工质量验收统一标准》，验收是指建筑工程质量在施工单位自行检查合格的基础上，由工程质量验收责任方组织，工程建设相关单位参加，对检验批、分项、分部、单位工程及其隐蔽工程的质量进行抽样检验，对技术文件进行审核，并根据设计文件和相关标准以书面形式对工程质量是否达到合格做出确认。正确地进行工程项目质量验收，是施工质量控制的重要手段。

（1）施工质量控制要求

施工现场质量管理应具有健全的质量管理体系、相应的施工技术标准、施工质量检验制度和综合施工质量水平评定考核制度。

建筑工程施工单位应建立必要的质量责任制度，应推行生产控制和合格控制的全过程质量控制，应有健全的生产控制和合格控制的质量管理体系。主要内容不仅包括原材料控制、工艺流程控制、施工操作控制、每道工序质量检查、相关工序间的交接检验以及专业工种之间等中间交接环节的质量管理和控制要求，还应包括满足施工图设计和功能要求的抽样检验制度等。施工单位还应通过内部的审核与管理者的评审，找出质量管理体系中存在的问题和薄弱环节，并制定改进的措施和跟踪检查落实等措施，使质量管理体系不断健全和完善，是使施工单位不断提高建筑工程施工质量的基本保证。

同时施工单位应重视综合质量控制水平，从施工技术、管理制度、工程质量控制等方面制定综合质量控制水平指标，以提高企业整体管理、技术水平和经济效益。

（2）建筑工程质量控制

1）建筑工程采用的主要材料、半成品、成品、建筑构配件、器具和设备应进场检验。凡涉及安全、节能、环境保护和主要使用功能的重要材料、产品，应按各专业工程施工规范、验收规范和设计要求等规定进行复检，并应经监理工程师检查认可。

2）各施工工序应按施工技术标准进行质量控制，每道施工工序完成后，经施工单位自检符合规定后才能进行下道工序施工。各专业工种之间的相关工序应进行交接检验，并应记录。

3）对于监理单位提出检查要求的重要工序，应经监理工程师检查认可后才能进行下道工序施工。

（3）建筑工程质量验收要求

建筑工程施工质量应按下列要求进行验收：

1）工程质量的验收均应在施工单位自检合格的基础上进行。

2）参加工程施工质量验收的各方人员应具备相应的资格。

3）检验批的质量应按主控项目和一般项目验收。

4）对涉及结构安全、节能、环境保护和主要使用功能的试块、试件及材料，应在进场时或施工中按规定进行见证检验。

5）隐蔽工程在隐蔽前应由施工单位通知监理单位进行验收，并应形成验收文件，验收合格后方可继续施工。

6）对涉及结构安全、节能、环境保护和使用功能的重要分部工程，应在验收前按规定进行抽样检验。

7）工程的观感质量应由验收人员现场检查，并应共同确认。

（4）建筑工程质量验收的划分

建筑工程质量验收应划分为单位工程、分部工程、分项工程和检验批，建筑工程质量验收根据单位工程、分部工程、分项工程和检验批逐步进行。

1）单位工程的划分应按下列原则确定：

① 具备独立施工条件并能形成独立使用功能的建筑物或构筑物为一个单位工程。

② 建筑规模较大的单位工程，可将其能形成独立使用功能的部分划分为一个子单位工程。

2）分部工程的划分应按下列原则确定：

① 可按专业性质、工程部位确定。

② 当分部工程较大或较复杂时，可按材料种类、施工特点、施工程序、专业系统及类别将分部工程划分为若干子分部工程。

3）分项工程可按主要工种、材料、施工工艺、设备类别进行划分。

4）室外工程可根据专业类别和工程规模划分为子单位工程、分部工程和分项工程。

检验批和分项工程是质量验收的基本单元，分项工程是分部工程的组成部分，由一个或若干个检验批组成。多层及高层建筑的分项工程可按楼层或施工段来划分检验批，单层建筑的分项工程可按变形缝等划分检验批；地基基础的分项工程一般划分为一个检验批，有地下层的基础工程可按不同地下层划分检验批；屋面工程的分项工程可按不同楼层屋面划分为不同的检验批；其他分部工程中的分项工程一般按楼层划分检验批；对于工程量较少的分项工程可划分为一个检验批。安装工程一般按一个设计系统或设备组别划分为一个检验批。室外工程一般划分为一个检验批。散水、台阶、明沟等含在地面检验批中。

分部工程是在所含全部分项工程验收的基础上进行验收的，在施工过程中随完随验，并留下完整的质量验收记录和资料；单位工程作为具有独立使用功能的完整的建筑产品进行竣工质量验收。

4.2 建筑工程质量验收的内容与分部工程质量验收

1. 工程质量验收的内容

（1）检验批质量验收

检验批是工程验收的最小单位，是分项工程、分部工程、单位工程质量验收的基础。检验批是施工过程中条件相同并有一定数量的材料、构配件或安装项目，由于其质量水平基本均匀一致，因此可以作为检验的基本单元，并按批验收。

检验批质量验收合格应符合下列规定：

1）主控项目的质量经抽样检验均应合格。

2）一般项目的质量经抽样检验合格。当采用计数抽样时，合格点率应符合有关专业验收规范的规定，并且不得存在严重缺陷。对于计数抽样的一般项目，正常检验一次、两次抽样可按相关标准判定。

3）具有完整的施工操作依据、质量验收记录。

检验批的合格与否主要取决于对主控项目和一般项目的检验结果。主控项目是建筑工程中对安全、节能、环境保护和主要使用功能起决定性作用的检验项目。一般项目是除主控项目以外的检验项目。

由于主控项目是对检验批的基本质量起决定性影响的检验项目，必须从严要求，因此主控项目必须全部符合有关专业验收规范的规定，不允许有不符合要求的检验结果。对于一般项目，虽然允许存在一定数量的不合格点，但某些不合格点的指标与合格要求偏差较大或存在严重缺陷时，仍将影响使用功能或观感质量，对这些部位应进行维修处理。为了使检验批的质量满足安全和功能的基本要求，保证建筑工程质量，各专业验收规范应对各检验批的主控项目、一般项目的合格质量给予明确的规定。

（2）分项工程质量验收

分项工程质量验收合格应符合下列规定：

1）所含检验批的质量均应验收合格。

2）所含检验批的质量验收记录应完整。

分项工程的验收是以检验批验收为基础进行的。一般情况下，检验批和分项工程两者具有相同或相近的性质，只是批量的大小不同而已。分项工程质量合格的条件是构成分项工程的各检验批验收资料齐全完整，且各检验批均已验收合格。

（3）分部工程质量验收

分部工程质量验收合格应符合下列规定：

1）所含分项工程的质量均应验收合格。

2）质量控制资料应完整。

3）有关安全、节能、环境保护和主要使用功能的抽样检验结果应符合相应规定。

4）观感质量应符合要求。

分部工程的验收是以所含各分项工程验收为基础进行的。首先，组成分部工程的各分项工程已验收合格且相应的质量控制资料齐全、完整。此外，由于各分项工程的性质不尽相同，因此作为分部工程不能简单地组合而加以验收，尚须进行以下两类检查项目：

① 涉及安全、节能、环境保护和主要使用功能的地基与基础、主体结构和设备安装等分部工程应进行有关的见证检验或抽样检验。

② 以观察、触摸或简单量测的方式进行观感质量验收，并结合验收人的主观判断，检查结果并不给出“合格”或“不合格”的结论，而是综合给出“好”“一般”“差”的质量评价结果。对于评价结果为“差”的检查点应进行返修处理。

《建筑工程施工质量验收统一标准》将建筑工程划分为地基与基础、主体结构、建筑装饰装修、屋面、建筑给水排水及供暖、通风与空调、建筑电气、智能建筑、建筑节能、电梯十个分部工程。

（4）单位工程质量验收

单位工程质量验收合格应符合下列规定：

1）所含分部工程的质量均应验收合格。

2）质量控制资料应完整。

3）所含分部工程有关安全、节能、环境保护和主要使用功能的检验资料应完整。

4）主要使用功能的抽查结果应符合相关专业验收规范的规定。

5）观感质量应符合要求。

单位工程质量验收也称为质量竣工验收，是建筑工程投入使用前的最后一次验收，也是最重要的一次验收。

随着房地产市场的发展，增加了住宅工程质量分户验收对住宅工程竣工验收进行补充。分户验收是指在施工单位提交竣工验收报告后，住宅工程竣工验收前，按照国家质量验收规范对住宅工程的每一户及公共部位涉及主要使用功能和观感质量进行的专门验收。

2. 地基与基础工程质量验收

（1）地基与基础工程内容

地基与基础工程包括地基、基础、基坑支护、地下水控制、土方、边坡和地下防水等子分部工程，详见表 4-1。

表 4-1 地基与基础工程一览表

序号	子分部工程	分 项 工 程
1	地基	素土、灰土地基，砂和砂石地基，土工合成材料地基，粉煤灰地基，强夯地基，注浆地基，预压地基，砂石桩复合地基，高压喷射注浆地基，水泥土搅拌桩地基，土和灰土挤密桩复合地基，水泥粉煤灰碎石桩复合地基，夯实水泥土桩复合地基
2	基础	无筋扩展基础，钢筋混凝土扩展基础，筏形与箱形基础，钢结构基础，钢管混凝土结构基础，型钢混凝土结构基础，钢筋混凝土预制桩基础，泥浆护壁成孔灌注桩基础，干作业成孔桩基础，长螺旋钻孔灌注桩基础，沉管灌注桩基础，钢桩基础，锚杆静压桩基础，岩石铺杆基础，沉井与沉箱基础
3	基坑支护	灌注桩排桩围护墙，板桩围护墙，咬合桩围护墙，型钢水泥土搅拌墙，土钉墙，地下连续墙，水泥土重力式挡墙，内支撑，锚杆，与主体结构相结合的基坑支护
4	地下水控制	降水与排水，回灌
5	土方	土方开挖，土方回填，场地平整
6	边坡	喷锚支护，挡土墙，边坡开挖
7	地下防水	主体结构防水，细部构造防水，特殊施工法结构防水，排水，注浆

（2）地基与基础工程质量验收条件

1）工程实体。

① 地基与基础分部验收前，基础墙面上的施工孔洞须按规定镶堵密实，并做隐蔽工程验收记录，未经验收不得进行回填土分项工程的施工；确需分阶段进行地基与基础分部工程质量验收时，建设单位项目负责人在质监交底会上向质监人员提交书面申请，并及时向质监站备案。

② 混凝土结构工程模板应拆除并将其表面清理干净，对混凝土结构存在缺陷处应整改完成。

③ 楼层标高控制线应清楚弹出，竖向结构主控轴线应弹出墨线，并做醒目标志。

④ 施工合同和设计文件规定的地基与基础分部工程施工的内容已完成，检验、检测报告（包括环境检测报告）应符合现行验收规范和标准的要求。

⑤ 安装工程中各类管道预埋结束，相应测试工作已完成，其结果符合规定要求。

⑥ 地基与基础分部工程施工中，质监站发出的整改（停工）通知书要求整改的质量问

题都已整改完成，报告书已送质监站归档。

2）工程资料。

① 施工单位在地基与基础工程完工之后，对工程进行自检，确认工程质量符合有关法律、法规和工程建设强制性标准，提供主体结构施工质量自评报告，该报告应由项目经理和施工单位负责人审核、签字、盖章。

② 监理单位在地基与基础工程完工后，就工程全过程监理情况对其进行质量评价，提供主体工程质量评估报告，该报告应当由总监理工程师和监理单位有关负责人审核、签字、盖章。

③ 勘察、设计单位对勘察、设计及设计变更文件进行检查，对工程地基与基础实体是否与设计图及变更情况一致进行确认。

④ 有完整的地基与基础工程档案资料、见证试验档案、监理资料、施工质量保证资料、管理资料和评定资料。

（3）地基与基础工程质量验收主要依据

1）《建筑地基工程施工质量验收规范》（GB 50202—2018）等现行质量验收规范。

2）国家及地方关于建筑工程的强制性标准。

3）经审查通过的施工图、设计变更文件、工程洽商记录以及设备技术说明书。

4）引进技术或成套设备的建设项目，还应出具签订的合同和国外提供的设计文件等资料。

5）其他有关建筑工程的法律、法规、规章和规范性文件。

（4）地基与基础工程质量验收内容

应对所有子分部工程实体及工程资料进行检查。工程实体检查主要针对是否按照设计图、工程洽商进行施工，有无重大质量缺陷等；工程资料检查主要针对子分部工程验收记录、原材料各项报告、隐蔽工程验收记录等。

（5）地基与基础工程质量验收流程

1）由地基与基础工程验收小组组长主持验收会议。

2）建设、施工、监理、设计、勘察单位分别书面汇报工程合同履约状况和在工程建设各环节执行国家法律、法规和工程建设强制性标准情况。

3）验收组听取各参验单位意见，形成经验收小组人员分别签字的验收意见。

4）参建责任方签署的地基与基础工程质量验收记录，应在签字盖章后3个工作日内由项目监理人员报送质监站存档。

5）当在验收过程参与工程结构验收的建设、施工、监理、设计、勘察单位各方不能形成一致意见时，应当协商提出解决的方法；待意见一致后，重新组织工程验收。

6）地基与基础工程未经验收或验收不合格，责任方擅自进行上部施工的，应签发局部停工通知书责令整改，并按有关规定处理。

3. 主体结构工程质量验收

（1）主体结构工程内容

主体结构工程包括混凝土结构、砌体结构、钢结构、钢管混凝土结构、型钢混凝土结构、铝合金结构和木结构等子分部工程，详见表4-2。

表 4-2 主体结构工程一览表

序号	子分部工程	分项工程
1	混凝土结构	模板，钢筋，混凝土，预应力、现浇结构，装配式结构
2	砌体结构	砖砌体，混凝土小型空心砌块砌体，石砌体，配筋砌体，填充墙砌体
3	钢结构	钢结构焊接，紧固件连接，钢零部件加工，钢构件组装及预拼装，单层钢结构安装，多层及高层钢结构安装，钢管结构安装，预应力钢索和膜结构，压型金属板，防腐涂料涂装，防火涂料涂装
4	钢管混凝土结构	构件现场拼装，构件安装，钢管焊接，构件连接，钢管内钢筋骨架，混凝土
5	型钢混凝土结构	型钢焊接，紧固件连接，型钢与钢筋连接，型钢构件组装与预拼装，型钢安装，模板，混凝土
6	铝合金结构	铝合金焊接，紧固件连接，铝合金零部件加工，铝合金构件组装，铝合金构件预拼装，铝合金框架结构安装，铝合金空间网格结构安装，铝合金面板，铝合金幕墙结构安装，防腐处理
7	木结构	方木和原木结构，胶合木结构，轻型木结构，木结构的防护

（2）主体结构质量验收条件

1）工程实体。

① 主体分部工程验收前，墙面上的施工孔洞必须按规定镶堵密实，并做隐蔽工程验收记录。未经验收不得进行装饰装修工程的施工；确需分阶段进行主体分部工程质量验收时，建设单位项目负责人在质监交底会上向质监人员提出书面申请，并经质监站同意。

② 混凝土结构工程模板应拆除并将其表面清理干净，混凝土结构存在缺陷处应整改完成。

③ 楼层标高控制线应清楚弹出墨线，并做醒目标志。

④ 施工合同、设计文件规定和工程洽商所包括的主体分部工程施工的内容已完成。

⑤ 安装工程中各类管道预埋结束，位置尺寸准确，相应测试工作已完成，其结果符合规定要求。

⑥ 主体分部工程验收前，可完成样板间或样板单元的室内粉刷。

⑦ 主体分部工程施工中，质监站发出的整改（停工）通知书要求整改的质量问题都已整改完成，报告书已送质监站归档。

2）工程资料。

① 施工单位在主体工程完工之后对工程进行自检，确认工程质量符合有关法律、法规和工程建设强制性标准，提供主体结构施工质量自评报告，并应由项目经理和施工单位负责人审核、签字、盖章。

② 监理单位在主体结构工程完工后对工程全过程监理情况进行质量评价，提供主体工程质量评估报告，该报告应当由总监理工程师和监理单位有关负责人审核、签字、盖章。

③ 勘察、设计单位对勘察、设计及设计变更文件进行检查，对工程主体实体是否与设计图及变更一致进行确认。

④ 有完整的主体结构工程档案资料、见证试验档案、监理资料、施工质量保证资料、管理资料和评定资料。

⑤ 主体工程验收通知书。

⑥ 工程规划许可证复印件（需加盖建设单位公章）。

⑦ 中标通知书复印件（需加盖建设单位公章）。

⑧ 工程施工许可证复印件（需加盖建设单位公章）。

⑨ 混凝土结构子分部工程结构实体混凝土强度验收记录。

⑩ 混凝土结构子分部工程结构实体钢筋保护层厚度验收记录。

（3）主体结构验收主要依据

1）《建筑工程施工质量验收统一标准》等现行质量检验评定标准、施工验收规范。

2）国家及地方关于建筑工程的强制性标准。

3）经审查通过的施工图、设计变更文件、工程洽商记录以及设备技术说明书。

4）引进技术或成套设备的建设项目，还应出具签订的合同和国外提供的设计文件等资料。

5）其他有关建筑工程的法律、法规、规章和规范性文件。

（4）主体工程验收流程

1）由主体工程验收组组长主持验收会议。

2）建设、施工、监理、设计单位分别书面汇报工程合同履约状况和在工程建设各环节执行国家法律、法规和工程建设强制性标准情况。

3）验收组听取各参验单位意见，形成经验收小组人员分别签字的验收意见。

4）参建责任方签署的主体分部工程质量及验收记录，应在签字盖章后3个工作日内由项目监理人员报送质监站存档。

5）当在验收过程参与工程结构验收的建设、施工、监理、设计单位各方不能形成一致意见时，应当协商提出解决的方法；待意见一致后，重新组织工程验收。

4. 建筑节能工程质量验收

（1）建筑节能工程内容

建筑节能工程包括围护系统节能、供暖空调设备及管网节能、电气动力节能、监控系统节能和可再生能源等子分部工程，详见表4-3。

表4-3 建筑节能工程一览表

序号	子分部工程	分项工程
1	围护系统节能	墙体节能、幕墙节能、门窗节能、屋面节能、地面节能
2	供暖空调设备及管网节能	供暖节能、通风与空调设备节能、空调与供暖系统冷热源节能、空调与供暖系统管网节能
3	电气动力节能	配电节能、照明节能
4	监控系统节能	监测系统节能、控制系统节能
5	可再生能源	地源热泵系统节能、太阳能光热系统节能、太阳能光伏节能

（2）建筑节能性能现场检验

建筑围护结构施工完成后，应对围护结构的外墙节能构造和严寒、寒冷、夏热冬冷地区的外窗气密性进行现场实体检测。当条件具备时，可直接对围护结构的传热系数进行检测。

外墙节能构造的现场实体检验目的是：

1）验证墙体保温材料的种类是否符合设计要求。

2）验证保温层厚度是否符合设计要求。

3）检查保温层构造做法是否符合设计和施工方案要求。

严寒、寒冷、夏热冬冷地区的外窗现场实体检测目的是验证建筑外窗气密性是否符合节能设计要求和国家有关标准的规定。外墙节能构造和外窗气密性的现场实体检验，其抽样数量可以在合同中约定，但合同中约定的抽样数量不应低于规范的要求。当无合同约定时应按照下列规定抽样：

1）每个单位工程的外墙至少抽查 3 处，每处一个检查点。当一个单位工程外墙有 2 种以上节能保温做法时，每种节能保温做法的外墙应抽查不少于 3 处。

2）每个单位工程的外窗至少抽查 3 樘。当一个单位工程外窗有 2 种以上品种、类型和开启方式时，每种品种、类型和开启方式的外窗应抽查不少于 3 樘。

外墙节能构造的现场实体检验应在监理（建设）人员见证下实施，可委托有资质的检测机构实施，也可由施工单位实施。外窗气密性的现场实体检测应在监理（建设）人员见证下抽样，委托有资质的检测单位实施。

对围护结构的传热系数进行检测时，应由建设单位委托具备检测资质的检测机构承担；其检测方法、抽样数量、检测部位和合格判定标准等可在合同中约定。

当外墙节能构造或外窗气密性现场实体检验出现不符合设计要求和标准规定的情况时，应委托有资质的检测机构扩大 1 倍数量抽样，对不符合要求的项目或参数再次检验。仍然不符合要求时应给出“不符合设计要求”的结论。

对于不符合设计要求的围护结构节能构造应查找原因，对因此造成的对建筑节能的影响程度进行计算或评估，采取技术措施予以弥补或消除后重新进行检测，合格后方可通过验收。

对于建筑外窗气密性不符合设计要求和国家现行标准规定的，应查找原因进行修理，使其达到要求后重新进行检测，合格后方可通过验收。

（3）系统节能性能检测

供暖、通风与空调、配电与照明工程安装完成后，应进行系统节能性能的检测，且应由建设单位委托具有相应检测资质的检测机构检测并出具报告。受季节影响未进行的节能性能检测项目，应在保修期内补做。

供暖、通风与空调、配电与照明系统节能效果检验的主要项目及要求见表 4-4。

表 4-4 供暖、通风与空调、配电与照明系统节能效果检验的主要项目及要求

序号	检测项目	抽样数量	允许偏差或规定值
1	室内温度	居住建筑每户抽测卧室或起居室 1 间，其他建筑按房间总数抽测 10%	冬季不得低于设计计算温度 2℃，且不应高于 1℃；夏季不得高于设计计算温度 2℃，且不应低于 1℃
2	供热系统室外管网的水力平衡度	每个热源与换热站均不少于 1 个独立的供热系统	0.9～1.2
3	供热系统的补水率	每个热源与换热站均不少于 1 个独立的供热系统	0.5%～1%
4	室外管网的热输送效率	每个热源与换热站均不少于 1 个独立的供热系统	≥92%

（续）

序号	检测项目	抽样数量	允许偏差或规定值
5	各风口的风量	按风管系统数量抽查 10%，且不得少于 1 个系统	≤15%
6	通风与空调系统的总风量	按风管系统数量抽查 10%，且不得少于 1 个系统	<10%
7	空调机组的水流量	按系统数量抽查 10%，且不得少于 1 个系统	<20%
8	空调系统冷热水、冷却水总流量	全数	<10%
9	平均照度与照明功率密度	按同一功能区不少于 2 处	<10%

系统节能效果检验的项目和抽样数量也可以在工程合同中约定，必要时可增加其他检验项目。但合同中约定的检验项目和抽样数量不应低于规范的要求。

4.3 住宅工程质量分户验收

1. 住宅工程质量分户验收概述

为进一步加强住宅工程质量管理，落实住宅工程参建各方主体质量责任，提高住宅工程质量水平，住房和城乡建设部于 2009 年下发了《关于做好住宅工程质量分户验收工作的通知》（建质［2009］291 号）。文件指出，住宅工程质量分户验收（以下简称分户验收），是指建设单位组织施工、监理等单位，在住宅工程各检验批、分项、分部工程验收合格的基础上，在住宅工程竣工验收前，依据国家有关工程质量验收标准，对每户住宅及相关公共部位的观感质量和使用功能等进行检查验收，并出具验收合格证明的活动。

（1）分户验收的内容

1）地面、墙面和顶棚质量。

2）门窗质量。

3）栏杆、护栏质量。

4）防水工程质量。

5）室内主要空间尺寸。

6）给水排水系统安装质量。

7）室内电气工程安装质量。

8）建筑节能和供暖工程质量。

9）有关合同中规定的其他内容。

（2）分户验收的依据

分户验收的依据为国家现行有关工程建设标准以及经审查合格的施工图设计文件。

（3）分户验收的程序

1）根据分户验收的内容和住宅工程的具体情况确定检查部位、数量。

2）按照国家现行有关标准规定的方法以及分户验收的内容适时进行检查。

3）每户住宅和规定的公共部位验收完毕，应填写《住宅工程质量分户验收表》，建设单位和施工单位项目负责人、监理单位项目总监理工程师分别签字。

4）分户验收合格后，建设单位必须按户出具《住宅工程质量分户验收表》，并作为《住宅质量保证书》的附件，一同交给住户。

分户验收不合格，不能进行住宅工程整体竣工验收。同时，住宅工程整体竣工验收前，施工单位应制作工程标牌，将工程名称、竣工日期和建设单位、勘察单位、设计单位、施工单位、监理单位全称镶嵌在该建筑工程外墙的显著部位。

（4）分户验收的组织实施

分户验收由施工单位提出申请，建设单位组织实施，施工单位项目负责人、监理单位项目总监理工程师及相关质量、技术人员参加，对所涉及的部位、数量按分户验收内容进行检查验收。已经预选物业公司的项目，物业公司应当派人参加分户验收。

建设、施工、监理等单位应严格履行分户验收职责，对分户验收的结论进行签认，不得简化分户验收程序。不符合要求的，施工单位应及时进行返修，由监理单位负责复查，返修完成后重新组织分户验收。

工程质量监督机构要加强对分户验收工作的监督检查，监督有关方面认真整改，确保分户验收工作质量。对在分户验收中弄虚作假、降低标准或将不合格工程按合格工程验收的，依法对有关单位和责任人进行处罚，并纳入不良行为记录。

2. 住宅工程分户验收的内容（以江苏省住宅工程质量分户验收规程为例）

（1）基本规定

江苏省从 2007 年年初开始，在全省范围内施行住宅工程质量分户验收，是我国最早开展住宅工程质量分户验收的地区之一。2010 年，《住宅工程质量分户验收规程》（DGJ32/J 103—2010）正式出台，明确了住宅工程质量的工作目标和任务。标准规定的分户验收前的准备工作包括以下内容：

1）建设单位负责成立分户验收小组，组织制定分户验收方案，进行技术交底。

2）配备好分户验收所需的检测仪器和工具，并经计量检定合格。

3）做好屋面、厕浴间、外窗等有防水要求部位的蓄水（淋水）试验的准备工作。

4）在室内标识好暗埋的各类管线走向和空间尺寸测量的控制点、线；配电控制箱内电气回路应标识清楚，暗埋的各类管线走向应附图。

5）确定检查单元。检查单元划分如下：

① 室内每一户为一个检查单元。

② 每个单元每层进户处的楼（电）梯间及上下梯段、平台（通道）为一个检查单元。

③ 每个单元的每一面外墙为一个检查单元。

④ 每个单元的屋面或其他屋面分别为一个检查单元。

⑤ 地下室（地下车库的大空间等）的每个单元或每个分隔空间为一个检查单元。

⑥ 建筑物外墙的显著部位镶刻工程铭牌。工程铭牌应包括工程名称、竣工日期；建设、勘察、设计、监理、施工单位全称；建设、勘察、设计、监理、施工单位负责人姓名。

分户验收现场使用仪器参考表 4-5 内容执行。

表 4-5　分户验收现场使用仪器一览表

仪器（工具）名称	用　途	配备数量
小锤	检查地坪、墙面、顶棚粉刷层空鼓情况	验收小组每人一把
钢尺	测量构件及短距离范围的尺寸	验收小组每人一把
(便携式) 激光测距仪	测量室内空间净尺寸	每个验收小组不少于一台
漏电保护相位检测器	测量插座相位、接地	每个验收小组不少于一个

住宅工程分户验收应符合下列规定：

1）检查项目应符合规程的规定。

2）每一检查单元计量检查的项目中有 80% 及以上的检查点在允许偏差范围内，最大偏差应在允许偏差的 1.5 倍以内。

3）分户验收记录完整。

住宅工程质量分户验收不符合要求时，应按下列规定进行处理：

1）施工单位制定处理方案，报建设单位审核，对不符合要求的部位进行返修或返工。

2）处理完成后，应对返修或返工部位重新组织验收，直至全部符合要求。

3）当返修或返工确有困难而造成质量缺陷时，在不影响工程结构安全和使用功能的情况下，建设单位应根据《建筑工程施工质量验收统一标准》的规定进行处理，并将处理结果存入分户验收资料。

（2）室内地面质量验收

1）普通水泥楼地面（水泥混凝土、水泥砂浆楼地面）。

① 普通水泥楼地面面层黏结质量。要求面层与基层应结合牢固，无空鼓。用小锤轻击，沿自然间进深和开间两个方向每间隔 400～500mm 均匀布点，逐点全数敲击检验。空鼓面积不大于 $400cm^2$，且每自然间（标准间）不多于 2 处可不计。

② 普通水泥楼地面面层观感质量。要求水泥楼地面工程面层应平整，不应有裂缝、脱皮、起砂等缺陷；阴阳角应方正、顺直。通过俯视地坪观察，逐间检查。

2）板块楼地面面层。

① 板块楼地面面层与基层黏结质量。要求板块面层与基层上下层应结合牢固、无空鼓。对每一自然间板块地坪按梅花形布点用小锤敲击检查，板块阳角处应全数检查。单块板块局部空鼓，面积不大于单块板材面积的 20%，且每自然间（标准间）不超过总数的 5% 可不计。

② 板块楼地面面层观感质量。要求板块面层表面应洁净、平整，无明显色差，接缝均匀、顺直，板块无裂缝、掉角、缺棱等缺陷。俯视地坪检查板块面层观感质量缺陷。全数检查。

3）木、竹楼地面面层。

① 木、竹楼地面面层铺设、粘贴、响声等质量。要求木、竹面层铺设应牢固，黏结无空鼓，脚踩无响声。观察、脚踩或用小锤轻击，对每一自然间木、竹地面按梅花形布点进行检查。

② 木、竹楼地面面层观感质量。要求木、竹面层表面应洁净、平整，无明显色差，接缝严密、均匀，面层无损伤、划痕等缺陷。检查木、竹面层观感质量缺陷，俯视面层观察，全数检查。同房间每处划痕最长不超过 100mm，所有划痕累计长度不超过 300mm。

4）室内楼梯。检查楼梯踏步尺寸。要求室内楼梯踏步的宽度、高度应符合设计要求，相邻踏步高差、踏步两端宽度差不应大于 10mm。全数尺量检查。

室内楼梯面层的施工质量按材质不同分别对应规程的质量验收要求进行验收。

（3）室内墙面、顶棚抹灰工程

1）室内墙面。

① 室内墙面抹灰面层。

a. 室内墙面面层与基层黏结质量。要求抹灰层与基层之间及各抹灰层之间必须黏结牢固，不应有脱层、空鼓等缺陷。空鼓用小锤在可击范围内轻击，间隔 400～500mm 均匀布点，逐点敲击。空鼓面积不大于 $400cm^2$，且每自然间（标准间）不多于 2 处可不计。全数检查。

b. 墙面观感质量。要求室内墙面应平整，表面应光滑、洁净，颜色均匀，立面垂直度、表面平整度应符合《建筑装饰装修工程质量验收规范》（GB 50210—2018）的相关要求，阴阳角应顺直，不应有爆灰、起砂和裂缝。距墙 1.5m 处观察，全数检查。

② 室内墙面涂饰面层。

a. 室内墙面涂饰面层与基层黏结质量。要求涂饰面层应黏结牢固，不得有漏涂、透底、起皮、掉粉和反锈等缺陷。观察、手摸，全数检查。

b. 室内墙面涂饰面层观感质量。要求室内墙面涂饰面层不应有爆灰、裂缝、起皮，同一面墙无明显色差；表面无划痕、损伤、污染，阴阳角应顺直。距墙 1.5m 处观察，全数检查。

③ 室内墙面裱糊及软包面层。

a. 室内墙面裱糊及软包面层与基层黏结质量。要求裱糊面层应黏结牢固，不得有漏贴、补贴、脱层、空鼓和翘边；软包的龙骨、衬板、边框应安装牢固，无翘曲，拼缝应平直。观察、手摸，全数检查。

b. 室内墙面裱糊及软包面层观感质量。要求室内裱糊墙面应平整、色泽一致，相邻两幅不显拼缝、不离缝、花纹图案吻合；同一块软包面料不应有接缝，四周应绷压严密。手摸，距墙 1.5m 处观察，全数检查。

④ 室内墙面饰面板（砖）面层。

a. 室内墙面饰面板（砖）面层黏结质量。要求室内墙面饰面板（砖）面层应结合牢固、无空鼓。用小锤轻击检查，对每一自然间内 400～500mm 按梅花形布点进行敲击，板块阳角处应全数检查。单块板块局部空鼓，面积不大于单块板材面积的 20%，且每自然间（标准间）不超过总数的 5% 可不计。

b. 室内墙面饰面板（砖）面层观感质量。要求室内墙面饰面板（砖）面层表面应洁净、平整，无明显色差，接缝均匀，板块无裂缝、掉角、缺棱等缺陷。手摸，距墙 1.5 处观察，全数检查。

2）室内顶棚抹灰。

① 室内顶棚抹灰。

a. 顶棚抹灰与基层的黏结质量。要求顶棚抹灰层与基层之间及各抹灰层之间必须黏结牢固，无空鼓。全数观察检查，当发现顶棚抹灰有裂缝、起鼓等现象时，采用小锤轻击检查。

b. 顶棚抹灰观感质量。要求顶棚抹灰应光滑、洁净，面层无爆灰和裂缝，表面应平整。全数观察检查。

② 室内顶棚涂饰面层要求同室内墙面涂饰面层相关要求。

（4）空间尺寸

1）验收内容：室内净开间、进深和净高的测量；空间尺寸偏差和极差。

2）质量要求：空间尺寸的允许偏差值和允许极差值应符合表4-6的规定。

表4-6 室内空间尺寸的允许偏差值和允许极差值

项 目	允许偏差/mm	允许极差/mm	检查工具
净开间、进深	±15	20	激光测距仪辅以钢卷尺
净高度	−15	20	

注：表中极差是指同一自然间内实测值中最大值与最小值之差。经过装修，允许偏差值、极差值各减小5mm。

3）检查方法。

① 空间尺寸检查前应根据户型特点确定测量方案，并按设计要求和施工情况确定空间尺寸的推算值。

② 空间尺寸测量宜按下列程序进行：

a. 在分户验收记录所附的套型图上标明房间编号。

b. 净开间、进深尺寸每个房间各测量不少于2处，测量部位宜在距墙角（纵横墙交界处）50cm。净高尺寸每个房间测量不少于5处，测量部位宜为房间四角距纵横墙50cm处及房间几何中心处。

c. 每户检查时应按规程表格进行记录，检查完毕检查人员应及时签字。

③ 特殊形状的自然间可单独制定测量方法。

4）检查数量：自然间全数检查。

（5）门窗、护栏和扶手、玻璃安装、橱柜工程

1）门窗工程。

① 门窗开启性能。门窗应开关灵活、关闭严密，无倒翘。全数观察；手扳检查，开启和关闭检查。

② 门窗配件。门窗配件的规格、数量应符合设计要求，安装应牢固，位置应正确，功能应满足使用要求。配件应采用不锈钢、铜等材料，或有可靠的防锈措施。全数观察；手扳检查，开启和关闭检查。

③ 门窗扇的橡胶密封条或毛毡密封条。门窗扇的橡胶密封条或毛毡密封条应安装完好，不应脱槽。铝合金门窗的橡胶密封条应在转角处断开，并用密封胶在转角处固定。全数观察；手扳检查。

④ 门窗的排水及窗周的施工质量。有排水孔的门窗，排水孔应畅通，位置数量应满足排水要求。窗台流水坡度、滴水线（槽）设置符合要求。全数观察，手摸检查。

⑤ 进户门质量。分户门的种类、性能应符合设计要求，开启灵活，关闭严密，无倒翘，表面色泽均匀，无明显损伤和划痕。全数检查质保书及检测报告，观察、开启检查。

⑥ 户内门质量。内门种类应符合设计要求；内门开关灵活，关闭严密，无倒翘，表面无损伤、划痕。全数观察；开启检查。

⑦ 窗帘盒、门窗套及台面。窗帘盒、门窗套种类及台面应符合设计要求；门窗套平整、线条顺直、接缝严密、色泽一致，门窗套及台面表面无划痕及损坏。全数观察，手摸检查。

2）护栏和扶手工程。要求护栏高度、栏杆间距、安装位置必须符合设计要求，安装必须牢固。护栏和栏杆安装一般应符合下列规定：

① 护栏应以坚固、耐久的材料制作，并能承受荷载规范规定的水平荷载。

② 阳台、外廊、内天井及上人屋面等临空处栏杆高度不应小于1.05m，中高层、高层建筑的栏杆高度不应低于1.10m。

③ 栏杆应采用不宜攀登的构造。当采用花式护栏或有水平杆件时，应设置防攀爬（设置金属密网或钢化玻璃肋）措施。

④ 楼梯扶手高度不应低于0.9m，水平段杆件长度大于0.5m时，其扶手高度不应低于1.05m。

⑤ 栏杆垂直杆件的净距不应大于0.11m。

⑥ 外窗台低于0.9m，应有防护措施。

⑦ 护栏玻璃应使用公称厚度不小于12mm的钢化玻璃或钢化夹层玻璃。当护栏一侧距楼地面高5m及以上时，应使用钢化夹层玻璃。

⑧ 当设计文件规定室内楼梯栏杆由住户自理时，应设置安全防护措施。

检查时全数观察、尺量检查；手扳检查。

3）玻璃安装工程。

① 玻璃的品种。玻璃的品种、规格、尺寸、色彩、图案和涂膜朝向应符合设计和相应标准的要求。全数观察、尺量检查；检查玻璃标记。

② 落地门窗、玻璃隔断的安全措施。落地门窗、玻璃隔断等易受人体或物体碰撞的玻璃，应在视线高度设醒目标志或护栏，碰撞后可能发生高处人体或玻璃坠落的部位，必须设置可靠的护栏。全数观察检查。

③ 玻璃观感质量。安装后的玻璃应牢固，不应有裂缝、损伤和松动。中空玻璃内外表面应洁净，玻璃中空层内不应有灰尘和水蒸气。全数尺量，观察检查。

4）橱柜工程。

① 橱柜安装。橱柜安装位置、固定方法应符合设计要求，且安装必须牢固，配件齐全。全数观察；手扳检查。

② 观感质量。橱柜表面平整、洁净、色泽一致，无裂缝、翘曲及损坏。橱柜裁口顺直、拼缝严密。全数观察检查。

（6）防水工程

1）外墙防水。工程竣工时，墙面不应有渗漏等缺陷。做外窗淋水后，全数逐户进户目测观察检查，对户内外墙体有渗漏水、渗湿、印水及墙面开裂现象的部位做醒目标记，查明渗漏、开裂原因，并将检查情况做详细书面记录。

2）外窗防水。建筑外墙金属窗、塑料窗水密性、气密性应由经备案的检测单位进行现场抽检合格；门窗框与墙体之间采用密封胶密封。密封胶表面应光滑、顺直，无裂缝；住宅工程外窗及周边不应有渗漏。

检验建筑外墙金属窗、塑料窗的现场抽样检测报告。淋水观察检查或雨后检查。采用人工淋水试验，每3~4层（有挑檐的每1层）设置一条横向淋水带，淋水时间不少1h后进户目测观察检查，对户内外门、窗有渗漏水、渗湿、印水现象的部位做醒目标记，查明渗漏原因，并将检查、处理情况做出详细书面记录。建筑外墙金属窗、塑料窗现场抽样数量按现行国家验收规范窗复验要求的数量，现场检测可代替窗进场抽样复验。同一单位工程、同一厂家、同一材料、同一工艺生产的外墙窗可按同一检验批进行抽检。人工淋水逐户全数检查。

3）防水地面。防水地面不得存在渗漏和积水现象，排水畅通。全数蓄水、放水后检查。蓄水深度不小于20mm，蓄水时间不少于24h。

4）屋面防水。要求屋面不应留有渗漏、积水等缺陷；天沟、檐沟、泛水、变形缝等构造应符合设计要求。

住宅顶层逐户全数检查。要求对照设计文件要求，观察检查天沟、檐沟、泛水、变形缝和伸出屋面管道的防水构造是否满足设计及规范要求；平屋面分块蓄水，蓄水深度不低于20mm，24h后目测观察检查户内顶棚、天沟、管道根部，不应有渗漏现象；坡屋面在雨后或持续淋水2h后目测观察检查，不应渗漏。

此外，江苏省《住宅工程质量分户验收规程》还对给水排水工程、室内供暖系统、电气工程、智能建筑通风与空调工程及其他内容做了详细阐述。

4.4 建筑工程质量验收程序

1. 工程质量验收程序的规定

施工过程的质量验收包括以下验收环节，通过验收后形成完整的质量验收记录和资料，为工程项目竣工质量验收提供依据。

（1）检验批质量验收

检验批应由专业监理工程师组织施工单位项目专业质量检查员、专业工长等进行验收。

（2）分项工程质量验收

分项工程的质量验收在检验批验收的基础上进行。一般情况下，两者具有相同或相近的性质，只是批量的大小不同而已。分项工程可由一个或若干检验批组成。

分项工程的质量验收应由专业监理工程师组织施工单位项目专业技术负责人等进行验收。

（3）分部工程质量验收

分部工程的质量验收在其所含各分项工程验收的基础上进行。《建筑工程施工质量验收统一标准》规定：分部工程应由总监理工程师组织施工单位项目负责人和项目技术负责人等进行验收。勘察、设计单位项目负责人和施工单位技术、质量部门负责人应参加地基与基础分部工程的验收。设计单位项目负责人和施工单位技术、质量部门负责人应参加主体结构、节能分部工程的验收。

2. 地基与基础工程验收程序

地基与基础工程验收按施工单位自评、设计认可、监理核定、政府监督的程序进行。分项工程、分部工程质量的验收，均应在施工单位自检合格的基础上进行。施工单位确认自检合格后提出工程验收申请，工程验收时应提供下列技术文件和记录：

1）原材料的质量合格证和质量鉴定文件。

2）半成品如预制桩、钢桩、钢筋骨架等产品合格证书。

3）施工记录及隐蔽工程验收文件。

4）检测试验及见证取样文件。

5）其他必须提供的文件或记录。

分部工程的质量验收应由总监理工程师组织施工单位项目负责人、项目技术负责人进行验收，勘察、设计单位项目负责人和施工单位技术、质量部门负责人应参加，共同按设计要求和规范的有关规定进行。

验收工作应按下列规定进行：

1）分项工程的质量验收应分别按主控项目和一般项目验收。

2）隐蔽工程应在施工单位自检合格后，于隐蔽前通知有关人员检查验收，并形成中间验收文件。

3）分部工程的质量验收，应在分项工程通过验收的基础上，对必要的部位进行见证检验。

4）主控项目必须符合验收标准规定，发现问题应立即处理直至符合要求，一般项目应有 80% 合格。混凝土试件强度评定不合格或对试件的代表性有怀疑时，应采用钻芯取样，检测结果符合设计要求可按合格验收。

3. 主体结构工程验收程序

主体结构工程验收按施工单位自评、设计认可、监理核定、政府监督的程序进行。分部工程验收应由总监理工程师组织施工单位项目负责人、项目技术负责人进行验收，设计单位项目负责人和施工单位技术、质量部门负责人应参加，共同按设计要求和规范的有关规定进行。

分部工程施工质量验收时，应提供下列文件和记录：

1）设计变更文件。

2）原材料质量证明文件和抽样检验报告。

3）相关材料性能检验报告、试验报告。

4）施工记录及隐蔽工程验收记录。

5）分项工程验收记录。

6）结构实体检验记录。

7）工程的重大质量问题的处理方案和验收记录。

8）其他必要的文件和记录。

主体结构工程施工质量验收合格后，应按有关规定将验收文件存档备案。

4. 节能工程验收程序

建筑节能工程验收按施工单位自评、设计认可、监理核定、政府监督的程序进行。分部工程的质量验收应由总监理工程师组织施工单位项目负责人、项目技术负责人进行验收，设计单位项目负责人和施工单位技术、质量部门负责人应参加，共同按设计要求和规范的有关规定进行。

建筑节能分部工程的质量验收，应在检验批、分项工程全部验收合格的基础上，进行外墙节能构造实体检验，严寒、寒冷和夏热冬冷地区的外窗气密性现场检测，以及系统节能性能检测和系统联合试运转与调试，确认建筑节能工程质量达到验收条件后方可进行。

建筑节能分部工程质量验收合格，应符合下列规定：

1）分项工程应全部合格。

2）质量控制资料应完整。

3）外墙节能构造现场实体检验结果应符合设计要求。

4）严寒、寒冷和夏热冬冷地区的外窗气密性现场实体检测结果应合格。

5）建筑设备工程系统节能性能检测结果应合格。

建筑节能工程验收时应对下列资料核查，并纳入竣工技术档案：

1）设计文件、图纸会审记录、设计变更和洽商。

2）要材料、设备和构件的质量证明文件、进场检验记录、进场核查记录、进场复验报告、见证试验报告。

3）隐蔽工程验收记录和相关图像资料。

4）分项工程质量验收记录；必要时应核查检验批验收记录。

5）建筑围护结构节能构造现场实体检验记录。

6）严寒、寒冷和夏热冬冷地区外窗气密性现场检测报告。

7）风管及系统严密性检验记录。

8）现场组装的组合式空调机组的漏风量测试记录。

9）设备单机试运转及调试记录。

10）系统联合试运转及调试记录。

11）系统节能性能检验报告。

12）其他对工程质量有影响的重要技术资料。

单位工程竣工验收应在建筑节能分部工程验收合格后方可进行。

5. 住宅工程分户验收程序

住宅工程分户验收由建设单位组织，验收小组人员应符合要求且不应少于4人，其中安装人员不少于1人。已选定物业公司的，物业公司宜派人参与住宅工程分户验收工作。

住宅工程分户验收应按以下程序及要求进行：

1）依照分户验收要求的验收内容、质量要求、检查数量合理分组，成立分户验收组，并依据规程要求做好分户验收前的准备工作。

2）分户验收过程中，验收人员应及时填写、签认《住宅工程质量分户验收记录表》。每户验收符合要求后应在户内醒目位置张贴《住宅工程质量分户验收合格证》。

3）分户验收检查过程中发现不符合要求的分户或公共部位检查单元，检查小组应对不符合要求部位及时当场标注并记录，并按规程相关条款进行处理。

4）单位工程通过分户验收后，参加验收的单位应填写《住宅工程质量分户验收汇总表》。

住宅工程竣工验收前，建设单位应将包含验收的时间、地点及验收组名单的《单位工程竣工验收通知书》连同《住宅工程质量分户验收汇总表》报送该工程的质量监督机构。

住宅工程竣工验收时，竣工验收组应通过现场抽查的方式复核分户验收记录，核查分户验收标记，工程质量监督机构对验收组复核工作予以监督，每单位工程抽查不少于2户。住宅工程竣工验收复核发现验收条件不符合相关规定、分户验收记录内容不真实或存在影响主要使用功能的严重质量问题时，应中止验收，责令改正，符合要求后重新组织竣工验收。住宅工程交付使用时，建设单位应向住户提交《住宅工程质量分户验收合格证》。建设单位保存的《住宅工程质量分户验收记录表》供有关部门和住户查阅。

6. 竣工质量验收程序

施工项目竣工质量验收是施工质量控制的最后一个环节，是对施工过程质量控制成果的全面检验。未经竣工验收或验收不合格的工程，不得交付使用。

（1）竣工质量验收依据

1）国家相关法律、法规和建设主管部门颁布的管理条例和办法。

2）工程施工质量验收统一标准。

3）专业工程施工质量验收规范。

4）批准的设计文件、施工图及说明书。

5）工程施工承包合同。

6）其他相关文件。

建筑工程施工质量验收合格应符合下列要求：

1）符合工程勘察、设计文件的要求。

2）符合标准和相关专业验收规范的规定。

（2）竣工质量验收标准

单位工程是工程项目竣工质量验收的基本对象。按照《建筑工程施工质量验收统一标准》，单位工程质量验收合格应符合下列规定：

1）所含分部工程的质量均应验收合格。

2）质量控制资料应完整。

3）所含分部工程中有关安全、节能、环境保护和主要使用功能的检验资料应完整。

4）主要使用功能的抽查结果应符合相关专业验收规范的规定。

5）观感质量应符合要求。

（3）竣工质量验收程序

建筑工程项目竣工验收，可分为验收准备、竣工预验收和竣工验收三个环节进行。整个验收过程涉及建设单位、设计单位、监理单位及施工总分包各方的工作，必须按照工程项目质量控制系统的职能分工，以监理工程师为核心进行竣工验收。

1）竣工验收准备。施工单位按照合同规定的施工范围和质量标准完成施工任务后，应自行组织有关人员进行质量检查评定。自检合格后，向现场监理机构提交工程竣工预验收申请报告，要求组织工程竣工预验收。施工单位的竣工验收准备包括工程实体的验收准备和相关工程档案资料的验收准备，使之达到竣工验收的要求，其中设备及管道安装工程等应经过试压、试车和系统联动试运行检查记录。

2）竣工预验收。监理机构收到施工单位的工程竣工预验收申请报告后，应就验收准备情况和验收条件进行检查，对工程质量进行竣工预验收。对工程实体质量及档案资料存在的缺陷，及时提出整改意见，并与施工单位协商整改方案，确定整改要求和完成时间。

工程竣工预验收由总监理工程师组织，各专业监理工程师参加，施工单位由项目经理、项目技术负责人等参加，其他各单位人员可不参加。工程预验收除参加人员与竣工验收不同外，其方法、程序、要求等均应与工程竣工验收相同。竣工预验收的资料可参照工程竣工验收的资料要求。

竣工预验收存在施工质量问题时，应由施工单位整改。整改完毕后，由施工单位向建设单位提交工程竣工报告，申请工程竣工验收。

3）竣工验收。建设单位收到工程竣工验收报告后，应由建设单位项目负责人组织监理、施工、设计、勘察等单位项目负责人进行单位工程验收。在一个单位工程中，对满足生产要求或具备使用条件，施工单位已自行检验，监理单位已预验收的子单位工程，建设单位可组织进行验收。由几个施工单位负责施工的单位工程，当其中的子单位工程已按设计要求完成，并经自行检验，也可按规定的程序组织正式验收，办理交工手续。在整个单位工程验收时，已验收的子单位工程验收资料应作为单位工程验收的附件。工程竣工验收应当按以下程序进行：

① 工程完工后，施工单位向建设单位提交工程竣工报告，申请工程竣工验收。实行监理的工程，工程竣工报告须经总监理工程师签署意见。

② 建设单位收到工程竣工报告后，对符合竣工验收要求的工程，组织勘察、设计、施工、监理等单位组成验收组，制定验收方案。对于重大工程和技术复杂工程，根据需要可邀请有关专家参加验收。

③ 建设单位应当在工程竣工验收7个工作日前将验收的时间、地点及验收组名单书面通知负责监督该工程的工程质量监督机构。

④ 建设单位组织工程竣工验收。

a. 建设、勘察、设计、施工、监理单位分别汇报工程合同履约情况和在工程建设各个环节执行法律、法规和工程建设强制性标准的情况。

b. 审阅建设、勘察、设计、施工、监理单位的工程档案资料。

c. 实地查验工程质量。

d. 对工程勘察、设计、施工、设备安装质量和各管理环节等方面做出全面评价，形成经验收组人员签署的工程竣工验收意见。

参与工程竣工验收的建设、勘察、设计、施工、监理等各方不能形成一致意见时，应当协商提出解决的方法，待意见一致后，重新组织工程竣工验收。

工程竣工验收合格后，建设单位应当及时提出工程竣工验收报告。工程竣工验收报告主要包括工程概况，建设单位执行基本建设程序情况，对工程勘察、设计、施工、监理等方面的评价，工程竣工验收时间、程序、内容和组织形式，工程竣工验收意见等内容。建设单位应当自工程竣工验收合格之日起15日内，依照《房屋建筑和市政基础设施工程竣工验收备案管理办法》（住房和城乡建设部令第2号）的规定，向工程所在地的县级以上地方人民政府建设主管部门备案。

正式验收过程中的主要工作有：

① 建设、勘察、设计、施工、监理单位分别汇报工程合同履约情况及工程施工各环节施工满足设计要求，质量符合法律、法规和强制性标准的情况。

② 检查审核设计、勘察、施工、监理单位的工程档案资料及质量验收资料。

③ 实地检查工程外观质量，对工程的使用功能进行抽查。

④ 对工程施工质量管理各环节工作、工程实体质量及质保资料情况进行全面评价。

⑤ 竣工验收合格，建设单位应及时提出工程竣工验收报告。验收报告应附有工程施工许可证、设计文件审查意见、质量检测功能性试验资料、工程质量保修书等法规所规定的其他文件。

⑥ 工程质量监督机构应对工程竣工验收工作进行监督。

4.5 建筑工程质量验收问题的处理

1. 工程质量验收问题的处理规定

当建筑工程质量不符合要求时，应按下列规定进行处理：

1）经返工或返修的检验批，应重新进行验收。

2）经有资质的检测机构检测鉴定能够达到设计要求的检验批，应予以验收。

3）经有资质的检测机构检测鉴定达不到设计要求、但经原设计单位核算认可能够满足安全和使用功能的检验批，可予以验收。

4）经返修或加固处理的分项、分部工程，满足安全及使用功能要求时，可按技术处理方案和协商文件的要求予以验收。

工程质量控制资料应齐全完整。当部分资料缺失时，应委托有资质的检测机构按有关标准进行相应的实体检验或抽样试验。

经返修或加固处理仍不能满足安全或重要使用要求的分部工程及单位工程，严禁验收。

2. 工程质量验收问题的处理方法

（1）工程质量问题处理

工程质量问题的处理流程图如图 4-1 所示。

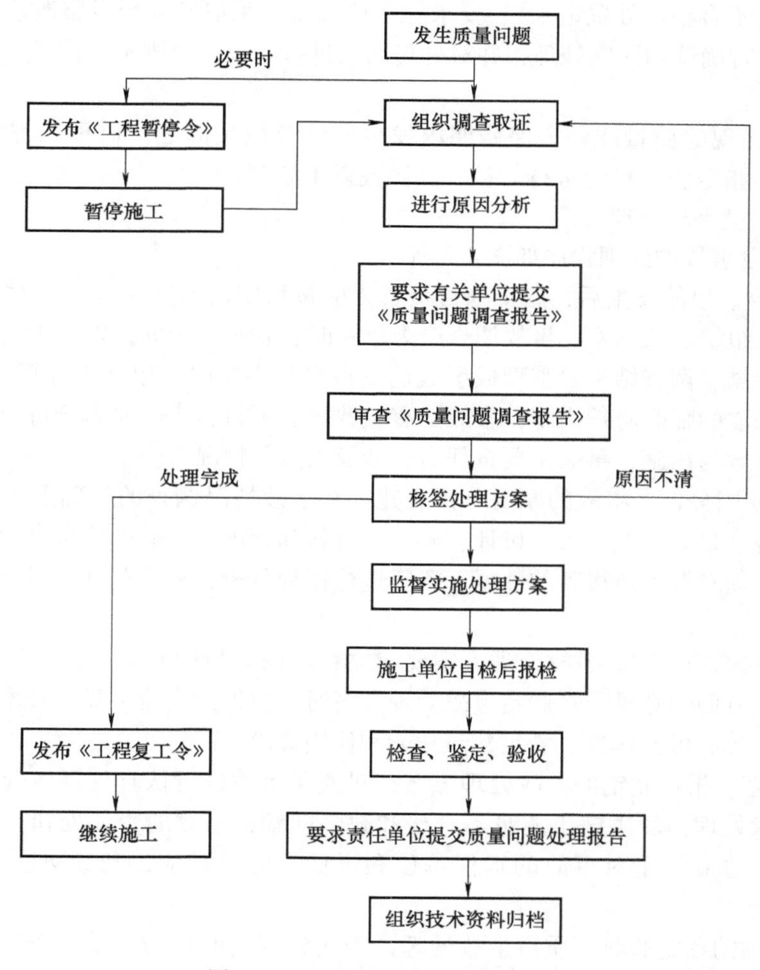

图 4-1　工程质量问题处理流程图

1）萌芽状态的质量问题。对于萌芽状态的工程质量问题，应及时处理。例如可以要求施工单位立即更换不合格的材料、设备或不称职人员，或者要求施工单位立即改正不正确的施工方法和操作工艺。

2）已经出现的质量问题。对于因施工原因已经出现的工程质量问题，监理工程师（或建设单位项目负责人）应立即向施工单位发出《监理通知单》，要求施工单位对已出现的工程质量问题采取补救措施，并且采取有效的保证后续施工质量的措施。施工单位应妥善处理施工质量问题，填写《监理通知回复单》报监理工程师（或建设单位项目负责人）。

3）需暂停施工的质量问题。对需要加固补强的质量问题，或质量问题的存在影响下道工序和分项工程的质量时，应签发《工程暂停令》，指令施工单位停止有质量问题部位和关联部位及下道工序的施工。必要时，应要求施工单位采取防护措施，责成施工单位写出质量问题调查报告，由设计单位提出处理方案，并征得建设单位同意后，批复承包单位处理，处理后应重新进行验收。

4）验收不合格的质量问题。当某道工序或分项工程完工以后，出现不合格项时，监理工程师应填写《不合格项处置记录》，要求施工单位及时采取措施予以整改。监理工程师应对其补救方案进行确认和跟踪处理，并对处理结果进行验收，否则不允许进行下道工序或分项工程的施工。

5）保修期出现的质量问题。保修期内发现的施工质量问题，监理工程师应及时签发《监理通知单》，指令施工单位进行修补、加固或返工处理。

（2）工程质量事故处理

1）施工质量事故的处理程序如图 4-2 所示。

① 事故调查。事故发生后，施工项目负责人应按法定的时间和程序及时向企业报告事故的状况，积极组织事故调查。事故调查应力求及时、客观、全面，以便为事故的分析与处理提供正确的依据。调查结果要整理成事故调查报告，主要内容包括工程概况，事故情况，事故发生后所采取的临时防护措施，事故的有关数据、资料，事故原因分析与初步判断，事故处理的建议方案与措施，事故主要责任者、涉及人员的情况等。

② 事故的原因分析。事故的原因分析要建立在事故情况调查的基础上，避免情况不明就主观推断。特别是对涉及勘察、设计、施工、材料和管理等方面的质量事故，往往原因错综复杂，因此必须对调查所得到的数据、资料进行仔细分析、去伪存真，找出造成事故的主要原因。

③ 制定事故处理方案。事故处理方案要建立在原因分析的基础上，科学论证并广泛地听取专家及有关方面的意见。在制定事故处理方案时，应做到安全可靠、技术可行、不留隐患、经济合理、具有可操作性、满足建筑功能和使用要求。

④ 事故处理。根据制定的事故处理方案，对质量事故进行认真处理。处理的内容主要包括事故的技术处理，解决施工质量不合格和缺陷问题；事故的责任处罚，根据事故的性质、损失大小、情节轻重对事故的责任单位和责任人做出相应的行政处分直至追究刑事责任。

⑤ 事故处理的鉴定验收。质量事故处理是否达到预期的目的，是否依然存在隐患，应当通过检查鉴定和验收做出确认。事故处理的质量检查鉴定，应严格按施工验收规范和相关质量标准的规定进行，必要时还应通过实际量测、试验和仪器检测等方法获取必要的数据。事故处理后，必须尽快提交完整的事故处理报告，内容包括事故调查的原始资料、测试的数据，事故原因的分析、论证，事故处理的依据、方案及技术措施，实施事故处理的有关数据、记录、资料，检查验收记录，事故处理的结论等。

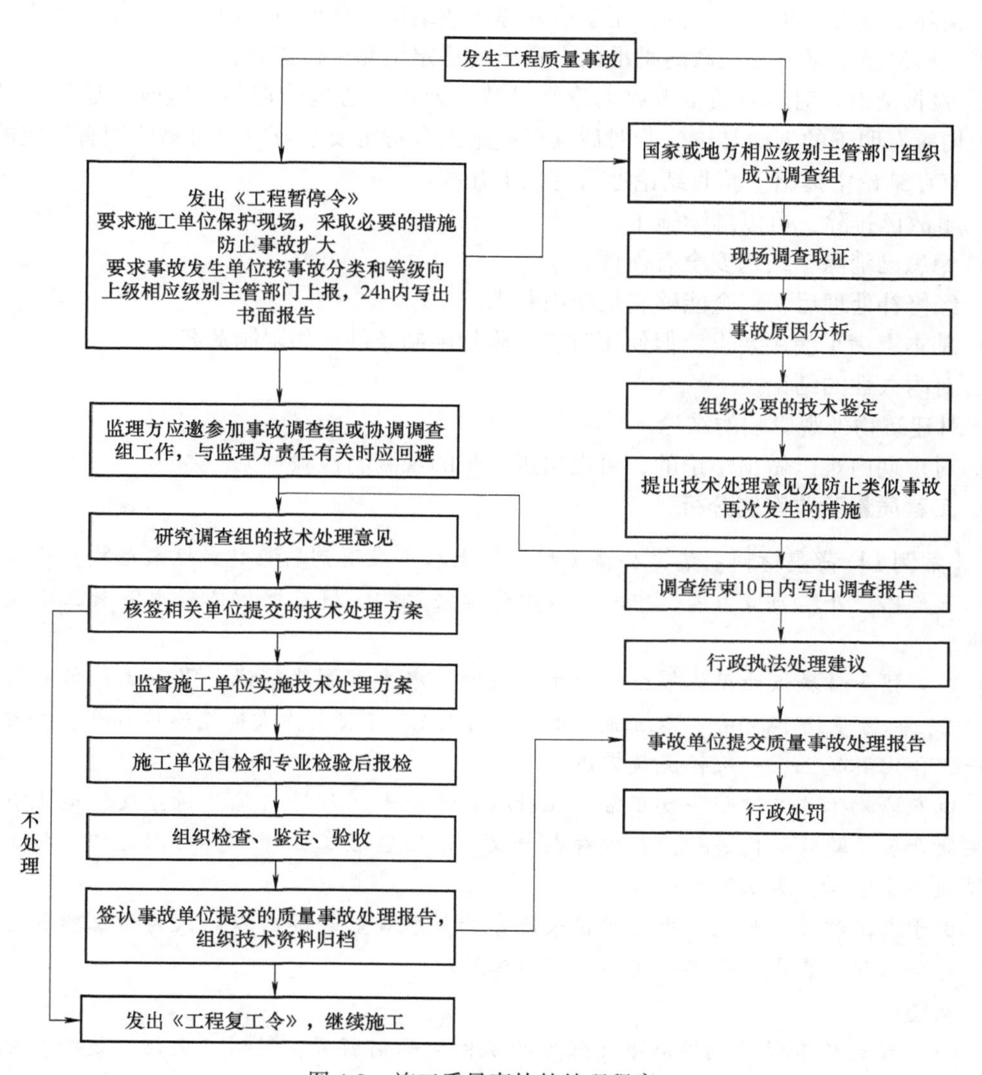

图 4-2　施工质量事故的处理程序

2）工程质量事故处理的鉴定验收。质量事故的技术处理是否达到了预期目的，是否解除了工程质量问题，是否仍留有隐患，监理工程师应通过组织检查和必要的鉴定，进行验收并予以最终确认。

① 检查验收。工程质量事故处理完成后，监理工程师在施工单位自检合格、报验的基础上，应严格按施工验收标准及有关规范的规定进行验收，结合监理人员的旁站、巡视和平行检验结果，依据质量事故技术处理方案设计要求，通过实际量测检查各种资料数据，并应办理交工验收文件，组织各有关单位会签。

② 必要的鉴定。为确保工程质量事故的处理效果，凡涉及结构承载力等使用安全和其他重要性能的处理工作，或质量事故处理过程中建筑材料及构配件的保证资料严重缺乏，或各参与单位对检查验收结果有争议时，通常须做必要的试验和检验鉴定工作。常见的检验工作有：混凝土钻芯取样，用于检验密实性和裂缝修补效果或检测实际强度；结构荷载试验，

确定其实际承载力；超声波检测，用于检验焊接或结构内部质量；池、罐、箱柜工程的渗漏检验等。检测鉴定必须委托政府批准的有资质的法定检测单位进行。

③ 验收结论。对所有质量事故无论经过技术处理，通过检查鉴定验收，还是不做专门处理，均应有明确的书面结论。若对后续工程施工有特定要求或对建筑物使用有一定的限制条件，应在结论中提出。验收结论通常有以下几种：

a. 事故已排除，可以继续施工。

b. 隐患已消除，结构安全有保证。

c. 经修补处理后，完全能够满足使用要求。

d. 基本上满足使用要求，但使用时应有附加限制条件，如限制荷载等。

e. 对耐久性的结论。

f. 对建筑物外观影响的结论。

g. 对短期内难以做出结论的，可提出进一步的观测、检验意见。

3. 工程质量验收案例分析

【案例1】背景材料：某办公楼工程，地上八层采用钢筋混凝土框架结构，设计有一层地下车库，外墙为剪力墙，中间部位均为框架结构。填充墙砌体采用混凝土小型空心砌块。

本工程基础底板为整体筏板，由于当地地下水平埋深比较浅，混凝土设计强度等级为C30，总方量约1300m³，施工时采用2台HBT60混凝土拖式地泵连续作业，全部采用同一配合比混凝土、一次性浇筑完成。

填充墙砌体施工过程一切正常，在对砌体子分部工程进行验收时，发现地上五层砌体某处开裂。验收如何进行，各方存在争议。后因监理工程师一再要求返工，施工方将开裂处拆除重砌，再次验收通过。

由于本工程竣工验收时勘察单位未能参加，质量监督部门以此认为竣工验收过程组织不符合程序，责成建设单位重新组织竣工验收。

问题：

（1）试述检查结构构件混凝土强度的试件应如何留置？针对本案例，说明基础底板混凝土强度标准养护试件和抗渗性能试件留置组数。

（2）说明砌体结构子分部工程质量验收应提供的文件和记录。

（3）列出对有裂缝的砌体进行验收的方法和处理要求。

（4）质量监督部门对竣工验收过程的说法是否正确？并简述理由。

分析与解答：

（1）按照《混凝土结构工程施工质量验收规范》（GB 50204—2015）的规定，用于检查结构构件混凝土强度的试件留置规定如下：

1）每拌制100盘且不超过100m³的同配合比的混凝土，取样不得少于1次。

2）每工作班拌制的同一配合比的混凝土不足100盘时，取样不得少于1次。

3）当一次连续浇筑超过1000m³时，同一配合比的混凝土每200m³取样不得少于1次。

4）同一楼层、同一配合比的混凝土，取样不得少于1次。

5）每次取样应至少留置1组标准养护试件，同条件养护试件的留置组数应根据实际需要确定。

针对本案例，基础底板混凝土总方量为1300m³且为一次性连续浇筑，故按每200m³留置1次标准养护试件进行取样，共计需取标准养护试件1300/200～7组。

连续浇筑混凝土每500m³留置1组抗渗试件，且每项工程不得少于2组。故本工程中抗渗试件留置级数为1300/500～3（组）。

（2）砌体结构子分部工程质量验收前，应提供下列文件和记录：

1）施工执行的技术标准。

2）原材料的合格证书、产品性能检测报告。

3）混凝土及砂浆配合比通知单。

4）混凝土及砂浆试件抗压试验报告单。

5）施工记录。

6）各检验批的主控项目、一般项目验收记录。

7）施工质量控制资料。

8）重大技术问题的处理或修改设计的技术文件。

9）其他必须提供的资料。

（3）对有裂缝的砌体应按下列情况进行验收：

1）对有可能影响结构安全性的砌体裂缝，应由有资质的检测单位检测鉴定。需返修或加固处理的，待返修或加固后进行二次验收。

2）对不影响结构安全性的砌体裂缝，应予以验收，对明显影响使用功能和观感质量的裂缝，应进行处理。

针对本案例中砌体裂缝问题，因本工程为框架结构，砌体仅为填充墙，故为不影响结构安全性的砌体裂缝，应予以验收，但对其影响使用功能和观感质量的部分，应进行处理。

（4）质量监督部门对竣工验收过程的说法不正确。因勘察单位虽然是责任主体之一，但其已经参加了地基验收，故单位工程竣工验收时可以不参加。

【案例2】背景材料：某港口新建一大型消防水池工程，水池一半位于地面以下，一半位于地面以上，整体钢筋混凝土板式基础，四周为剪力墙，全部采用C30P12抗渗混凝土浇筑成型。

由于水池在整个港口消防当中的重要地位，在混凝土自防水基础上，内部满涂涂膜防水层。开工前，监理单位要求施工单位上报针对混凝土收缩裂缝的防治专项方案。

混凝土浇筑完毕28d后，检测混凝土标准养护试件时发现部分试件强度不合格，比设计值略低。在监理单位、建设单位现场见证下进行结构实体强度检测，实际强度仍存在部分位置达不到设计值。施工单位自身技术能力比较强，经施工单位自身技术中心验算，组织实施了在水池外围加设两道型钢箍的补强措施。后经设计单位验算，能够满足结构安全性能。

施工完毕后，发现池壁局部存在渗漏水现象。经检查，渗水部位为原施工过程中施工缝位置。

问题：

（1）混凝土收缩裂缝防治专项方案中有哪些防治措施？

（2）施工单位对于混凝土强度达不到设计要求值的补强处理是否合理？

（3）试对本案例中施工缝位置渗漏水的原因进行分析，并提出治理措施。

分析与解答：

（1）混凝土收缩裂缝防治专项方案中有如下防治措施：

1）选用合格的原材料。

2）根据现场情况、设计图和规范要求，由有资质的试验室配制合适的混凝土配合比，并确保搅拌质量。

3）确保混凝土浇筑振捣密实，并在初凝前进行二次抹压。

4）确保混凝土及时养护，并保证养护质量满足要求。

5）当混凝土出现收缩裂缝时，若仍有塑性，可采取重新压抹一遍或重新振捣的方法，并加强养护；若混凝土已硬化，可向裂缝内撒入干水泥粉，加水润湿，或在表面抹薄层水泥砂浆，也可在裂缝表面涂环氧胶泥或粘贴环氧玻璃布，进行封闭处理。

（2）施工单位对于混凝土强度达不到设计要求值的补强处理方式不妥。

当混凝土强度偏低，达不到设计要求值时，施工单位应提请有关设计单位研究提出处理方案，处理方案必须经监理审核同意后方能施工，故施工单位经企业自身的技术中心验算后即出具方案、组织实施的做法是不正确的。

（3）施工缝位置渗漏水的原因分析如下：

1）施工缝留的位置不当。

2）在支模和绑钢筋的过程中，锯末、钢钉等杂物掉入缝内后没有及时清除。

3）在浇筑上层混凝土时，没有先在施工缝处铺一层水泥浆或水泥砂浆，导致上、下层混凝土不能牢固黏结，在新旧混凝土之间形成夹层。

4）钢筋过密，内外模板距离狭窄，混凝土浇捣困难，施工质量不易保证。

5）下料方法不当，集料集中于施工缝处。

6）浇筑水平混凝土时，因工序衔接等原因造成新老接槎部位产生收缩裂缝。

施工缝位置渗漏水的治理措施：可根据渗漏水压大小，采用专业材料进行堵漏，同时对暂未渗漏但有缺陷的施工缝及时处理。

4.6 建筑工程质量保修

建筑工程承包单位在向建设单位提交工程竣工验收报告时，应当向建设单位出具质量保修书。质量保修书中应当明确建筑工程的保修范围、保修期限和保修责任等。

在正常使用下，房屋建筑工程的最低保修期限如下：

1）地基基础和主体结构工程最低保修期限为设计文件规定的该工程的合理使用年限。

2）屋面防水工程、有防水要求的卫生间、房间和外墙面的防渗漏保修，最低保修期限为5年。

3）供热与供冷系统最低保修期限为2个供暖期、供冷期。

4）电气系统、给水排水管道、设备安装最低保修期限为 2 年。

5）装修工程最低保修期限为 2 年。

其他项目的保修期限由建设单位和施工单位约定。

房屋建筑工程保修期从工程竣工验收合格之日起计算。房屋建筑工程在保修期限内出现质量缺陷，建设单位或者房屋建筑所有人应当向施工单位发出保修通知。施工单位接到保修通知后，应当到现场核查情况，在约定的时间内予以整修。发生涉及结构安全或者严重影响使用功能的紧急事故时，施工单位接到保修通知后应当立即到达现场抢修。

发生涉及结构安全的质量缺陷时，建设单位或者房屋建筑所有人还应当立即报当地建设行政主管部门备案，并由原设计单位或者具有相应资质等级的设计单位提出保修方案，施工单位实施保修，原工程质量监督机构负责监督。保修完成后，由建设单位或者房屋建筑所有人组织验收。施工单位不按工程质量保修书约定保修的，建设单位可以另行委托其他单位保修，由原施工单位承担相应责任和保修费用。

房地产企业开发的商品住宅出现质量缺陷时，则按照相关规定向建设单位报告，按有关规定执行。

复习思考题

1. 什么是工程质量验收？
2. 简述建筑工程质量验收的要求。
3. 单位工程、分部工程和分项工程划分的原则是什么？
4. 什么是主控项目？什么是一般项目？
5. 简述检验批和分项工程质量合格的要求。
6. 分部工程质量验收合格需具备哪些条件？
7. 什么是观感质量？如何验收？
8. 建筑工程的主要功能项目包括哪些内容？
9. 简述地基与基础工程子分部工程的内容。
10. 简述地基与基础工程验收的内容。
11. 主体结构有哪些子分部工程？
12. 建筑节能工程有哪些分项工程？
13. 简述建筑节能分部验收合格的要求。
14. 什么是分户验收？其内容、程序和条件是什么？分户验收与竣工验收有什么区别？
15. 分户验收不符合要求时，如何进行处理？
16. 单位工程验收合格有什么要求？
17. 工程质量不符合要求时，如何进行处理？
18. 简述竣工验收的程序。
19. 在正常使用条件下，房屋建筑工程的最低保修期限都是多长时间？

第 5 章

建筑工程质量改进和质量事故处理

5.1 建筑工程质量问题和质量事故的分类

1. 工程质量不合格

1）质量不合格和质量缺陷。根据《质量管理体系　基础和术语》的规定，凡工程产品没有满足某个规定的要求，就称为质量不合格；而未满足某个与预期或规定用途有关的要求，称为质量缺陷。

2）质量问题和质量事故。工程质量不合格，影响使用功能或工程结构安全，造成永久质量缺陷或存在重大质量隐患，甚至直接导致工程倒塌或人身伤亡，必须进行返修、加固或报废处理，按照由此造成直接经济损失的大小分为质量问题和质量事故。

2. 工程质量事故

根据住房和城乡建设部《关于做好房屋建筑和市政基础设施工程质量事故报告和调查处理工作的通知》（建质［2010］111 号），工程质量事故是指由于建设、勘察、设计、施工、监理等单位违反工程质量有关法律法规和工程建设标准，使工程产生结构安全、重要使用功能等方面的质量缺陷，造成人身伤亡或者重大经济损失的事故。

工程质量事故具有成因复杂、后果严重、种类繁多、往往与安全事故共生的特点，建筑工程质量事故的分类有多种方法，不同专业的工程类别对工程质量事故的等级划分也不尽相同。

（1）按事故造成损失的程度分级

建质［2010］111 号文根据工程质量事故造成的人员伤亡或者直接经济损失，将工程质量事故分为 4 个等级：

1）特别重大事故，是指造成 30 人以上死亡，或者 100 人以上重伤，或者 1 亿元以上直接经济损失的事故。

2）重大事故，是指造成 10 人以上 30 人以下死亡，或者 50 人以上 100 人以下重伤，或者 5000 万元以上 1 亿元以下直接经济损失的事故。

3）较大事故，是指造成 3 人以上 10 人以下死亡，或者 10 人以上 50 人以下重伤，或者 1000 万元以上 5000 万元以下直接经济损失的事故。

4）一般事故，是指造成3人以下死亡，或者10人以下重伤，或者100万元以上1000万元以下直接经济损失的事故。

该等级划分所称的“以上”包括本数，所称的“以下”不包括本数。

（2）按事故责任分类

1）指导责任事故，是指由于工程实施指导或领导失误而造成的质量事故。例如，由于工程负责人片面追求施工进度，放松或不按质量标准进行控制和检验，降低施工质量标准等。

2）操作责任事故，是指在施工过程中，由于实施操作者不按规程和标准实施操作，而造成的质量事故。例如，浇筑混凝土时随意加水，或振捣疏漏造成混凝土质量事故等。

3）自然灾害事故，是指由突发的严重自然灾害等不可抗力造成的质量事故。例如，地震、台风、暴雨、雷电、洪水等对工程造成破坏甚至使之倒塌。这类事故虽然不是人为责任直接造成的，但灾害事故造成的损失程度也往往与是否在事前采取了有效的预防措施有关，相关责任人员也可能负有一定责任。

5.2 建筑工程施工质量事故的预防

建立健全施工质量管理体系，加强施工质量控制，就是为了预防施工质量问题和质量事故，在保证工程质量合格的基础上，不断提高工程质量。所以，施工质量控制的所有措施和方法，都是预防施工质量事故的措施。具体来说，施工质量事故的预防，应运用风险管理的理论和方法，从寻找和分析可能导致施工质量事故发生的原因入手，抓住影响施工质量的各种因素和施工质量形成过程的各个环节，采取针对性的预防控制措施。

1. 施工质量事故发生的原因

（1）技术原因

技术原因是指由于项目勘察、设计、施工中技术上的失误引发质量事故。例如，地质勘察疏于精确，对水文地质情况判断错误，致使地基基础设计采用不正确的方案或结构设计方案不正确，计算失误，构造设计不符合规范要求；施工管理及实际操作人员的技术素质差，采用了不合适的施工方法或施工工艺等。这些技术上的失误是造成质量事故的常见原因。

（2）管理原因

管理原因是指由于管理上的不完善或失误引发质量事故。例如，施工单位或监理单位的质量管理体系不完善，质量管理措施落实不力，施工管理混乱，不遵守相关规范，违章作业，检验制度不严密，质量控制不严格，检测仪器设备因管理不善而失准，以及材料质量检验不严等原因引起质量事故。

（3）社会、经济原因

社会、经济原因是指由于社会上存在的不正之风及经济上的原因，滋长了建设中的违法、违规行为，从而引发质量事故。例如，违反基本建设程序，无立项、无报建、无开工许可、无招投标、无资质、无监理、无验收的“七无”工程，边勘察、边设计、边施工的“三边”工程，屡见不鲜，几乎所有的重大施工质量事故都能从这个方面找到原因；某些施工企业盲目追求利润而不顾工程质量，在投标报价中随意压低标价，中标后则依靠违法的手段或修改方案追加工程款，甚至偷工减料等，这些因素都会导致发生重大工程质量事故。

（4）人为事故和自然灾害原因

人为事故和自然灾害原因是指造成质量事故是由于人为的设备事故、安全事故，导致连带发生质量事故，以及严重的自然灾害等不可抗力造成质量事故。

2. 施工质量事故预防的具体措施

（1）严格按照基本建设程序办事

首先要做好项目可行性论证，不可未经深入的调查分析和严格论证就盲目拍板定案；要彻底搞清工程地质水文条件方可开工；杜绝无证设计、无图施工；禁止任意修改设计和不按图施工；工程竣工不进行试车运转、不经验收不得交付使用。

（2）认真做好工程地质勘察

地质勘察时要适当布置钻孔位置和设定钻孔深度。钻孔间距过大，不能全面反映地基实际情况；钻孔深度不够，难以查清地下软土层、滑坡、墓穴、孔洞等有害地质构造。地质勘察报告必须详细、准确，防止因根据不符合实际情况的地质资料而采用错误的基础方案，导致地基不均匀沉降、失稳，使上部结构及墙体开裂、破坏、倒塌。

（3）科学地加固处理好地基

对软弱土、冲填土、杂填土、湿陷性黄土、膨胀土、岩层出露、岩溶、土洞等不均匀地基，要进行科学的加固处理。要根据不同地基的工程特性，按照地基处理与上部结构相结合使其共同工作的原则，从地基处理与设计措施、结构措施、防水措施、施工措施等方面综合考虑治理。

（4）进行必要的设计审查复核

应请具有合格专业资质的审图机构对施工图进行审查复核，防止因设计考虑不周、结构构造不合理、设计计算错误、沉降缝及伸缩缝设置不当、悬挑结构未通过抗倾覆验算等原因，导致质量事故的发生。

（5）严格把好建筑材料及制品的质量关

要从采购订货、进场验收、质量复验、存储和使用等几个环节，严格控制建筑材料及制品的质量，防止不合格或变质、损坏的材料和制品用到工程上。

（6）对施工人员进行必要的技术培训

要通过技术培训使施工人员掌握基本的建筑结构和建筑材料知识，使其懂得遵守施工验收规范对保证工程质量的重要性，从而在施工中自觉遵守操作规程，不蛮干，不违章操作，不偷工减料。

（7）依法进行施工组织管理

施工管理人员要认真学习、严格遵守国家相关政策法规和施工技术标准，依法进行施工组织管理；施工人员首先要熟悉施工图，对工程的难点和关键工序、关键部位，应编制专项施工方案并严格执行；施工作业必须按照图和施工验收规范、操作规程进行；施工技术措施要正确，施工顺序不可搞错，脚手架和楼面不可超载堆放构件和材料；要严格按照制度进行质量检查和验收。

（8）做好应对不利施工条件和各种灾害的预案

要根据对当地气象资料的分析和预测，事先针对可能出现的风、雨、高温、严寒、雷电等不利施工条件，制定相应的施工技术措施。还要对不可预见的人为事故和严重自然灾害做好应急预案，并有相应的人力、物力储备。

（9）加强施工安全与环境管理

许多施工安全和环境事故都会连带发生质量事故，加强施工安全与环境管理，也是预防施工质量事故的重要措施。

5.3 建筑工程施工质量问题和质量事故的处理

1. 施工质量事故处理的依据

1）质量事故的实况资料，包括质量事故发生的时间、地点；质量事故状况的描述；质量事故发展变化的情况；有关质量事故的观测记录、事故现场状态的照片或录像；事故调查组调查研究所获得的第一手资料。

2）有关合同及合同文件，包括工程承包合同、设计委托合同、设备与器材购销合同、监理合同及分包合同等。

3）有关的技术文件和档案，主要是有关的设计文件（如施工图和技术说明）、与施工有关的技术文件、档案和资料（如施工方案、施工计划、施工记录、施工日志、有关建筑材料的质量证明资料、现场制备材料的质量证明资料、质量事故发生后对事故状况的观测记录、试验记录或试验报告等）。

4）相关的建设法规，主要有《中华人民共和国建筑法》《建设工程质量管理条例》和《关于做好房屋建筑和市政基础设施工程质量事故报告和调查处理工作的通知》等与工程质量及质量事故处理有关的法规，以及勘察、设计、施工、监理等单位资质管理和从业者资格管理方面的法规，建筑市场管理方面的法规，以及相关技术标准、规范、规程和管理办法等。

2. 施工质量事故报告和调查处理程序

施工质量事故报告和调查处理程序如图 5-1所示。

（1）事故报告

工程质量事故发生后，事故现场有关人员应当立即向工程建设单位负责报告；工程建设单位负责人接到报告后，应于1h内向事故发生地县级以上人民政府住房和城乡建设主管部门及有关部门报告；同时，应按照应急预案采取相应措施。

情况紧急时，事故现场有关人员可直接向事故发生地县级以上人民政府住房和城乡建设主管部门报告。

事故报告应包括下列内容：

1）事故发生的时间、地点、工程项目名称、工程各参建单位名称。

2）事故发生的简要经过、伤亡人数和初步估计的直接经济损失。

3）对事故原因的初步判断。

4）事故发生后所采取的措施及事故控制情况。

5）事故报告单位、联系人及联系方式。

6）其他应当报告的情况。

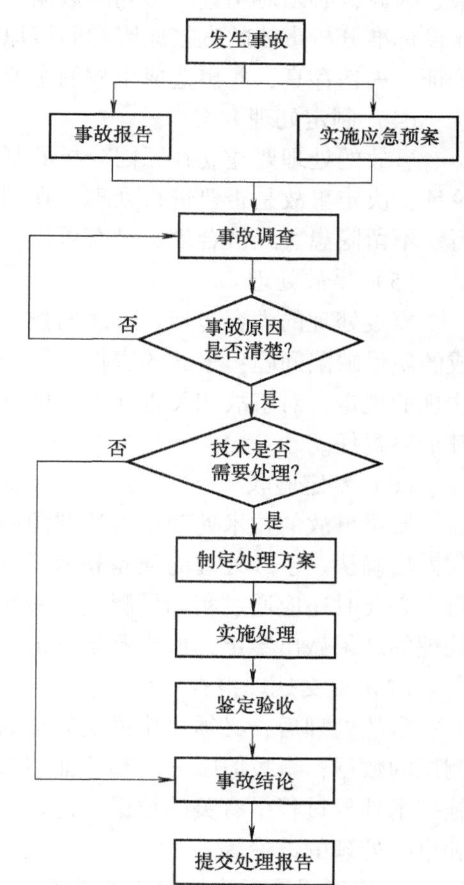

图 5-1　施工质量事故报告和调查处理程序

（2）事故调查

事故调查要按规定区分事故的大小，分别由相应级别的人民政府直接或授权委托有关部门组织事故调查组进行调查。未造成人员伤亡的一般事故，县级人民政府也可以委托事故发生单位组织事故调查组进行调查。事故调查应力求及时、客观、全面，以便为事故的分析与处理提供正确的依据。要将调查结果整理撰写成事故调查报告，其主要内容应包括：

1）事故项目及各参建单位概况。

2）事故发生经过和事故救援情况。

3）事故所造成的人员伤亡和直接经济损失。

4）事故项目有关质量检测报告和技术分析报告。

5）事故发生的原因和事故性质。

6）事故责任的认定和事故责任者的处理建议。

7）事故防范和整改措施。

（3）事故原因分析

事故原因分析要建立在事故情况调查的基础上，避免情况不明就主观推断事故的原因。特别是对涉及勘察、设计、施工、材料和管理等方面的质量事故，事故的原因往往错综复杂，因此，必须对调查所得到的数据、资料进行仔细的分析，依据国家有关法律法规和工程建设标准分析事故的直接原因和间接原因，必要时组织对事故项目进行检测鉴定和专家技术论证，去伪存真，找出造成事故的主要原因。

（4）制定处理方案

事故的处理要建立在原因分析的基础上，要广泛地听取专家及有关方面的意见，经科学论证，决定事故是否要进行处理。在制定事故处理的技术方案时，应做到安全可靠、技术可行、不留隐患、经济合理、具有可操作性、满足项目的安全和使用功能要求。

（5）事故处理

事故处理的内容包括：事故的技术处理，按经过论证的技术方案进行处理，解决事故造成的质量缺陷问题；事故的责任处罚，依据有关人民政府对事故调查报告的批复和有关法律法规的规定，对事故相关责任者实施行政处罚，负有事故责任的人员涉嫌犯罪的，依法追究其刑事责任。

（6）鉴定验收

质量事故的技术处理是否达到预期的目的，是否依然存在隐患，应当通过检查鉴定和验收做出确认。事故处理的质量检查鉴定，应严格按施工验收规范和相关质量标准的规定进行，必要时还应通过实际量测、试验和仪器检测等方法获取必要的数据，以便准确地对事故处理的结果做出鉴定，形成鉴定结论。

（7）提交处理报告

事故处理后，必须尽快提交完整的事故处理报告，其内容包括：事故调查的原始资料、测试的数据；事故原因分析和论证结果；事故处理的依据，事故处理的技术方案及措施；实施技术处理过程中有关的数据、记录、资料；检查验收记录；对事故相关责任者的处罚情况和事故处理的结论等。

3. 施工质量事故处理的基本要求

1）质量事故的处理应达到安全可靠、不留隐患、满足生产和使用要求、施工方便、经济合理的目的。

2）消除造成事故的原因，注意综合治理，防止事故再次发生。

3）正确确定技术处理的范围和正确选择处理的时间和方法。

4）切实做好事故处理的检查验收工作，认真落实防范措施。

5）确保事故处理期间的安全。

4. 施工质量缺陷处理的基本方法

（1）返修处理

若项目某些部分的质量未达到规范、标准或设计规定的要求，存在一定的缺陷，但经过采取整修等措施后可以达到要求的质量标准，又不影响使用功能或外观的要求，则可采取返修处理的方法。例如，某些混凝土结构表面出现蜂窝、麻面，或者混凝土结构局部出现损伤，如结构受撞击、局部未振实、冻害、火灾、酸类腐蚀、碱集料反应等，当这些缺陷或损伤仅仅在结构的表面或局部，不影响其使用和外观，可进行返修处理。再如对混凝土结构出现的裂缝，经分析研究如果其不影响结构的安全和使用功能，也可采取返修处理。当裂缝宽度不大于 0.2mm 时，可采用表面密封法；当裂缝宽度大于 0.3mm 时，采用嵌缝密闭法；当裂缝较深时，则应采取灌浆修补的方法。

（2）加固处理

这主要是针对危及结构承载力的质量缺陷的处理。通过加固处理，建筑结构恢复或提高承载力，重新满足结构安全性与可靠性的要求，结构能继续被使用或被改作其他用途。对混凝土结构常用的加固方法主要有增大截面加固法、外包角钢加固法、粘钢加固法、增设支点加固法、增设剪力墙加固法、预应力加固法等。

（3）返工处理

当工程质量缺陷经过返修、加固处理后仍不能满足规定的质量标准要求，或不具备补救可能性，则必须采取重新制作、重新施工的返工处理措施。例如，某防洪堤坝填筑压实后，其压实土的干密度未达到规定值，经核算将影响土体的稳定且不满足抗渗能力的要求，需挖除不合格土，重新填筑，重新施工；某公路桥梁工程预应力按规定张拉系数为1.3，而实际仅为0.8，属严重的质量缺陷，也无法修补，只能重新制作。再如某高层住宅施工中，有几层的混凝土结构误用了安定性不合格的水泥，无法采用其他补救办法，不得不爆破拆除重新浇筑。

（4）限制使用

当工程质量缺陷按修补方法处理后无法保证达到规定的使用要求和安全要求，而又无法返工处理时，不得已可做出诸如结构卸荷或减荷以及限制使用的决定。

（5）不做处理

某些工程质量问题虽然达不到规定的要求或标准，但其情况不严重，对结构安全或使用功能影响很小，经过分析、论证、法定检测单位鉴定和设计单位等认可后可不做专门处理。一般可不做专门处理的情况有以下几种：

1）不影响结构安全和使用功能的。例如，有的工业建筑物出现放线定位的偏差，且严重超过规范标准规定，若要纠正，会造成重大经济损失，但经过分析、论证，其偏差不影响生产工艺和正常使用，对外观也无明显影响，可不做处理。又如，某些部位的混凝土表面的裂缝，经检查分析，属于表面养护不够的干缩微裂，不影响安全和外观，也可不做处理。

2）后道工序可以弥补的质量缺陷。例如，混凝土结构表面的轻微麻面，可通过后续的抹灰、刮涂、喷涂等弥补，也可不做处理。再如，混凝土现浇楼面的平整度偏差达到10mm，但由于后续垫层和面层的施工可以弥补，所以也可不做处理。

3）法定检测单位鉴定合格的。例如，某检验批混凝土试块强度值不满足规范要求，强度不足，但经法定检测单位对混凝土实体强度进行实际检测，其实际强度达到规范允许和设计要求值时，可不做处理。对经检测未达到要求值，但与要求值相差不多的，经分析论证，只要使用前经再次检测达到设计强度，也可不做处理，但应严格控制施工荷载。

4）出现的质量缺陷，经检测鉴定达不到设计要求，但经原设计单位核算，仍能满足结构安全和使用功能的。例如，某一结构构件截面尺寸不足或材料强度不足，影响结构承载力，但按实际情况进行复核验算后仍能满足设计要求的承载力时，可不进行专门处理。这种做法实际上是挖掘设计潜力或降低设计的安全系数，应谨慎处理。

5）报废处理。出现质量事故的项目，通过分析或实践，采取上述处理方法后仍不能满足规定的质量要求或标准，则必须予以报废处理。

5.4 建筑工程质量事故案例分析

1. 某单位科研楼屋面工程质量事故案例

（1）案例介绍

某单位科研楼工程，框架结构，地上2层，建筑面积10266m^2，2008年7月20日开工，2010年5月20日竣工。本工程屋面采用卷材防水，防水保护层采用水泥预制砖。在连续潮湿高温的天气下，防水卷材和屋面砖发生了鼓起和变形。

（2）事故原因

经过现场勘探和屋面构造做法分析，可能由以下几方面原因所致：

1）本屋面工程保温材料的施工采用正置式保温方法，即把保温层置于屋面防水层与结构层之间。保温材料被密闭在屋面防水层内部，由于天气潮湿防水层下面的湿气不能得到及时排出，气体膨胀从而造成防水卷材起鼓。

2）屋面构造复杂，施工人员在施工过程中未按要求检查排汽管道是否通畅，部分排汽管道堵塞，致使防水层下部空间湿气膨胀又不能及时排出，造成防水层和屋面砖起鼓开裂。

3）由于屋面砖的起鼓对屋面防水卷材产生拉力（屋面砖和防水卷材之间通过水泥砂浆黏结），造成屋面防水卷材被拉裂，导致屋面渗漏的现象发生，同时也造成防水卷材的使用年限大大降低及经济上的重大损失。

（3）处理方法

根据现场实际情况和上述原因分析，采取了以下修复方案：

1）将起鼓部位的屋面砖取下，疏通被堵塞的排汽管道。

2）对拉裂的防水层进行修复，并进行24h蓄水试验。

3）按照规范要求对起鼓部位的屋面砖留置分格缝，并在缝内镶嵌沥青砂，即给屋面砖留有一定的变形空间。

4）按照规范要求对起鼓的屋面砖与女儿墙相交部位留置伸缩缝，并在缝内镶嵌沥青砂。

5）各道工序完成后按照规范要求进行24h蓄水试验。

（4）实施效果

针对该工程屋面砖大面积起鼓问题，经细致研究后，按照国家有关规范标准编制维修方案，严格依照方案进行施工，对屋面砖留置分格缝，女儿墙根部与屋面砖相交处设置伸缩缝，缝内镶嵌沥青砂，压光；整改后经 24h 蓄水试验屋面未出现渗漏。经过一个冬季、雨季后，屋面砖未出现起鼓。

（5）案例分析

在施工过程中，施工人员未及时发现排汽管道被堵塞，防水层下部湿气无法及时排出，导致保温层内部水气膨胀，防水层被拉裂和屋面砖起鼓开裂。

屋面排汽管道应按照《屋面工程质量验收规范》（GB 50207—2012）中第 6.2.16 条的规定执行：屋面排汽构造的排汽道应纵横贯通，不得堵塞。排汽管应安装牢固，位置正确，封闭严密。

该工程在施工中设置的分格面积不标准，为了防止上述问题的发生，应按照《屋面工程质量验收规范》中第 4.5.2 条的规定执行：用块料材料做保护层时，宜设置分格缝，分格缝纵横间距不应大于 10mm，分格缝宽度宜为 20mm。刚性保护层与女儿墙、山墙之间应预留宽度为 30mm 的缝隙，并用密封材料嵌填严密。

加强对施工人员的培训，提高施工人员的质量意识，落实施工作业的技术、质量、安全等方面的交底。

施工管理人员应尽到其管理责任，对施工程序的检查和验收要严格，不能把不合格质量带入下道工序，严格尽责才能有好的质量效果。

2. 某监控中心综合楼模板工程质量事故案例

（1）案例介绍

某监控中心工程，总建筑面积 11831m^2，框架结构，地下 1 层，地上 5 层，局部 6 层。地上标准层高度 4.2m，非标准层高度 6.3m。建筑总高 22.2m。建筑用途为办公。工程开工时间为 2001 年 12 月 15 日，竣工时间为 2003 年 11 月 15 日。综合楼 B 区局部混凝土楼板出现了不规则裂缝，具体位置为：四层 5-7/B-C 轴、7-9/B-G 轴、M3/C-E 轴；五层 7-9/M-N 轴；标高 6.01m 处 7-9/E-J 轴，局部为贯通裂缝，经用测缝仪检测后发现，裂缝宽度大部分在 1～3mm 范围内。施工时间为 2002 年 7 月份，对于这些裂缝如果不及时处理，将严重影响建筑物的使用年限。

（2）事故原因

根据上述局部区域出现不规则裂缝的情况，首先对混凝土的配合比搅拌程序和运输过程等流程进行检查，没有发现配合比有变化，搅拌站的剂量装置也不存在问题，运输也没有堵车和随意增加外加剂或水的现象，从而排除了进场材料方面的原因。

接着，对施工程序和现场当时施工的实际情况进行分析。情况如下：

1）施工管理原因：检查发现模板拼缝不严密，混凝土浇筑后有漏浆现象，支撑刚度不足、拆模过早，还有施工过程中控制不严，楼板超载堆物，新浇筑的混凝土较早承受动荷载的作用，综合以上情况导致新浇筑混凝土板产生裂缝。

2）塑性收缩裂缝：混凝土在终凝前，表面因失水较快（模板拼缝不严密），再加上当时天气炎热楼板表面浇水养护不到位，造成楼板表面混凝土急剧收缩，而此时的楼板混凝土抗拉强度很弱因而产生表面裂缝。

现场施工管理人员没有根据当时的环境条件制定有针对性的混凝土养护措施，虽然现场也有书面的交底，但执行中也打了折扣，存在管理责任。

（3）处理方法

根据裂缝的有害程度专门进行了专家论证，现场进行了不同的处理方法。

1）未贯通裂缝处理方法。在专家论证会议上一致认为，只要对封闭裂缝进行有效的处理就不会对结构的安全性产生影响，否则会影响结构的使用年限。因此未贯通裂缝采用环氧树脂胶泥修补的处理措施。具体方法如下：

① 基层处理。将混凝土表面裂缝用錾子剔凿成一个10mm宽、10mm深的V形槽（目的是使封缝胶与混凝土界面黏结牢固）。

用空气压缩机将裂缝附近80～100mm宽度范围内的浮灰吹净。用工业酒精擦净V形槽两侧的浮灰。

用钢丝刷将V形槽两侧上不密实的颗粒等清理干净后，用空气压缩机吹净V形槽内的浮灰，使其界面形成凹凸状，与胶粘贴牢固。

② 封缝。基层必须保证干燥。较宽的缝应先用刮刀填塞环氧胶泥。涂抹时，用毛刷或刮板均匀蘸取胶泥，涂刮在裂缝表面。

2）贯通裂缝处理方法。贯通裂缝采用自动压入灌浆器灌入改性树脂，对裂缝进行修补的处理措施。具体方法如下：

① 基层处理。用空气压缩机、钢丝刷将混凝土表面的灰尘、浮渣及散层仔细清除，特别是对抹过水泥浆的裂缝，使用磨光机将水泥浆打磨掉，使裂缝处保持干净。

② 布嘴。嘴子选择裂缝较宽处进行黏合。嘴子沿裂缝长度方向距离为30～40cm。裂缝纵横交错时，交叉处必须加设嘴子。裂缝的端部设嘴子。在楼板面及楼板底均设嘴子，并且交错进行。

③ 封闭。用封缝胶粘底座，底座针孔对准裂缝。沿缝表面用封缝胶将表面封闭（胶的适宜温度≥5℃）。

④ 试漏。在封缝胶表面刷一层肥皂水后，用空气压缩机向底座内打气，检查是否漏气，若漏气，需重新封缝。

⑤ 灌浆与封闭。依据灌浆料的使用说明书，将灌浆料分别用两个搅拌器拌匀。再严格按比例称量两个组分，用专用搅拌器拌匀。并将拌好的料细心装入软管，组装好压力灌浆器，使压力弹簧处于待发状态，将压力灌浆器装到已黏结牢固的底座上（每装两个空一个底座，以作排气用），放开压力弹簧使成挤压状态，观察排气孔处，在5～10min内，浆液不再外渗为止，保证灌缝质量。

注入过程应随时观察，若浆液压完，应及时补充，有异常情况必须停止施工查明原因。待灌注液凝固后，拆除底座，并用封缝胶修好混凝土表面。

（4）实施效果

经过对此事故细致的调查，根据实际情况并结合专家组的意见，制定了切实可行的处理方案，并积极组织人力、物力实施，在施工过程中严把各道工序质量关、验收关，保证每道工序的质量标准，整改后经蓄水试验顶板裂缝处无渗漏，保证了结构的安全使用。

（5）案例分析

支撑刚度不足、拆模过早造成混凝土楼板开裂，违反了《混凝土结构工程施工规范》（GB 50666—2011）中第4.5.2条的规定：当混凝土强度等级达到设计要求时，方可拆除底模支架；当设计无具体要求时，同条件养护试件的，混凝土抗压强度应符合表 5-1 的规定。实际上现场只是根据施工经验拆模，同时施工荷载也较大。

表 5-1　底模拆除时的混凝土抗压强度要求

构件类型	构件跨度/m	达到设计的混凝土立方体抗压强度标准值的百分率（%）
板	>8	≥100

因受高温气候影响，混凝土表面失水较快，浇水养护不到位，最终使混凝土楼板产生裂缝，违反了《混凝土结构工程施工规范》中第 8. 5. 2 条第 1 款的规定：采用硅酸盐水泥、普通硅酸盐水泥或矿渣硅酸盐水泥配制的混凝土，养护时间不得少于 7d。

现场周转材料不足，导致支撑系统刚度不足，过早拆除情况的发生，没有按施工方案的要求去做。

3. 某高校办公楼混凝土楼板坍塌事故案例

（1）案例介绍

某大学新校区一标段工程建筑面积 25000m^2，由综合楼（A 区）、学生宿舍（B 区）和连廊组成。

A 区由 A1、A2 组成，A2 区为会议区，框架结构，平面为东西 70m，南北长 47. 5m，呈椭圆形，屋面是双曲椭圆形钢筋混凝土梁板结构，板厚 110mm，屋面标高最高处为 27. 9m，最低处为 22. 8m。

2009 年 7 月 26 日 13 时 20 分，会议区屋面梁板钢筋、模板经验收合格后开始浇筑混凝土。混凝土水平运输采用混凝土罐车，垂直及作业面水平运输采用 HB80 拖车泵及布料杆浇筑，泵管沿②/Ⓒ轴柱子布设，布料杆安放在④/Ⓑ轴西侧。至 16 时 30 分浇筑混凝土近 100m^3，在④—⑤轴基本浇筑完成时，突然发生坍塌事故，作业的 28 人坠落，其中 2 人死亡，26 人受伤。

（2）事故原因

1）技术方面。屋面模板施工前施工单位编制了专项支模施工方案，方案中对于高 27m 的满堂脚手架，不仅计算立杆的间距使荷载均布，还对立杆的步距进行了计算，以减小立杆的长细比，另外，还注意了竖向及水平剪刀撑的设置，以确保脚手架的整体稳定性，有计算书、有节点图，审批手续齐全，钢管计算依据为国标厚度（3. 5mm），而且施工前组织了详细的技术交底。以上情况说明：施工单位项目技术管理到位，方案编制合理、计算不缺项、审批手续齐全，施工技术管理不存在问题。

2）管理方面。该部位脚手架搭设经检查，架子基础牢固，立杆间距、横杆步距均按照方案搭设，但剪刀撑没有完全按照方案搭设，竖向剪刀撑只搭设了架体外围，内部没有搭设竖向及水平剪刀撑。现场组织模板验收时，提出了该方面书面整改意见，但没有得到落实，就开始浇筑混凝土。

另外，没有事先对施工班组资质进行详细调查了解。混凝土模板虽然应由木工制作安装，但该支撑架采用了钢管、扣件材料，且高度 27m，实质上等于搭设一满堂扣件式钢管脚手架，按有关规定必须由具有架子工资质的班组搭设，并应按扣件式钢管脚手架规范进行验收。而该工程自始至终完全由木工班组来承担该工作，在管理上存在漏洞。

3）材料方面。施工用钢管、扣件均从某建筑材料租赁站租赁，施工单位选择时进行了招投标，但评标时只对租赁单位的营业执照和报价进行了对比，选择最低价单位中标，未对材料质量进行严格的界定和约束，事故发生后经过现场检查发现，该支撑架所用材料大部分为不合格产品，扣件螺钉存在断扣、牙高不够现象，钢管壁厚普遍偏薄，大部分钢管壁厚只有2.8~3.1mm，而方案计算中要求壁厚为3.5mm。

在混凝土浇筑过程中，由于局部荷载集中且有冲击荷载作用，致使架子局部受力较大造成个别不合格扣件螺栓脱扣，致使个别立杆长细比变化造成单杆失稳。同时，由于钢管壁厚不足及架子剪刀撑不足，致使局部失稳并导致整体架子失稳垮塌。

经过事故调查小组的综合调查分析认为，该起屋面板混凝土浇筑坍塌质量事故并引发安全事故的主要原因是：由于支撑架所用钢管、扣件材料不合格造成。

（3）处理方法

分段解体屋面梁板钢筋并拆除；拆除模板；分段解体拆除支撑架并清运出现场；清除混凝土等垃圾；重新采购合格的钢管和扣件，并严格进场验收与检验，保证进场材料均为合格品；检查、调整柱顶钢筋；对于受损严重的钢筋要做植筋替换处理。

重新进行屋面板支撑架搭设、模板安装及其混凝土浇筑方案交底，组织有架子施工资质且有相应施工经验的专业施工班组完成支撑架施工，严格执行过程检查，认真组织架体验收，确保支撑架实体符合施工方案要求；同时要明确混凝土浇筑程序，加强监督管理，避免浇筑过程中荷载集中。

（4）案例分析

该起因材料原因造成的质量事故教训深刻，既给施工单位造成了工期延误、重大经济损失和信誉损失，又造成了恶劣的社会影响，致使2人死亡、26人受伤；同时，使监理单位、建设单位及政府主管部门受到不同程度的影响，应引起政府主管部门、各参建单位、各级施工管理人员及操作人员的广泛关注和高度警惕，并吸取教训，加强防范与监管。同时，这起事故也说明，建筑材料租赁市场还存在着不规范、信誉缺失、恶意竞争等现象，这就需要政府主管部门加强监管，加大监督检查与执法力度；需要施工单位规范建筑材料的招标采购行为，既要注重经济价格，又要注重材料质量，严格封样和进场验收检查管理，不采购、不使用不合格材料。同时，要严格过程控制，对高架支模施工编制专项施工方案，认真组织专家论证并认真交底，还要选择具备相应施工资质和有经验的专业队伍组织施工，严格验收、整改等程序管理；也需要监理和建设单位加强方案的审批、材料选择审查等监督管理，把好专业队伍资质审核关，加强过程监督管理，严格验收程序，督促落实不合格项的整改等工作。

复习思考题

1. 什么是质量不合格？什么是质量缺陷？
2. 什么是质量问题和质量事故？
3. 质量事故按事故造成损失的程度如何分级？
4. 施工质量事故发生的原因有几类？
5. 施工质量事故处理的依据有哪些？
6. 事故报告应包括哪些内容？
7. 施工质量事故处理的基本要求有哪些？
8. 施工质量缺陷处理的基本方法有哪些？

第6章

建筑工程安全生产管理基础知识

建筑工程安全生产管理是指建筑施工安全管理部门或管理人员对安全生产工作进行的策划、组织、指挥、协调、控制和改进的一系列活动，目的是保证建筑施工中的人身安全、财产安全，促进建筑施工的顺利进行，维持社会的稳定。

在建筑工程施工过程中，施工安全管理部门或管理人员应通过对生产要素过程的控制，使生产要素的不安全行为和不安全状态得以减少或消除，达到减少一般事故、杜绝伤亡事故的目的，从而保证安全管理目标的实现。施工项目作为建筑业安全生产工作的载体，必须履行安全生产职责，确保安全生产。建筑企业是安全生产工作的主体，必须贯彻落实安全生产的法律、法规，加强安全生产管理，从而实现安全生产目标。

6.1 安全生产管理策划

1. 安全生产管理策划的内容

安全生产管理策划的设计依据是国家、地方政府和主管部门的有关规定，以及工程采用的主要技术规范、规程、标准和其他依据。其主要内容有以下几个方面：

（1）工程概述

工程概述主要包括以下几个方面的内容：

1）本项目设计所承担的任务及范围。

2）工程性质、地理位置及特殊要求。

3）改建、扩建前的职业安全与卫生状况。

4）主要工艺、原料、半成品、成品、设备及主要危害概述。

（2）建筑及场地布置

建筑及场地布置内容包括：

1）根据场地自然条件预测的主要危险因素及防范措施。

2）对周边居民出行是否有影响。

3）临时用电变压器周边环境。

4）工程总体布置中，如锅炉房、氧气、乙炔等易燃易爆、有毒物品造成的影响及防范措施。

(3) 生产过程中危险因素的分析

生产过程中危险因素主要从以下几个方面进行分析：

1) 安全防护工作，如脚手架作业防护、洞口防护、临边防护、高处作业防护和模板工程、起重及施工机具机械设备防护。

2) 特殊工种，如电工、电焊工、架子工、爆破工、机械工、起重工、机械驾驶员等，除一般教育外，还要经过专业安全技能培训。

3) 关键特殊工序，如洞内作业、潮湿作业、深基开挖、易燃易爆品、防触电。

4) 保卫消防工作的安全系统管理，如临时消防用水、临时消防管道、消防灭火器材的布设等。

5) 临时用电的安全系统管理，如总体布置和各个施工阶段的临时用电（电闸箱、电路、施工机具等）布设。

(4) 主要安全防范措施

在建筑生产活动过程中的主要安全防范措施有以下几个方面：

1) 根据全面分析各种危害因素确定的工艺路线、选用的可靠装置设备，按生产、火灾危险性分类设置的安全设施和必要的检测、检验设备。

2) 对可能发生的事故制定的预案、方案及抢救、疏散和应急措施。

3) 按照爆炸和火灾危险场所的类别、等级、范围选择电气设备的安全距离及防雷、防静电、防止误操作等设施。

4) 危险场所和部位，如高处作业、外墙临边作业，危险期间如冬期、雨期、高温天气等所采用的防护设备、设施及其效果等。

(5) 安全措施经费

安全生产所需的措施经费主要有以下几种。

1) 主要生产环节专项防范设施费用。

2) 检测设备及设施费用。

3) 安全教育设备及设施费用。

4) 事故应急措施费用。

(6) 施工项目的安全检查

施工项目的安全检查包括安全生产责任制、安全保证计划、安全组织机构、安全保证措施、安全技术交底、安全教育、安全持证上岗、安全设施、安全标志、操作行为、违规管理、安全记录。

2. 安全生产管理策划的原则

安全生产管理策划必须遵循以下几个原则：

(1) 预防性原则

施工项目安全管理策划必须坚持“安全第一，预防为主”的原则，体现安全管理的预防和预控作用，针对施工项目的全过程制定预警措施。

(2) 科学性原则

施工项目的安全策划应能代表最先进的生产力和最先进的管理方法，承诺并遵守国家的法律、法规，遵照地方政府的安全管理规定，执行安全技术标准和安全技术规范，科学地指导安全生产。

（3）全过程性原则

项目的安全策划应包括由可行性研究开始到设计、施工，直至竣工验收的全过程策划，施工项目安全管理策划要覆盖施工生产的全过程和全部内容，使安全技术措施贯穿于施工生产的全过程，以实现系统的安全。

（4）可操作性原则

施工项目安全策划的目标和方案应尊重实际情况，坚持实事求是的原则，其方案具有可操作性，安全技术措施具有针对性。

（5）实效最优化原则

施工项目安全策划应遵循实效最优化的原则。既不能盲目扩大项目投入，又不能以取消和减少安全技术措施经费来降低项目成本，而应在确保安全目标的前提下，在经济投入、人力投入和物资投入上坚持最优化原则。

6.2 安全生产管理体系的建立

为了贯彻“安全第一，预防为主”的方针，建立、健全安全生产责任制和群防群治制度，确保工程项目施工过程中的人身和财产安全，减少一般事故的发生，应结合工程的特点，建立施工项目安全生产管理体系。

1. 建立安全生产管理体系的目的

建立安全生产管理体系可实现以下几个目的：

（1）直接或间接获得经济效益

通过实施安全生产管理体系，可以明显提高项目安全生产管理水平和经济效益。通过改善劳动者的作业条件，提高劳动者身心健康和劳动效率，对项目会产生长期的积极效应，对社会也能产生激励作用。

（2）降低员工面临的安全风险

将员工面临的安全风险降低到最低程度，最终实现预防和控制工伤事故、职业病及其他损失的目标，帮助企业在市场竞争中树立起一种负责的形象，从而提高企业的竞争能力。

（3）实现以人为本的安全管理

人力资源的质量是提高生产率水平和促进经济增长的重要因素，而人力资源的质量是与工作环境的安全卫生状况密不可分的。安全生产管理体系的建立，将是保障和发展生产力的有效方法。

（4）促进项目管理现代化

管理是项目运行的基础。全球经济一体化的到来，对现代化管理提出了更高的要求，企业必须建立系统、开放、高效的管理体系，以促进项目系统的完善和整体管理水平的提高。

（5）提升企业的品牌和形象

市场中的竞争已不再仅仅是资本和技术的竞争，企业综合素质的高低将是开发市场最重要的条件，是企业品牌的竞争。而项目职业安全卫生则是反映企业品牌的重要指标，也是企业素质的重要标志。

（6）增强国家经济发展的能力

加大对安全生产的投入，有利于扩大社会内部需求，增加社会需求总量。同时，做好安全生产工作可以减少社会总损失，而且保护劳动者的安全与健康也是国家经济可持续发展的长远之计。

2. 建立安全生产管理体系的原则

建立安全生产管理体系必须遵循以下几个原则：

1）要适用于建筑工程施工项目全过程的安全管理和控制。

2）应依据《中华人民共和国建筑法》《职业安全卫生管理体系标准》、国际劳工组织167号公约及国家有关安全生产的法律、行政法规和规程进行编制。

3）建立安全生产管理体系必须包含的基本要求和内容。

4）建筑施工企业应加强对施工项目的安全管理，指导、帮助项目经理部建立、实施并保持安全生产管理体系。施工项目安全生产管理体系必须由总承包单位负责策划建立，生产分包单位应结合分包工程的特点，制订相适宜的安全保证计划，纳入总承包单位安全管理体系并接受管理。

3. 建立安全生产管理体系的作用

建立安全生产管理体系的作用主要有以下几个方面：

1）职业安全卫生状况是经济发展和社会文明程度的反映，是所有劳动者获得安全与健康的指标，是社会公正、安全、文明、健康发展的基本标志，也是保持社会安定、团结和经济可持续发展的重要条件。

2）安全生产管理体系对企业环境的安全卫生状况规定了具体的要求和限定，通过科学管理，使工作环境符合安全卫生标准的要求。

3）安全生产管理体系的运行主要依赖于逐步提高、持续改进，是一个动态、自我调整和完善的管理系统，同时也是职业安全卫生管理体系的基本思想。

4）安全生产管理体系是项目管理体系中的一个子系统，其循环也是整个管理系统循环的一个子系统。

6.3 安全生产管理制度、方针与组织机构

1. 安全生产管理制度

安全生产管理制度的相关内容如图6-1所示。

2. 安全生产管理方针

安全生产管理方针见表6-1。

表6-1 安全生产管理方针

类别	内容
安全意识在先	由于各种原因，我国公民的安全意识相对淡薄。关爱生命、关注安全是全社会政治、经济和文化生活的主题之一。重视和实现安全生产，必须有强烈的安全意识
安全投入在先	生产经营单位要具备法定的安全生产条件，必须有相应的资金保障，安全投入是生产经营单位的“救命钱”。《中华人民共和国安全生产法》把安全投入作为必备的安全保障条件之一，要求生产经营单位应当具备的安全投入，由生产经营单位的决策机构、主要负责人或者个人经营的投资人予以保证，并对安全生产所必需的资金投入不足导致的后果承担责任。不依法保障安全投入的，将承担相应的法律责任

（续）

类　别	内　容
安全责任在先	实现安全生产，必须建立、健全各级人民政府及有关部门和生产经营单位的安全生产责任制，各负其责，齐抓共管。《中华人民共和国安全生产法》突出了安全生产监督管理部门和有关部门主要负责人及监督执法人员的安全责任，突出了生产经营单位主要负责人的安全责任，目的在于通过明确安全责任来促使他们重视安全生产工作，加强领导
建章立制在先	预防为主需要通过生产经营单位制定并落实各种安全措施和规章制度来实现。建章立制是实现预防为主的前提条件。《中华人民共和国安全生产法》对生产经营单位建立、健全和组织实施安全生产规章制度和安全措施等问题做出的具体规定，是生产经营单位必须遵守的行为规范
隐患预防在先	消除事故隐患、预防事故发生是生产经营单位安全工作的重中之重。《中华人民共和国安全生产法》从生产经营的各个主要方面，对事故预防的制度、措施和管理都做出了明确规定。只要认真贯彻实施，就能够把重大、特大事故的发生率大幅降低
监督执法在先	各级人民政府及其安全生产监督管理部门和有关部门强化安全生产监督管理，加大行政执法力度，是预防事故、保证安全的重要条件。安全生产监督管理工作的重点、关口必须前移，放在事前、事中监管上。要通过事前、事中监管，依照法定的安全生产条件，把住安全准入“门槛”，坚决把那些不符合安全生产条件或者不安全因素多、事故隐患严重的生产经营单位排除在“安全准入门槛”之外

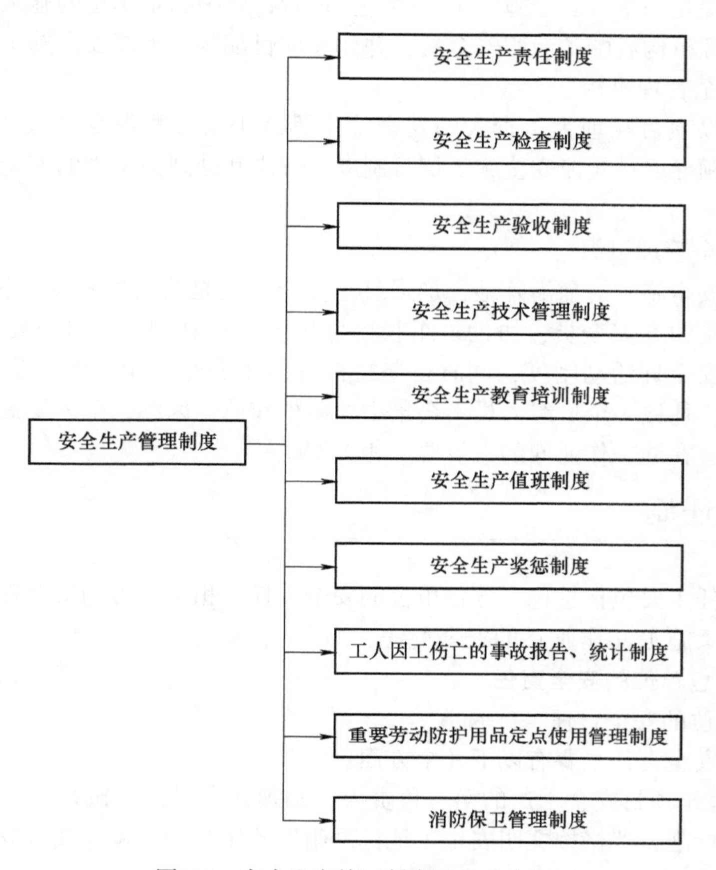

图 6-1　安全生产管理制度的相关内容

3. 安全生产管理组织机构

安全生产管理组织机构主要有公司安全管理机构、项目部安全管理机构、工地安全管理机构和班组安全管理组织。

（1）公司安全管理机构

建筑公司要设专职安全管理部门，配备专职人员。公司安全管理部门是公司一个重要的施工管理部门，是公司经理贯彻执行安全施工方针、政策和法规，实行安全目标管理的具体工作部门，是领导的参谋和助手。建筑公司施工队以上的单位，要设专职安全员或安全管理机构，公司的安全技术干部或安全检查干部应列为施工人员，不能随便调动。国务院批转原国家劳动总局、卫生部的报告，就安全管理人员的编制做了明确规定。公司应按职工总数的0.2%～0.5%配备专职人员。

根据国家建筑施工企业资质等级的相关规定，建筑一、二级公司的安全员，必须持有中级岗位合格证书，三、四级公司的安全员全部持有初级岗位合格证书。安全施工管理工作技术性、政策性、群众性很强，因此安全管理人员应挑选责任心强、有一定的经验和相当文化程度的工程技术人员担任，以利于促进安全科技活动，进行目标管理。

（2）项目部安全管理机构

公司下属的项目部是组织和指挥施工的单位，对于管理施工、管理安全起着极为重要的作用。项目部经理是本单位安全施工工作第一责任者，要根据本单位的施工规模及职工人数设置专职安全管理机构或配备专职安全员，并建立项目部领导干部安全施工值班制度。

（3）工地安全管理机构

工地应成立以项目经理为负责人的安全施工管理小组，配备专（兼）职安全管理员，同时要建立工地领导成员轮流安全施工值日制度，解决和处理施工中的安全问题和进行巡回安全监督检查。

（4）班组安全管理组织

班组是搞好安全施工的前沿阵地，加强班组安全建设是公司加强安全施工管理的基础。各施工班组要设不脱产安全员，协助班组长搞好班组安全管理。各班组要坚持岗位安全检查、安全值日和安全日活动制度，同时要坚持做好班组安全记录。由于建筑施工点多、面广、流动、分散，往往一个班组人员不会集中在一处作业。因此，工人要提高自我保护意识和自我保护能力，在同一作业面的人员要互相关照。

6.4 安全生产责任制

安全生产责任主要包括总包、分包单位的安全责任，租赁双方的安全责任，项目部的安全生产责任和交叉施工（作业）的安全责任。

1. 总包、分包单位的安全责任

（1）总包单位的安全责任

总包单位的安全责任主要有以下几个方面：

1）项目经理是项目安全生产的第一负责人，必须认真贯彻、执行国家和地方的有关安全法规、规范、标准，严格按文明安全工地标准组织施工生产，确保实现安全控制指标和文明安全工地达标计划。

2）建立、健全安全生产保障体系，根据安全生产组织标准和工程规模设置安全生产机构，配备安全检查人员，并设置5～7人（含分包）的安全生产委员会或安全生产领导小组，定期召开会议（每月不少于一次），负责对本工程项目安全生产工作的重大事项及时做出决策，组织督促检查实施，并将分包的安全人员纳入总包管理，统一活动。

3）工程项目部（总包方）与分包方应在工程实施前或进场时及时签订含有明确安全目标和职责条款划分的经营（管理）合同或协议书；当不能按期签订时，必须签订临时安全协议。

4）项目部有权限期责令分包方将不能尽责的施工管理人员调离本工程，重新配备符合总包要求的施工管理人员。

5）根据工程进度情况除进行不定期、季节性的安全检查外，工程项目经理部每半月由项目执行经理组织一次检查，每周由安全部门组织各分包方进行专业（或全面）检查。对查到的隐患，责成分包方和有关人员立即或限期进行消除整改。

6）根据工程进展情况和分包进场时间，应分别签订年度或一次性的安全生产责任书或责任状，做到总分包在安全管理上责任划分明确，有奖有罚。

7）项目部实行"总包方统一管理，分包方各负其责"的施工现场管理体制，负责对发包方、分包方和上级各部门或政府部门的综合协调管理工作。工程项目经理对施工现场的管理工作负全面领导责任。

（2）分包单位的安全责任

分包单位的安全责任主要有以下几个方面：

1）分包单位的项目经理、主管副经理是安全生产管理工作的第一责任人，必须认真贯彻执行总包方执行的有关规定、标准和总包方的有关决定和指示，按总包方的要求组织施工。

2）建立、健全安全保障体系。根据安全生产组织标准设置安全机构，配备安全检查人员，每50人要配备一名专职安全人员，不足50人的要设兼职安全人员，并接受工程项目安全部门的业务管理。

3）分包方必须执行逐级安全技术交底制度和班组长班前安全讲话制度，并跟踪检查管理。

4）分包方在编制分包项目或单项作业的施工方案或冬雨期方案措施时，必须同时编制安全消防技术措施，并经总包方审批后方可实施，如改变原方案时，必须重新报批。

5）分包方必须按规定执行安全防护设施、设备验收制度，并履行书面验收手续，建档保存备查。

6）分包方必须接受总包方及其上级主管部门的各种安全检查并接受奖罚。在生产例会上应先检查、汇报安全生产情况。在施工生产过程中，切实把好安全教育、检查、措施、交底、防护、文明、验收等七关，做到预防为主。

7）对安全管理纰漏多、施工现场管理混乱的分包单位除进行罚款处理外，对问题严重、屡禁不止，甚至不服从管理的分包单位，予以解除经济合同。

2. 租赁双方的安全责任

大型机械（塔式起重机、外用电梯等）租赁、安装、维修单位的安全责任有以下几个方面：

1）各单位必须具备相应资质。

2）所租赁的设备必须具备统一编号，其机械性能良好，安全装置齐全、灵敏、可靠。

3）在当地施工时，租赁外埠塔式起重机和施工用电梯或外地分包自带塔式起重机和施工用电梯，使用前必须在本地建设主管部门登记备案并取得统一临时编号。

4）租赁、维修单位对设备的自身质量和安装质量负责，定期对其进行维修、保养。

5）租赁单位向使用单位配备合格的驾驶员。

承租方应参照相关安全生产管理条例的规定对施工过程中设备的使用安全负责。

3. 项目部的安全生产责任

（1）项目经理部的安全生产责任

项目经理部的安全生产责任有以下几个方面：

1）项目经理部是安全生产工作的载体，具体组织和实施项目安全生产、文明施工、环境保护工作，对本项目工程的安全生产负全面责任。

2）建立并完善项目部安全生产责任制和安全考核评价体系，积极开展各项安全活动，监督、控制分包队伍执行安全规定，履行安全职责。

3）贯彻落实各项安全生产的法律、法规、规章、制度，组织实施各项安全管理工作，完成各项考核指标。

4）伤亡事故要及时上报，并保护好事故现场，积极抢救伤员，认真配合事故调查组开展伤亡事故的调查和分析，按照“四不放过”原则，落实整改防范措施，对责任人员进行处理。

（2）工程项目经理的安全生产责任

工程项目经理的安全生产责任主要有以下几个方面：

1）工程项目经理是项目工程安全生产的第一责任人，对项目工程经营生产全过程中的安全负全面领导责任。

2）工程项目经理必须经过专门的安全培训考核，取得项目管理人员安全生产资格证书，方可上岗。

3）在组织项目施工、聘用业务人员时，要根据工程特点、施工人数、施工专业等情况，按规定配备一定数量和素质的专职安全员，确定安全管理体系明确的各级人员和分承包方的安全责任和考核指标，并制定考核办法。

4）贯彻落实各项安全生产规章制度，结合工程项目特点及施工性质，制定有针对性的安全生产管理办法和实施细则，并落实实施。

5）负责施工组织设计、施工方案、安全技术措施的组织落实工作，组织并督促工程项目安全技术交底制度、设施设备验收制度的实施。

6）健全和完善用工管理手续，录用外协施工队伍必须及时向人事劳务部门、安全部门申报，必须事先审核注册、持证等情况，对工人进行三级安全教育后方准入场上岗。

7）领导、组织施工现场每旬一次的定期安全生产检查，发现施工中的不安全问题，组织制定整改措施并及时解决；对上级提出的安全生产与管理方面的问题，要在限期内定时、定人、定措施予以解决；接到政府部门安全监察指令书和重大安全隐患通知单，应当立即停止施工，组织力量进行整改。隐患消除后，必须报请上级部门验收合格，才能恢复施工。

（3）工程项目生产副经理的安全生产责任

工程项目生产副经理的安全生产责任主要有以下几个方面：

1）对工程项目的安全生产负直接领导责任，协助工程项目经理认真贯彻执行国家安全生产方针、政策、法规，落实各项安全生产规范、标准和工程项目的各项安全生产管理制度。

2）负责项目安全生产管理机构的领导工作，认真听取、采纳安全生产的合理化建议，支持安全生产管理人员的业务工作，保证工程项目安全生产、保证体系的正常运转。

3）负责工程项目总体和施工各阶段安全生产工作规划以及各项安全技术措施、方案的组织实施工作，组织落实工程项目各级人员的安全生产责任制。

4）工地发生伤亡事故时，负责事故现场保护、职工教育、防范措施落实，并协助做好事故调查分析的具体组织工作。

（4）项目安全总监的安全生产责任

项目安全总监的安全生产责任主要有以下几个方面：

1）在项目经理的直接领导下，履行项目安全生产工作的监督管理职责。

2）宣传贯彻安全生产方针政策、规章制度，推动项目安全组织保证体系的运行。

3）督促实施施工组织设计、安全技术措施，实现安全管理目标对项目各项安全生产管理制度的贯彻与落实情况进行检查与具体指导。

4）组织分承包商安排专兼职人员开展安全监督与检查工作。

5）查处违章指挥、违章操作、违反劳动纪律的行为和人员，对重大事故隐患采取有效的控制措施，必要时可采取局部直至全部停产的非常措施。

6）督促开展周一安全活动和项目安全讲评活动。

7）负责办理与发放各级管理人员的安全资格证书和操作人员安全上岗证。

（5）工程项目技术负责人的安全生产责任

工程项目技术负责人的安全生产责任主要有以下几个方面：

1）对工程项目生产经营中的安全生产负技术责任。

2）贯彻落实国家安全生产方针、政策，严格执行安全技术规程、规范、标准，结合工程特点，进行项目整体安全技术交底。

3）主持制订技术措施计划和季节性施工方案的同时，必须制定相应的安全技术措施并监督执行，及时解决执行中出现的问题。

4）参加或组织编制施工组织设计。在编制、审查施工方案时，必须制定、审查安全技术措施，保证其可行性和针对性，并认真监督实施情况，发现问题并及时解决。

5）参加安全生产定期检查。对施工中存在的事故隐患和不安全因素，从技术上提出整改意见和消除办法。

6）参加或配合工伤及重大未遂事故的调查，从技术上分析事故发生的原因，提出防范措施和整改意见。

（6）工长、施工员的安全生产责任

工长、施工员的安全生产责任主要有以下几个方面：

1）工长、施工员是所管辖区域范围内安全生产的第一责任人，对所管辖范围内的安全生产负直接领导责任。

2）负责组织落实所管辖施工队伍的三级安全教育、常规安全教育、季节转换及针对施工各阶段特点等进行的各种形式的安全教育，负责组织落实所管辖施工队伍特种作业人员的安全培训工作和持证上岗的管理工作。

3）认真贯彻落实上级有关规定，监督执行安全技术措施及安全操作规程，针对生产任务特点，向班组（外协施工队伍）进行书面安全技术交底，履行签字手续，并对规程、措施、交底要求的执行情况经常检查，随时纠正违章作业。

4）负责组织落实所管辖班组（外协施工队伍）开展各项安全活动，学习安全操作规程，接受安全管理机构或人员的安全监督检查，及时解决其提出的不安全问题。

5）经常检查所管辖区域的作业环境、设备和安全防护设施的安全状况，发现问题及时纠正解决。对重点特殊部位施工，必须检查作业人员及各种设备和安全防护设施的技术状况是否符合安全标准要求。认真做好书面安全技术交底，落实安全技术措施并监督执行，做到不违章指挥。

6）对工程项目中应用的新材料、新工艺、新技术严格执行申报、审批制度，发现不安全问题及时停止施工，并上报领导或有关部门。

7）发生因工伤亡及未遂事故必须停止施工，保护现场，立即上报。对重大事故隐患和重大未遂事故，必须查明事故发生的原因，落实整改措施，经上级有关部门验收合格后，方准恢复施工，不得擅自撤除现场保护设施，强行复工。

（7）班组长的安全生产责任

班组长的安全生产责任主要有以下几个方面：

1）班组长是本班组安全生产的第一责任人，认真执行安全生产规章制度及安全技术操作规程，合理安排班组人员的工作，对本班组人员在施工生产中的安全负直接责任。

2）经常组织班组人员开展各项安全生产活动和学习安全技术操作规程，监督班组人员正确使用个人劳动防护用品和安全设施、设备，不断提高安全自保能力。

3）认真落实安全技术交底要求，做好班前交底。严格执行安全防护标准，不违章指挥、不冒险蛮干。

4）经常检查班组作业现场的安全生产状况和工人的安全意识、安全行为，发现问题及时解决，并上报有关领导。

5）发生因工伤亡及未遂事故，保护好事故现场，并立即上报有关领导。

（8）工人的安全生产责任

工人的安全生产责任主要有以下几个方面：

1）工人是本岗位安全生产的第一责任人，在本岗位作业中对自己、对环境、对他人的安全负责。

2）认真学习并严格执行安全操作规程，严格遵守安全生产规章制度。

3）积极参加各项安全生产活动，认真落实安全技术交底要求，不违章作业、不违反劳动纪律，虚心服从安全生产管理人员的监督、指导。

4）对不安全的作业要求要提出意见，有权拒绝违章指令。

5）发生因工伤亡事故，要保护好事故现场并立即上报。

6）在作业时，要严格做到“眼观六面、安全定位；措施得当、安全操作”。

（9）项目部各职能部门的安全生产责任

项目部各职能部门的安全生产责任见表6-2。

表6-2 项目部各职能部门的安全生产责任

部 门	安全生产责任
安全部	1. 安全部是项目安全生产的责任部门，也是项目安全生产领导小组的办公机构，行使项目安全工作的监督检查职权 2. 协助项目经理开展各项安全生产业务活动，监督项目安全保证体系的正常运转 3. 定期向项目安全生产领导小组汇报安全情况，通报安全信息，及时传达项目安全决策并监督实施 4. 组织、指导项目分包安全机构和安全人员开展各项业务工作，定期进行项目安全性测评
工程管理部	1. 在编制项目总工期控制进度计划及年、季、月计划时，必须树立“安全第一”的思想，综合平衡各生产要素，保证安全工程与生产任务协调一致 2. 对于改善劳动条件、预防伤亡事故的项目，要视同生产项目优先安排，对于施工中重要工程的安全防护设施、设备的施工，要纳入正式工序，予以时间保证 3. 在检查生产计划实施情况的同时，检查安全措施项目的执行情况 4. 负责编制项目文明施工计划，并组织具体实施 5. 负责现场环境保护工作的具体组织和落实 6. 负责项目大、中、小型机械设备的日常维护、保养和安全管理
技术部	1. 负责编制项目施工组织设计中安全技术措施方案，编制特殊、专项安全技术方案 2. 检查施工组织设计和施工方案的实施情况的同时，检查安全技术措施的实施情况，对施工中涉及的安全技术问题，提出解决办法 3. 对项目使用的新技术、新工艺、新材料、新设备，制定相应的安全技术措施和安全操作规程，并负责工人的安全技术教育
物资部	1. 重要劳动防护用品的采购和使用必须符合国家标准和有关规定，执行本系统重要劳动防护用品定点使用管理规定。同时，会同项目安全部门进行验收 2. 加强对在用机具和防护用品的管理，对自有及自备的机具和防护用品定期进行检验、鉴定，对不合格品及时报废、更新，确保使用安全 3. 负责施工现场材料堆放和物品储存的安全
机电部	1. 选择机电分承包方时，要考核其安全资质和安全保证能力 2. 机电部平衡施工进度，交叉作业时确保各方安全 3. 负责机电安全技术培训和考核工作
合约部	1. 分包单位进场前，签订总分包安全管理合同或安全管理责任书 2. 在经济合同中，明确总包、分包安全防护费用的划分范围 3. 在每月工程款结算单中，扣除由于违章而被处罚的罚款
办公室	1. 负责项目全体人员安全教育培训的组织工作 2. 负责现场企业形象CI管理的组织和落实 3. 负责项目安全责任目标的考核

（10）责任追究制度

责任追究制度的主要内容如下：

1）对因安全责任不落实、安全组织制度不健全、安全管理混乱、安全措施经费不到位、安全防护失控、违章指挥、缺乏对分承包方安全控制等主要原因所导致的因工伤亡事故，除对有关人员按照责任状进行经济处罚外，对主要领导责任者给予警告、记过处分，对重要领导责任者给予警告处分。

2）对因上述主要原因导致重大伤亡事故的，除对有关人员按照责任状进行经济处罚外，对主要领导责任者给予记过、记大过、降级、撤职处分，对重要领导责任者给予警告、记过、记大过处分。

3）构成犯罪的，由司法机关依法追究刑事责任。

4. 交叉施工（作业）的安全责任

交叉施工（作业）的安全责任如下：

1）总包和分包的工程项目负责人，对工程项目中的交叉施工（作业）负总的指挥、领导责任。总包对分包、分包对分项承包单位或施工队伍，要加强安全消防管理，科学组织交叉施工，在没有针对性的书面技术交底、方案和可靠防护措施的情况下，禁止上下交叉施工作业，防止和避免发生事故。

2）总包与分包、分包与分项外包的项目工程负责人，除在签署合同或协议中明确交叉施工（作业）各方的责任外，还应签订安全消防协议书或责任状，划分交叉施工中各方的责任区和各方的安全消防责任，同时应建立责任区及安全设施的交接和验收手续。

3）交叉施工作业上部施工单位应为下部施工人员提供可靠的隔离防护措施，确保下部施工作业人员的安全。在隔离防护设施未完善前，下部施工作业人员不得进行施工。隔离防护设施完善后，经过上下方责任人和有关人员进行验收合格后，才能进行施工作业。

4）工程项目或分包的施工管理人员在交叉施工前，对交叉施工的各方做出明确的安全责任交底，各方必须在交底后组织施工作业。安全责任交底中，应对各方的安全消防责任、安全责任区的划分，安全防护设施的标准、维护等内容做出明确要求，并经常监督和检查执行情况。

5）交叉施工作业中的隔离防护设施及其他安全防护设施由安全责任方提供。当安全责任方因故无法提供防护设施时，可由非责任方提供，责任方负责日常维护和支付租赁费用。

6）交叉施工作业中的隔离防护设施及其他安全防护设施的完善和可靠性，应由责任方负责。由于隔离防护设施或安全防护存在缺陷而导致的人身伤害及设备、设施、料具的损失责任，由责任方承担。

7）工程项目或施工区域出现交叉施工作业安全责任不清或安全责任区划分不明确时，总包和分包应积极主动地进行协调和管理。各分包单位之间进行交叉施工，其各方应积极主动予以配合，在责任不清、意见不统一时，由总包的工程项目负责人或工程调度部门出面协调、管理。

8）在交叉施工作业中，防护设施完善验收后，非责任方不经总包、分包或有关责任方同意，不准任意改动（如电梯井门、护栏、安全网、坑洞口盖板等）。因施工作业必须改动时，要写出书面报告，必须经总包、分包和有关责任方同意才准改动，但必须采取相应的防护措施。工作完成或下班后必须恢复原状，否则非责任方负一切后果责任。

9）电气焊割作业严禁与油漆、喷漆、防水、木工等进行交叉作业，在工序安排上应先安排焊割等明火作业。如果必须先进行油漆、防水作业，施工管理人员在确认排除有燃爆可能的情况下，再安排电气焊割作业。

10）凡进总包施工现场的各分包单位或施工队伍，必须严格执行总包方所执行的标准、规定、条例、办法，按标准化文明安全工地组织施工。对于不按总包方要求组织施工、现场管理混乱、隐患严重、影响文明安全工地整体达标或给交叉施工作业的其他单位造成不安全问题的分包单位或施工队伍，总包方有权给予经济处罚或终止合同，清出现场。

6.5 安全生产技术措施

施工安全生产技术措施的编制是依据国家和政府有关安全生产的法律、法规和有关规定，建筑安装工程安全技术操作规程、技术规范、标准、规章制度和企业的安全管理规章制度进行的。

1. 安全生产技术措施编制内容

（1）一般工程安全技术措施

一般工程安全技术措施的主要内容包括以下几个方面：

1）深坑、桩基施工与土方开挖方案。

2）±0.000m 以下结构施工方案。

3）工程临时用电技术方案。

4）结构施工临边、洞口及交叉作业、施工防护安全技术措施。

5）塔式起重机、施工外用电梯、垂直提升架等的安装与拆除安全技术方案（含基础方案）。

6）大模板施工安全技术方案（含支撑系统）。

7）高大、大型脚手架，整体式爬升（或提升）脚手架及卸料平台安全技术方案。

8）特殊脚手架，如吊篮架、悬挑架、挂架等安全技术方案。

9）钢结构吊装安全技术方案。

10）防水施工安全技术方案。

11）设备安装安全技术方案。

12）主体结构、装修工程安全技术方案。

13）群塔作业安全技术措施。

14）新工艺、新技术、新材料施工安全技术措施。

15）防火、防毒、防爆、防雷安全技术措施。

16）临街防护、临近外架供电线路、地下供电、供气、通风、管线、毗邻建筑物防护等安全技术措施。

17）中小型机械安全技术措施。

18）安全网的架设范围及管理要求。

19）场内运输道路及人行通道的布置。

20）冬雨期施工安全技术措施。

（2）单位工程安全技术措施

对于结构复杂、危险性大、特殊性较多的特殊工程，应单独编制安全技术方案。如爆破、大型吊装、沉箱、沉井、烟囱、水塔、各种特殊架设作业、高层脚手架、井架和拆除工程等，必须单独编制安全技术方案，并应有设计依据、有计算、有详图、有文字要求。

（3）季节性施工安全技术措施

季节性施工安全技术措施主要有以下三个方面：

1）雨期施工安全方案。雨期施工，制定防止触电、防雷、防坍塌、防台风安全技术措施。

2）高温作业安全措施。夏季气候炎热，高温时间较长，制定防暑降温安全措施。

3）冬期施工安全方案。冬期施工，制定防风、防火、防滑、防煤气中毒、防亚硝酸钠中毒的安全措施。

2. 安全生产技术措施编制要求

施工安全生产技术措施编制要求见表6-3。

表6-3　施工安全生产技术措施编制要求

类　别	内　容
及时性	1. 安全性措施在施工前必须编制好，并且经过审核批准后正式下达至施工单位，以指导施工 2. 在施工过程中，设计发生变更时，安全技术措施必须及时变更或做补充，否则不能施工 3. 施工条件发生变化时，必须变更安全技术措施内容，及时经原编制、审批人员办理变更手续，不得擅自变更
针对性	1. 凡在施工生产中可能出现的危险因素，要根据施工工程的结构特点，从技术上采取措施、消除危险，保证施工的安全进行 2. 要针对不同的施工方法和施工工艺，制定相应的安全技术措施 3. 针对使用的各种机械设备、用电设备可能给施工人员带来的危险因素，从安全保险装置、限位装置等方面采取安全技术措施 4. 针对施工中有毒、有害、易燃、易爆等作业可能给施工人员造成的危害，制定相应的防范措施 5. 针对施工现场及周围环境，可能给施工人员及周围居民带来危险的因素，以及材料、设备运输的困难和不安全因素，制定相应的安全技术措施
具体性	1. 安全技术措施必须明确、具体，能指导施工，绝不能搞口号式、一般化 2. 安全技术措施中必须有施工总平面图，在图中必须对危险的油库、易燃材料库、变电设备以及材料、构件的堆放位置，塔式起重机、井字架或龙门架、搅拌台的位置等，按照施工需要和安全组织的要求明确定位，并提出具体要求 3. 安全技术措施及方案必须由工程项目责任工程师或工程项目技术负责人指定的技术人员进行编制 4. 安全技术措施及方案的编制人员必须掌握工程项目概况、施工方法、场地环境等第一手资料，并熟悉有关安全生产法规和标准，具有一定的专业水平和施工经验

安全技术措施和方案的编制，必须考虑现场的实际情况、施工特点及周围作业环境，措施要有针对性。凡施工过程中可能发生的危险因素及建筑物周围外部环境的不利因素等，都必须从技术上采取具体且有效的措施予以预防。同时，安全技术措施和方案必须有设计、有计算、有详图、有文字说明。

3. 安全生产技术方案（措施）的审批与变更管理

（1）安全技术方案（措施）的审批管理

安全技术方案（措施）的审批管理的主要内容包括以下几个方面：

1）一般工程安全技术方案（措施）由项目经理部工程技术部门负责人审核，项目经理部总（主任）工程师审批，报公司项目管理部、安全监督部备案。

2）重要工程（含较大专业施工）安全技术方案（措施）由项目（或专业公司）总（主任）工程师审核，公司项目管理部、安全监督部复核，由公司技术发展部或公司总工程师委托技术人员审批，并在公司项目管理部、安全监督部备案。

3）大型、特大型工程安全技术方案（措施）由项目经理部总（主任）工程师组织编制，报技术发展部、项目管理部、安全监督部审核，由公司总（副总）工程师审批，并在上述三个部门备案。

4）深坑（超过5m）、桩基础施工方案，整体爬升（或提升）脚手架方案经公司总工程师审批后，还须报当地建设主管部门施工管理处备案。

5）业主指定分包单位所编制的安全技术方案（措施）在完成报批手续后，报项目经理部技术部门（或总工程师、主任工程师处）备案。

（2）安全技术方案（措施）的变更管理

安全技术方案（措施）的变更管理的主要内容包括以下两个方面：

1）施工过程中如发生设计变更，原定的安全技术方案（措施）也必须随之变更，否则不准予以施工。

2）施工过程中确实需要修改拟定的安全技术方案（措施）时，必须经原编制人同意，并办理修改审批手续。

4. 安全技术交底

安全技术交底是指导工人安全施工的技术措施，是项目安全技术方案的具体落实。安全技术交底一般由技术管理人员根据分部分项工程的具体要求、特点和危险因素编写，是操作者的指令性文件，因而要具体、明确、针对性强，不得用施工现场的安全纪律、安全检查等制度来代替，在进行工程技术交底的同时进行安全技术交底。

安全技术交底与工程技术交底一样，实行分级交底制度，具体内容如下：

1）大型或特大型工程由公司总工程师组织有关部门向项目经理部和分包商（含公司内部专业公司）进行交底。交底内容包括工程概况、特征，施工难度，施工组织，采用的新工艺、新材料、新技术，施工程序与方法，关键部位应采取的安全技术方案或措施等。

2）一般工程由项目经理部总（主任）工程师会同现场经理向项目有关施工人员（项目工程管理部、工程协调部、物资部、合约部、安全总监及区域责任工程师、专业责任工程师等）和分包商行政及技术负责人进行交底，交底内容同前款。

3）分包商技术负责人要对其管辖的施工人员进行详尽的交底。

4）项目专业责任工程师要对所管辖的分包商的工长进行分部工程施工安全措施交底，对分包工长向操作班组所进行的安全技术交底进行监督与检查。

5）专业责任工程师要对劳务分承包方的班组进行分部分项工程安全技术交底，并监督指导其安全操作。

6）各级安全技术交底都应按规定程序实施书面交底签字制度并存档，以备查用。

6.6 安全生产教育

1. 安全生产思想教育

安全生产思想教育如图6-2所示。

2. 安全生产教育的内容

安全生产教育的主要内容包括安全生产知识教育、安全生产技能教育和法制教育。

（1）安全生产知识教育

企业所有职工必须掌握安全生产知识。因此，全体职工都必须接受安全生产知识教育和

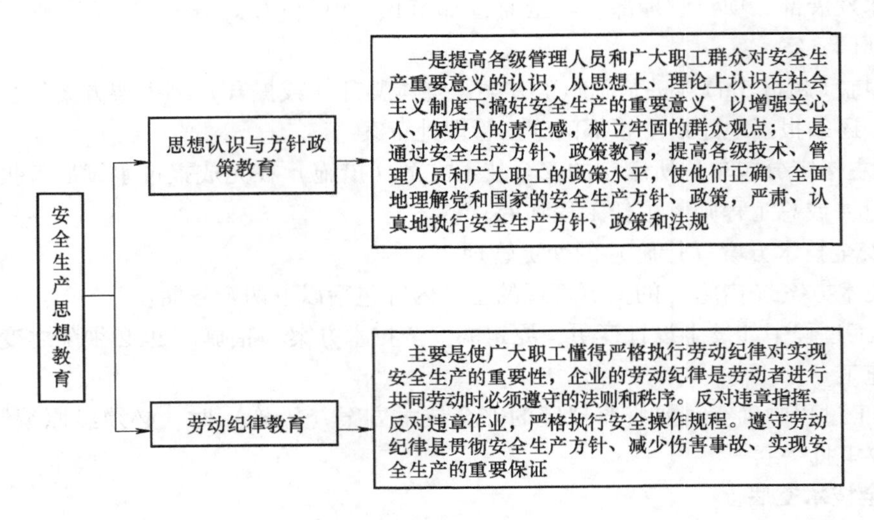

图 6-2　安全生产思想教育

每年按规定学时进行安全培训。安全生产知识教育的主要内容是企业的基本生产概况施工（生产）流程、方法，企业施工（生产）危险区域及其安全防护的基本知识和注意事项，机械设备、厂（场）内运输的有关安全知识，有关电气设备（动力照明）的基本安全知识，高处作业安全知识，生产（施工）中使用的有毒、有害物质的安全防护基本知识，消防制度及灭火器材应用的基本知识，个人防护用品的正确使用知识等。

（2）安全生产技能教育

安全生产技能教育，就是结合各工种的专业特点，对职工进行实现安全操作、安全防护所必须具备的基本技术知识的培训。要求每个职工都要熟悉本工种、本岗位专业的安全技术知识。安全生产技能知识是比较专门、细致和深入的知识，它包括安全技术、劳动卫生和安全操作规程。国家规定，建筑登高架设、起重、焊接、电气、爆破、压力容器、锅炉等特种作业人员必须进行专门的安全技术培训。宣传先进经验，既是教育职工找差距的过程，又是学、赶先进的过程。事故教育可以从事故教训中吸取有益的东西，防止以后类似事故的重复发生。

（3）法制教育

法制教育就是要采取各种有效形式，对全体职工进行安全生产法制教育，从而提高职工遵纪守法的自觉性，以达到安全生产的目的。

3. 安全生产教育的形式

常见的安全生产教育的形式有新工人“三级安全教育”、特种作业安全教育、班前安全活动交底（班前讲话）、周一安全活动、季节性施工安全教育和特殊情况安全教育。

（1）新工人“三级安全教育”

三级安全教育是企业必须坚持的安全生产基本教育制度。对新工人（包括新招收的合同工、临时工、学徒工、农民工及实习和代培人员）必须进行公司、项目、作业班组三级安全教育，时间不得少于40h。

三级安全教育的主要内容见表6-4。

表 6-4　三级安全教育的主要内容

项　目	内　容
公司进行安全知识、法规、法制教育	（1）党和国家的安全生产方针、政策 （2）安全生产法规、标准和法制观念 （3）本单位施工（生产）过程及安全生产规章制度、安全纪律 （4）本单位安全生产形势、历史上发生的重大事故及应吸取的教训 （5）发生事故后如何抢救伤员、排险、保护现场和及时进行报告
项目部进行现场规章制度和遵章守纪教育	（1）本单位（工区）施工（生产）特点及施工（生产）安全基本知识 （2）本单位（包括施工、生产场地）安全生产制度、规定及安全注意事项 （3）本工种的安全技术操作规程 （4）机械设备、电气安全及高处作业等安全基本知识 （5）防火、防雷、防尘、防爆知识及紧急情况安全处置和安全疏散等知识 （6）防护用品发放标准及防护用具、用品使用的基本知识
班组安全生产教育由班组长主持进行，或由班组安全员及指定技术熟练、重视安全生产的老工人讲解	（1）本班组作业特点及安全操作规程 （2）班组安全活动制度及纪律 （3）爱护和正确使用安全防护装置（设施）及个人劳动防护用品 （4）本岗位易发生事故的不安全因素及其防范对策 （5）本岗位的作业环境及使用的机械设备、工具的安全要求

（2）特种作业安全教育

从事特种作业的人员必须经过专门的安全技术培训，经考试合格取得操作资格证后，方准独立作业。

（3）班前安全活动交底（班前讲话）

班前安全讲话作为施工队伍经常性安全教育活动之一，各作业班组长于每班工作开始前（包括夜间工作前），必须对本班组全体人员进行不少于 15min 的班前安全活动交底。班组长要将安全活动交底内容记录在专用的记录本上，各成员在记录本上签名。

班前安全活动交底的内容应包括以下三点：

1）本班组安全生产须知。

2）本班组工作中的危险点和应采取的对策。

3）上一班组工作中存在的安全问题和应采取的对策。

在特殊性、季节性和危险性较大的作业前，责任工长要参加班前安全讲话并对工作中应注意的安全事项进行重点交底。

（4）周一安全活动

周一安全活动作为施工项目经常性安全活动之一，每周一开始工作前应对全体在岗工人开展至少 1h 的安全生产及法制教育活动。活动形式可采取看录像、听报告、分析事故案例、图片展览、急救示范、智力竞赛、热点辩论等形式进行。工程项目主要负责人要进行安全讲话，主要包括以下内容：

1）上周安全生产形势、存在问题及对策。

2）最新安全生产信息。

3）重大和季节性的安全技术措施。

4）本周安全生产工作的重点、难点和危险点。

5）本周安全生产工作目标和要求。

（5）季节性施工安全教育

进入雨期及冬期施工前，在现场经理的部署下，由各区域责任工程师负责组织本区域内施工的分包队伍管理人员及操作工人进行专门的季节性施工安全技术教育，时间不得少于2h。

（6）特殊情况安全教育

施工项目出现以下几种情况时，工程项目经理应及时安排有关部门和人员对施工工人进行安全生产教育，时间不得少于2h：

1）因故改变安全操作规程。

2）实施重大和季节性安全技术措施。

3）更新仪器、设备和工具，推广新工艺、新技术。

4）发生因工伤亡事故、机械损坏事故及重大未遂事故。

5）出现其他不安全因素，安全生产环境发生了变化。

4. 安全生产教育的对象

安全生产教育的对象主要有以下几类：

1）工程项目经理、项目执行经理、项目技术负责人。工程项目主要管理人员必须经过当地政府或上级主管部门组织的安全生产专项培训，培训时间不得少于24h，经考核合格后，持《安全生产资质证书》上岗。

2）工程项目基层管理人员。施工项目基层管理人员每年必须接受公司安全生产年审，经考试合格后持证上岗。

3）分包负责人、分包队伍管理人员。分包负责人、分包队伍管理人员必须接受政府主管部门或总包单位的安全培训，经考试合格后持证上岗。

4）特种作业人员。特种作业人员必须经过专门的安全理论培训和安全技术实际训练，经理论和实际操作的双项考核，合格者持《特种作业操作证》上岗作业。

5）操作工人。新入场工人必须经过三级安全教育，经考试合格后持上岗证上岗作业。

6.7 安全生产检查

工程项目安全检查是消除隐患、防止事故、改善劳动条件及提高员工安全生产意识的重要手段，是安全控制工作的一项重要内容。通过安全检查，可以发现工程中的危险因素，以便有计划地采取措施，保证安全生产。施工项目的安全检查应由项目经理组织，并定期进行。

通过检查，可以发现施工（生产）中的不安全（人的不安全行为和物的不安全状态）、不卫生问题，从而采取对策，消除不安全因素，保障安全生产。利用安全生产检查，进一步宣传、贯彻、落实党和国家安全生产方针、政策和各项安全生产规章制度。安全检查实质上也是一次群众性的安全教育。通过检查，增强领导和群众的安全意识，纠正违章指挥、违章作业，提高搞好安全生产的自觉性和责任感。

1. 安全检查的形式

安全检查分为经常性检查、专业性检查、季节性检查、不定期检查和节假日前后检查。

（1）经常性检查

在施工（生产）过程中进行经常性的预防检查，能及时发现隐患、消除隐患，保证施工（生产）的正常进行。企业一般每年进行 1 ~4 次；工程项目组、车间、科室每月至少进行 1 次；班组每周、每班次都应进行检查。专职安全技术人员的日常检查应有计划，针对重点部位周期性地进行。

（2）专业性检查

专业性检查应由企业有关部门组织有关人员对某项专业的安全问题或在施工（生产）中存在的普遍性安全问题进行单项检查，如：电焊、气焊、起重机、脚手架等。

（3）季节性检查

季节性检查是针对气候特点可能给施工（生产）带来危害而组织的安全检查，如：春季风大，要着重防火、防爆；夏季高温多雨、多雷电，要着重防暑、降温、防汛、防雷击、防触电；冬季着重防寒、防冻等。

（4）不定期检查

不定期检查是指在工程或设备开工和停工前、检修中、工程或设备竣工及试运转时进行的安全检查。

（5）节假日前后检查

节假日前后检查是节假日（特别是重大节日，如元旦、劳动节、国庆节）前、后防止职工纪律松懈、思想麻痹等进行的检查。检查应由单位领导组织有关部门人员进行。节日加班，更要重视对加班人员的安全教育，同时认真检查安全防范措施的落实。

2. 施工安全检查评分方法及评定等级

建筑施工安全检查评分方法具体如下：

1）建筑施工安全检查评定中，保证项目应全数检查。

2）建筑施工安全检查评定应符合各检查评定项目的有关规定，并应按相关的评分表进行评分。检查评分表应分为安全管理、文明施工、脚手架、基坑工程、模板支架、高处作业、施工用电、物料提升机与施工升降机、塔式起重机与起重吊装、施工机具分项检查评分表和检查评分汇总表。

3）各评分表的评分应符合下列规定：

① 分项检查评分表和检查评分汇总表的满分分值均应为 100 分，评分表的实得分值应为各检查项目所得分值之和。

② 评分应采用扣减分值的方法，扣减分值总和不得超过该检查项目的应得分值。

③ 当按分项检查评分表评分时，保证项目中有一项未得分或保证项目小计得分不足 40 分，此分项检查评分表不应得分。

④ 检查评分汇总表中各分项项目实得分值应按下式计算：

$$A_1 = \frac{B \times C}{100}$$

式中 A_1——汇总表各分项项目实得分值；

B——汇总表中该项应得满分值；

C——该项检查评分表实得分值。

⑤ 当评分遇有缺项时，分项检查评分表或检查评分汇总表的总得分值应按下式计算：

$$A_2 = \frac{D}{E} \times 100$$

式中 A_2——遇有缺项时总得分值；

D——实查项目在该表的实得分值之和；

E——实查项目在该表的应得满分值之和。

⑥ 脚手架、物料提升机与施工升降机、塔式起重机与起重吊装项目的实得分值，应为所对应专业的分项检查评分表实得分值的算术平均值。

建筑施工安全检查评分，应按汇总表的总得分和分项检查评分表的得分，对建筑施工安全检查评定划分为优良、合格与不合格三个等级，见表6-5。

表6-5 检查评定等级划分

等级	划分标准
优良	分项检查评分表无零分，汇总表得分值应在80分及以上
合格	分项检查评分表无零分，汇总表得分值应在80分以下、70分及以上
不合格	① 当汇总表得分值不足70分时 ② 当有一分项检查评分表得零分时

注：当建筑施工安全检查评定的等级为不合格时，必须限期整改，达到合格。

3. 安全生产检查制度

为了全面提高项目安全生产管理水平，及时消除安全隐患，落实各项安全生产制度和措施，在确保安全的情况下正常地进行施工、生产，施工项目实行逐级安全生产检查制度。具体的安全检查制度如下：

1）公司对项目实施定期检查和重点作业部位巡检制度。

2）项目经理部每月由现场经理组织，安全总监配合，对施工现场进行一次安全大检查。

3）区域责任工程师每半个月组织专业责任工程师（工长），分包商（专业公司），行政、技术负责人，工长对所管辖的区域进行安全大检查。

4）专业责任工程师（工长）实行日巡检制度。

5）项目安全总监对上述人员的活动情况实施监督与检查。

6）项目分包单位必须建立各自的安全检查制度，除参加总包组织的检查外，必须坚持自检，及时发现、纠正、整改本责任区的违章行为、安全隐患。对危险和重点部位要跟踪检查，做到预防为主。

7）施工（生产）班组要做好班前、班中、班后和节假日前后的安全自检工作，尤其作业前必须对作业环境进行认真检查，做到身边无隐患，班组不违章。

8）各级检查都必须有明确的目的，做到“四定”，即定整改责任人、定整改措施、定整改完成时间、定整改验收人，并做好检查记录。

复习思考题

1. 什么是安全？什么是安全生产？
2. 什么是安全生产法规？什么是安全技术规范？
3. 建筑安全法规与行业标准有哪些？
4. 对违反建筑施工企业安全生产许可制度的行为有哪些处罚？
5. 事故预防措施有哪些？

第7章

建筑工程施工安全措施

7.1 建筑工程施工安全技术措施

1. 施工安全控制

(1) 安全控制的概念

安全控制是生产过程中涉及的计划、组织、监控、调节和改进等一系列致力于满足生产安全所进行的管理活动。

(2) 安全控制的目标

安全控制的目标是减少和消除生产过程中的事故，保证人员健康安全和财产免受损失。具体应包括：

1) 减少或消除人的不安全行为的目标。

2) 减少或消除设备、材料的不安全状态的目标。

3) 改善生产环境和保护自然环境的目标。

(3) 施工安全控制的特点

建筑工程施工安全控制的特点主要有以下几个方面：

1) 控制面广。由于建筑工程规模较大，生产工艺复杂、工序多，在建造过程中流动作业多，高处作业多，作业位置多变，遇到的不确定因素多，所以安全控制工作涉及范围大，控制面广。

2) 控制的动态性。建筑工程项目的单件性，使得每项工程所处的条件不同，所面临的危险因素和防范措施也会有所改变，员工在转移工地后，熟悉新的工作环境需要一定的时间，有些工作制度和安全技术措施也会有所调整，员工同样有个熟悉的过程。

由于建筑工程项目施工的分散性，现场施工分散于施工现场的各个部位，尽管有各种规章制度和安全技术交底的环节，但是面对具体的生产环境，仍然需要自己的判断和处理，有经验的人员还必须适应不断变化的情况。

3) 控制系统交叉性。建筑工程项目是开放系统，受自然环境和社会环境影响很大，同时也会对社会和环境造成影响，安全控制需要把工程系统、环境系统及社会系统结合起来。

4）控制的严谨性。由于建筑工程施工的危害因素复杂、风险程度高、伤亡事故多，所以预防控制措施必须严谨，如有疏漏，就可能发展到失控状态而酿成事故，造成损失和伤害。

（4）施工安全的控制程序

1）确定每项具体建筑工程项目的安全目标。按“目标管理”方法在以项目经理为首的项目管理系统内进行分解，从而确定每个岗位的安全目标，实现全员安全控制。

2）编制建筑工程项目安全技术措施计划。工程施工安全技术措施计划是对生产过程中的不安全因素，用技术手段加以消除和控制的文件，是落实“预防为主”方针的具体体现，是进行工程项目安全控制的指导性文件。

3）安全技术措施计划的落实和实施。安全技术措施计划的落实和实施包括建立健全安全生产责任制，设置安全生产设施，采用安全技术和应急措施，进行安全教育和培训，安全检查，事故处理，沟通和交流信息，通过一系列安全措施的贯彻，使生产作业的安全状况处于受控状态。

4）安全技术措施计划的验证。安全技术措施计划的验证是通过施工过程中对安全技术措施计划实施情况的安全检查，纠正不符合安全技术措施计划的情况，保证安全技术措施的贯彻和实施。

5）持续改进根据安全技术措施计划的验证结果，对不符合要求的安全技术措施计划进行修改、补充和完善。

2. 施工安全技术措施的一般要求

（1）施工安全技术措施必须在工程开工前制定

施工安全技术措施是施工组织设计的重要组成部分，应在工程开工前与施工组织设计一同编制。为保证各项安全设施的落实，在工程图纸会审时，就应特别注意考虑安全施工的问题，并在开工前制定好安全技术措施，使得用于该工程的各种安全设施有较充分的时间进行采购、制作和维护等准备工作。

（2）施工安全技术措施要有全面性

按照有关法律法规的要求，在编制工程施工组织设计时，应当根据工程特点制定相应的施工安全技术措施。对于大中型工程项目、结构复杂的重点工程，除必须在施工组织设计中编制施工安全技术措施外，还应编制专项工程施工安全技术措施，详细说明有关安全方面的防护要求和措施，确保单位工程或分部分项工程的施工安全。对爆破、拆除、起重吊装、水下、基坑支护和降水、土方开挖、脚手架、模板等危险性较大的作业，必须编制专项安全施工技术方案。

（3）施工安全技术措施要有针对性

施工安全技术措施是针对每项工程的特点制定的，编制安全技术措施的技术人员必须掌握工程概况、施工方法、施工环境、条件等第一手资料，并熟悉安全法规、标准等，从而制定有针对性的安全技术措施。

（4）施工安全技术措施应力求全面、具体、可靠

施工安全技术措施应把可能出现的各种不安全因素考虑周全，制订的对策、措施、方案应力求全面、具体、可靠，这样才能真正做到预防事故的发生。但是，全面具体不等于罗列一般通常的操作工艺、施工方法以及日常安全工作制度、安全纪律等。这些制度性规定，安

全技术措施中不需要再做抄录，但必须严格执行。

对大型群体工程或一些面积大、结构复杂的重点工程，除必须在施工组织总设计中编制施工安全技术总体措施外，还应编制单位工程或分部分项工程安全技术措施，详细地制定出有关安全方面的防护要求和措施，确保该单位工程或分部分项工程的安全施工。

（5）施工安全技术措施必须包括应急预案

由于施工安全技术措施是在相应的工程施工实施之前制定的，其所涉及的施工条件和危险情况大都是建立在可预测的基础上，而建筑工程施工过程是开放的过程，在施工期间的变化是经常发生的，还可能出现预测不到的突发事件或灾害（如地震、火灾、台风、洪水等）。所以，施工安全技术措施计划必须包括面对突发事件或紧急状态的各种应急设施、人员逃生和救援预案，以便在紧急情况下，能及时启动应急预案，减少损失，保护人员安全。

（6）施工安全技术措施要有可行性和可操作性

施工安全技术措施应能够在每个施工工序之中得到贯彻实施，既要考虑保证安全要求，又要考虑现场环境条件和施工技术条件能够做达到。

3. 施工安全技术措施的主要内容

1）进入施工现场的安全规定。

2）地面及深槽作业的防护。

3）高处及立体交叉作业的防护。

4）施工用电安全。

5）施工机械设备的安全使用。

6）在采取“四新”技术时，有针对性的专门安全技术措施。

7）预防自然灾害的安全技术措施。

8）预防有毒、有害、易燃、易爆等作业所造成的危害的安全技术措施。

9）现场消防措施。

安全技术措施中必须包含施工总平面图，在图中必须对危险的油库、易燃材料库、变电设备、材料和构配件的堆放位置、塔式起重机、物料提升机（井架、龙门架）、施工用电梯、垂直运输设备的位置、搅拌台的位置等按照施工需求和安全规程的要求明确定位，并提出具体要求。

结构复杂、危险性大、特性较多的分部分项工程，应编制专项施工方案和安全措施。如基坑支护与降水工程、土方开挖工程、模板工程、起重吊装工程、脚手架工程、拆除工程、爆破工程等，必须编制单项的安全技术措施，并要有设计依据、有计算、有详图、有文字要求。

季节性施工安全技术措施，就是考虑暑期、雨期、冬期等不同季节的气候对施工生产带来的不安全因素可能造成的各种突发性事故，而从防护上、技术上、管理上采取的防护措施。一般工程可在施工组织设计或施工方案的安全技术措施中编制季节性施工安全措施；危险性大、高温期长的工程，应单独编制季节性的施工安全措施。

7.2 安全技术交底

1. 安全技术交底的内容

安全技术交底是一项技术性很强的工作，对于贯彻设计意图、严格实施技术方案、按图施工、循规操作、保证施工质量和施工安全至关重要。安全技术交底的主要内容如下：

1）本施工项目的施工作业特点和危险点。

2）针对危险点的具体预防措施。

3）应注意的安全事项。

4）相应的安全操作规程和标准。

5）发生事故后应及时采取的避难和急救措施。

2. 安全技术交底的要求

1）项目经理部必须实行逐级安全技术交底制度，纵向延伸到班组全体作业人员。

2）技术交底必须具体、明确，针对性强。

3）技术交底的内容应针对分部分项工程施工中给作业人员带来的潜在危险因素和存在的问题。

4）应优先采用新的安全技术措施。

5）对于涉及“四新”项目或技术含量高、技术难度大的单项技术设计，必须经过两个阶段的技术交底，即初步设计技术交底和实施性施工图技术设计交底。

6）应将工程概况、施工方法、施工程序、安全技术措施等向工长、班组长进行详细交底。

7）定期向由两个以上作业队和多工种进行交叉施工的作业队伍进行书面交底。

8）保存书面安全技术交底签字记录。

3. 安全技术交底的作用

1）让一线作业人员了解和掌握该作业项目的安全技术操作规程和注意事项，减小因违章操作而导致事故的可能性。

2）安全技术交底是安全管理人员在项目安全管理工作中的重要环节。

3）安全技术交底是安全管理内业的内容要求，同时，做好安全技术交底也是安全管理人员自我保护的手段。

7.3 安全生产检查监督

工程项目安全检查的目的是清除隐患、防止事故、改善劳动条件及提高员工的安全生产意识，是安全控制工作的一项重要内容。通过安全检查，可以发现工程中的危险因素，以便有计划地采取措施，保证安全生产。施工项目的安全检查应由项目经理组织，定期进行。

1. 安全生产检查监督的主要类型

（1）全面安全检查

全面安全检查应包括职业健康安全管理方针、管理组织机构及其安全管理的职责、安全设施、操作环境、防护用品、卫生条件、运输管理、危险品管理、火灾预防、安全教育和安全检查制度等内容。对全面安全检查的结果必须进行汇总分析，详细探讨所出现的问题及相应对策。

（2）经常性安全检查

工程项目和班组应开展经常性安全检查，及时排除事故隐患。工作人员必须在工作前，对所用的机械设备和工具进行仔细的检查，发现问题立即上报。下班前，还必须进行班后检查，做好设备的维修保养和清整场地等工作，保证交接安全。

（3）专业或专职安全管理人员的专业安全检查

由于操作人员在进行设备检查时，往往是根据其自身的安全知识和经验进行主观判断，因而有很大的局限性，不能反映出客观情况，流于形式。而专业或专职安全管理人员则有较丰富的安全知识和经验，通过其认真检查，就能够得到较为理想的效果。专业或专职安全管理人员在进行安全检查时，必须不徇私情，按章检查，发现违章操作情况，要立即纠正，发现隐患及时指出并提出相应防护措施，并及时上报检查结果。

（4）季节性安全检查

要对防风防沙、防涝抗旱、防雷电、防暑防害等工作进行季节性的检查，根据各个季节自然灾害的发生规律，及时采取相应的防护措施。

（5）节假日检查

在节假日，坚持上班的人员较少，人们往往放松思想警惕，容易发生意外，而一旦发生意外事故，也难以进行有效的救援和控制。因此，节假日必须安排专业安全管理人员进行安全检查，对重点部位要进行巡视。同时，配备一定数量的安全保卫人员，搞好安全保卫工作，绝不能麻痹大意。

（6）要害部门重点安全检查

对于企业的要害部门和重要设备，必须进行重点检查。由于其重要性和特殊性，一旦发生意外，会造成大的伤害，给企业的经济效益和社会效益带来不良的影响。为了确保安全，对设备的运转和零件的状况应定时进行检查，发现损伤立刻更换，绝不能让设备“带病”作业；设备一过有效年限即使没有故障，也应该予以更新，不能因小失大。

2. 安全生产检查监督的主要内容

（1）查思想

主要检查企业领导和员工对安全生产方针的认识程度，对建立健全安全生产管理和安全生产规章制度的重视程度，对安全检查中发现的安全问题或安全隐患的处理态度等。

（2）查制度

为了实施安全生产管理制度，工程承包企业应结合本身的实际情况，建立健全一整套本企业的安全生产规章制度，并落实到具体的工程项目施工任务中。在安全检查时，应对企业的施工安全生产规章制度进行检查。施工安全生产规章制度一般应包括以下内容：

1）安全生产责任制度。

2）安全生产许可证制度。

3）安全生产教育培训制度。

4）安全措施计划制度。

5）特种作业人员持证上岗制度。

6）专项施工方案专家论证制度。

7）危及施工安全的工艺、设备、材料淘汰制度。

8）施工起重机械使用登记制度。

9）生产安全事故报告和调查处理制度。

10）各种安全技术操作规程。

11）危险作业管理审批制度。

12）易燃、易爆、剧毒、放射性、腐蚀性等危险物品生产、储运、使用的安全管理制度。

13）防护物品的发放和使用制度。

14）安全用电制度。

15）危险场所动火作业审批制度。

16）防火、防爆、防雷、防静电制度。

17）危险岗位巡回检查制度。

18）安全标志管理制度。

（3）查管理

主要检查安全生产管理是否有效，安全生产管理和规章制度是否真正得到落实。

（4）查隐患

主要检查生产作业现场是否符合安全生产要求，检查人员应深入作业现场，检查工人的劳动条件、卫生设施、安全通道，零部件的存放，防护设施状况，电气设备、压力容器、化学用品的储存，粉尘及有毒有害作业部位点的达标情况，车间内的通风照明设施，个人劳动防护用品的使用是否符合规定等。要特别注意对一些要害部位和设备加强检查，如锅炉房，变电所，各种剧毒、易燃、易爆等场所。

（5）查整改

主要检查对过去提出的安全问题是否得到了解决，发生过安全生产事故及具有安全隐患的部门是否采取了安全技术措施和安全管理措施，进行整改的效果如何。

（6）查事故处理

主要检查对伤亡事故是否及时报告，对责任人是否已经做出严肃处理。在安全检查中必须成立一个适应安全检查工作需要的检查组，配备适当的人力、物力。检查结束后应编写安全检查报告，说明已达标项目、未达标项目、存在问题、原因分析，给出纠正和预防措施的建议。

3. 安全检查的注意事项

1）安全检查要深入基层、紧紧依靠职工，坚持领导与群众相结合的原则，组织好检查工作。

2）建立检查的组织领导机构，配备适当的检查力量，挑选具有较高技术业务水平的专业人员参加。

3）做好检查的各项准备工作，包括思想、业务知识、法规政策和物资、奖金准备。

4）明确检查的目的和要求。既要严格要求，又要防止一刀切，要从实际出发，分清主、次矛盾，力求实效。

5）把自查与互查有机结合起来。基层以自查为主，企业内相应部门之间互相检查，取长补短，相互学习和借鉴。

6）坚持查改结合。检查不是目的，只是一种手段，整改才是最终目的。发现问题，要及时采取切实有效的防范措施。

7）建立检查档案。结合安全检查表的实施，逐步建立健全检查档案，收集基本的数据，掌握基本安全状况，为及时消除隐患提供数据，同时也为以后的职业健康安全检查奠定基础。

8）在制定安全检查表时，应根据用途和目的，具体确定安全检查表的种类。安全检查表的主要种类有设计用安全检查表、厂级安全检查表、车间安全检查表、班组及岗位安全检查表、专业安全检查表等。要在安全技术部门的指导下制定安全检查表，充分依靠职工来进行检查。初步制定出来的检查表，要经过群众讨论，反复试行，再加以修订，最后由安全技术部门审定后方可正式实行。

4. 建筑工程安全隐患

建筑工程安全隐患包括三个部分的不安全因素：人的不安全因素、物的不安全状态和组织管理上的不安全因素。

（1）人的不安全因素

人的不安全因素有能够使系统发生故障或发生性能不良事件的个人不安全因素和违背安全要求的错误行为。

个人的不安全因素包括人员的心理、生理、能力中所具有不能适应工作、作业岗位要求的影响安全的因素。

1）心理上的不安全因素有影响安全的性格、气质和情绪（如急躁、懒散、粗心等）。

2）生理上的不安全因素大致有五个方面：

① 视觉、听觉等感觉器官不能适应作业岗位要求的因素。

② 体能不能适应作业岗位要求的因素。

③ 年龄不能适应作业岗位要求的因素。

④ 有不适合作业岗位要求的疾病。

⑤ 疲劳和酒醉或感觉朦胧。

3）能力上的不安全因素包括知识技能、应变能力、作业资格等不能适应工作和作业岗位要求的影响因素。

人的不安全行为是指能造成事故的人为错误，是人为地使系统发生故障或发生性能不良事件，是违背设计和操作规程的错误行为。人的不安全行为的类型有：

① 操作失误、忽视安全、忽视警告。

② 造成安全装置失效。

③ 使用不安全设备。

④ 手代替工具操作。

⑤ 物体存放不当。

⑥ 冒险进入危险场所。

⑦ 攀坐不安全位置。

⑧ 在起吊物下作业、停留。

⑨ 在机器运转时进行检查、维修、保养。

⑩ 有分散注意力的行为。

⑪ 未正确使用个人防护用品、用具。

⑫ 不安全装束。

⑬ 对易燃易爆等危险物品处理错误。

（2）物的不安全状态

物的不安全状态是指能导致事故发生的物质条件，包括机械设备或环境所存在的不安全因素。

物的不安全状态的内容包括：

1）物本身存在的缺陷。

2）防护保险方面的缺陷。

3）物的放置方法的缺陷。

4）作业环境场所的缺陷。

5）外部的和自然界的不安全状态。

6）作业方法导致的物的不安全状态。

7）保护器具信号、标志和个体防护用品的缺陷。

物的不安全状态的类型包括：

1）防护等装置缺陷。

2）设备、设施等缺陷。

3）个人防护用品缺陷。

4）生产场地环境的缺陷。

（3）组织管理上的不安全因素

组织管理上的缺陷也是事故潜在的不安全因素，其作为间接的原因有以下几个方面：

1）技术上的缺陷。

2）教育上的缺陷。

3）生理上的缺陷。

4）心理上的缺陷。

5）管理工作上的缺陷。

6）学校教育和社会、历史的原因造成的缺陷。

5. 建筑工程安全隐患的处理

在工程建筑过程中，安全事故隐患是难以避免的，但要尽可能预防和消除安全事故隐患的发生。首先，需要项目参与各方加强安全意识，做好事前控制，建立健全各项安全生产管理制度，落实安全生产责任制，注重安全生产教育培训，保证安全生产条件所需资金的投入，将安全隐患消除在萌芽之中；其次，要根据工程的特点确保各项安全施工措施的落实，加强对工程安全生产的检查监督，及时发现安全事故隐患；最后，要对发现的安全事故隐患及时进行处理，查找原因，防止事故隐患的进一步扩大。

（1）安全事故隐患治理原则

1）冗余安全治理原则。为确保安全，在治理事故隐患时应考虑设置多道防线，即使有一、两道防线无效，还有冗余的防线可以控制事故隐患。例如，道路上有一个坑，既要设防护栏及警示牌，又要设置照明及夜间警示红灯。

2）单项隐患综合治理原则。人、机、料、法、环境任一个环节产生安全事故隐患，都要从五者安全匹配的角度考虑，调整匹配的方法，提高匹配的可靠性。一件单项隐患问题的整改需综合（多角度）治理。人的隐患，既要治人，也要治机具及生产环境等各环节。例如，某工地发生触电事故，一方面要进行人的安全用电操作教育；另一方面在现场也要设置漏电开关，对配电箱、用电线路进行防护改造，还要严禁非专业电工乱接、乱拉电线。

3）事故直接隐患与间接隐患并治原则。在对人、机、环境系统进行安全治理的同时，还需治理安全管理措施。

4）预防与减灾并重治理原则。治理安全事故隐患时，需要尽可能减少发生事故的可能性，如果不能安全控制事故的发生，也要设法将事故等级降低。但是不论预防措施如何完善，都不能保证事故绝对不会发生，还必须对事故减灾做好充分准备，研究应急技术操作规范，如及时切断供料及能源的操作方法；及时降压、降温、降速以及停止运行的方法；及时排放毒物的方法；及时疏散及抢救的方法；及时请求救援的方法等。还应定期组织训练和演习，使该生产环境中每名干部及工人都真正掌握这些减灾技术。

5）重点治理原则。按对隐患的分析评价结果实行危险点分级治理，也可以用安全检查表打分，对隐患危险程度分级。

6）动态治理原则。动态治理就是对生产过程进行动态随机安全化治理，在生产过程中发现问题及时治理，这既可以及时消除隐患，又可以避免小的隐患发展成大的隐患。

（2）安全事故隐患的处理

在建筑工程中，安全事故隐患的发现可以来自各参与方，包括建筑单位、设计单位、监理单位、施工单位、供货商、工程监管部门等。各方对事故安全隐患处理的义务和责任，以及相关的处理程序在《建设工程安全生产管理条例》中已有明确的界定。这里仅从施工单位的角度谈其对事故安全隐患的处理方法。

1）当场指正，限期纠正，预防隐患发生。对于违章指挥和违章作业行为，检查人员应当场指出，并限期纠正，预防事故的发生。

2）做好记录，及时整改，消除安全隐患。对检查中发现的各类安全事故隐患，应做好记录，分析安全隐患产生的原因，制定消除隐患的纠正措施，报相关方审查批准后进行整改，及时消除隐患。对重大安全事故隐患排除前或者排除过程中无法保证安全的，责令从危险区域内撤出作业人员或者暂时停止施工，待隐患消除再行施工。

3）分析统计，查找原因，制定预防措施。对于反复发生的安全隐患，应通过分析其是属于多个部位存在的同类型隐患（即“通病”）还是属于重复出现的隐患（即“顽症”），查找产生“通病”和“顽症”的原因，修订和完善安全管理措施，制定预防措施，从源头上消除安全事故隐患的发生。

4）跟踪验证。检查单位应对受检单位的纠正和预防措施的实施过程和实施效果，进行跟踪验证，并保存验证记录。

7.4 基坑作业安全技术

1. 基坑作业安全技术基础知识

（1）一般要求

1）基坑开挖之前，要按照土质情况、基坑深度以及周边环境确定支护方案，其内容应包括放坡要求、支护结构设计、机械选择、开挖时间、开挖顺序、分层开挖深度、坡道位置、车辆进出道路、降水措施及监测要求等。

2）施工方案的制定必须根据施工工艺结合作业条件，对施工过程中可能造成的坍塌因素和作业条件的安全及防止周边建筑、道路等产生不均匀沉降，设计制定具体可行措施，并在施工中付诸实施。

3）高层建筑的箱形基础，实际上形成了建筑的地下室，随着上层建筑荷载的加大，常要求在地面以下设置三层或四层地下室，基坑的深度常超过5～6m，且面积较大，这给基础工程施工带来很大困难和危险，因而必须认真制定安全措施以防发生事故。

① 工程场地狭窄、邻近建筑物多、大面积基坑的开挖，常使这些既有建筑物发生裂缝或不均匀沉降。

② 基坑的深度不同，主楼较深，裙房较浅，因而需仔细进行施工程序安排，有时先挖一部分浅坑，再加支撑或采用悬臂板桩。

③ 合理采用降水措施，以减少板桩上的土压力。

④ 当采用钢板桩时，要合理解决位移和弯曲。

⑤ 除降低地下水位外，基坑内还需设置明沟和集水井，排除因暴雨突然而来的明水。

⑥ 大面积基坑应考虑配两路电源，当一路电源发生故障时，可以及时采用另一路电源，防止因停止降水而发生事故。

总之，由于基坑加深，土侧压力再加上地下水的出现，必须做专项支护设计以确保施工安全。

4）支护设计方案合理与否，不但直接影响施工的工期、造价，更主要的是，还直接决定施工过程安全与否，所以必须经上级审批。

（2）临边防护

当基坑施工深度达到2m时，对坑边作业已构成危险，按照高处作业和临边作业的规定，应搭设临边防护设施。

基坑周边搭设的防护栏杆，其选材、搭设方式及牢固程度都应符合《建筑施工高处作业安全技术规范》（JGJ 80—2016）的规定。

（3）基坑支护

基坑支护的作用主要有以下几个方面：保护相邻既有建筑物和地下设施的安全；利用支护结构进行地下水控制，施工降水可能导致相邻建筑物产生过大的沉降而影响其正常使用功能，此时需采用局部回灌工艺；节约施工空间，在施工现场不允许放坡时，使用支护结构可将开挖空间限制在主体结构基础平面周边不大的范围内；减小基础底部隆起，由于开挖卸荷，基坑和其周围的土体会发生回弹变形和隆起，严重时可造成基底坑隆起失效，合理地设计和施工支护结构，可使这种变形大大减小；利用永久性结构作为支护结构的一部分，如作为主体结构地下室的外墙等。

基坑支护结构侧壁安全等级及重要性系数可以分为：

1）安全等级一级。破坏后果为支护结构破坏、土体失稳或过大变形对基坑周边环境及地下结构施工影响很严重，此时重要性系数r_0取1.1。

2）安全等级二级。破坏后果为支护结构破坏、土体失稳或过大变形对基坑周边环境及地下结构施工影响一般，此时重要性系数r_0取1.0。

3）安全等级三级。破坏后果为支护结构破坏、土体失稳或过大变形对基坑周边环境及地下结构施工影响不严重，此时重要性系数r_0取0.9。

不同深度的基坑和作业条件，所采取的支护方式也不同。

1）原状土放坡。一般基坑深度小于3m时，可采用一次性放坡。当深度达到4～5m时，也可采用分级放坡。明挖放坡必须保证边坡的稳定，对浅基坑的类别进行稳定计算以确定安全系数。原状土放坡适用于较浅的基坑，对于深基坑，可采用打桩、土钉墙或地下连续墙方法来确保边坡的稳定。

2）排桩（护坡桩）。当周边无条件放坡时，可设计成挡土墙结构。可以采用预制桩或灌注桩，预制桩有钢筋混凝土和钢桩，当采用间隔排桩时，将桩与桩之间的土体固化形成桩墙挡土结构。

土体的固化方法可采用高压旋喷或深层搅拌法。固化后的土体整体性好，同时可以阻止地下水渗入基坑形成隔渗结构。桩墙结构实际上是利用桩的入土深度形成悬臂结构，当基础较深时，可采用坑外拉锚或坑内支撑来保持护桩的稳定。

3）坑外拉锚与坑内支撑。

① 坑外拉锚。用锚具将锚杆固定在桩的悬臂部分，将锚杆的另一端伸向基坑边坡上层内锚固，以增加桩的稳定性。土锚杆由锚头、自由段和锚固段三部分组成，锚杆必须有足够长度，锚固段不能设置在土层的滑动面之内。锚杆应经设计并通过现场试验确定抗拔力。锚杆可以设计成一层或多层，采用坑外拉锚较采用坑内支撑法有较好的机械开挖环境。

② 坑内支撑。为提高桩的稳定性，也可采用在坑内加设支撑的方法。坑内支撑可采用单层平面或多层支撑，支撑材料可采用型钢或钢筋混凝土，设计支撑的结构形式和节点做法，必须注意支撑安装及拆除顺序。尤其对多层支撑要加强管理，混凝土支撑必须在上道支撑强度达 80% 时才可挖下层。对钢支撑，严禁在负荷状态下焊接。

③ 地下连续墙。地下连续墙就是在深层地下浇筑一道钢筋混凝土墙，其既可挡土护壁又可起隔渗作用，也可以成为工程主体结构的一部分，还可以代替地下室墙外模板。地下连续墙简称为地连墙。地连墙施工是利用成槽机械，按照建筑平面挖出一条长槽，用膨润土泥浆护壁，在槽内放入钢筋骨架，然后浇筑混凝土。施工时，可以分成若干段（5～8m 一段），最后对各段进行接头连接，形成一道地下连续墙。

④ 逆做法施工。逆做法的施工工艺和一般正常施工相反，一般基础施工先挖至设计深度，然后自下向上施工到正负零标高，然后继续施工上部主体。逆做法是先施工地下一层（离地面最近的一层），在打完第一层楼板时，进行养护，在养护期间可以向上施工上部主体，当第一层楼板达到强度时，可继续施工地下二层（同时向上方施工），此时的地下主体结构梁板体系就作为挡土结构的支撑体系，地下室的墙体又是基坑的护壁。这时梁板的施工只需在地面上挖出坑槽入模板钢筋，不设支撑，在梁的底部将伸出钢筋插入土中，作为柱子钢筋，梁板施工完毕后再挖土方施工柱子。第一层楼板以下部分由于楼板的封闭，只能采用人工挖土，可利用电梯间作垂直运输通道。逆做法不但节省工料，上下同时施工缩短工期，还因利用工程梁板结构作内支撑，从而避免装拆临时支撑所造成的土体变形。

（4）基坑开挖与支护监测

1）监测规定。

① 基坑开挖前，应制定出系统的开挖监测方案，内容包括监测目的、监测项目、监测报警装置、监测方法及精度要求、监测点的布置、监测周期、工序管理和记录制度以及信息反馈系统等。系统的监测措施是安全的重要保证。

② 监测点的布置应满足监测的要求，基坑边缘以外 1～2 倍开挖深度范围内需要保护的结构与设施均应作为监测对象。具体范围应根据土质条件、周围保护物的重要性等确定。

③ 位移观测基准点数量不应少于 2 点，且应设置在影响范围以外。

④ 监测项目在基坑开挖前应测得初始值，且不应少于 2 次。

⑤ 基坑监测项目的监测报警值，应根据监测对象的有关规范及支护机构设计要求确定。

⑥ 各项监测的时间间隔可根据施工进程确定。当变形超过有关标准或监测结果变化速率较大时，应加密观测次数，当有事故征兆时，应连续监测。

⑦ 基坑开挖监测过程中，应根据设计要求提交阶段性监测结果报告。工程结束时应提交完整的监测报告。

报告包含以下内容：工程概况、监测项目和各测点的平面和立面布置图、所采用仪器的种类和监测方法、监测数据处理方法和监测结果过程曲线、监测结果评价。

⑧ 应该采用可靠实用的监测仪器，在监测期间保护好监测点。

2）监测内容。

① 支护结构顶部水平位移监测。作为最关键部位的监测，一般每隔 5 ~8m 设一监测点，在重要部位加密布点。

② 支护结构倾斜监测。掌握支护结构在各个施工阶段的倾斜变化情况，及时提出支护结构深度、水平位移、时间的变化曲线及分析结果。

③ 支护结构沉降监测。可按常规方法用水平仪对支护结构的关键部位进行监测。

④ 支护结构应力监测。用钢筋应力计对桩身钢筋和桩顶圈梁钢筋中较大应力断面处的应力进行监测，以防发生结构性破坏。

⑤ 支撑结构受力监测。施工前进行锚杆抗拔试验，施工中用测力计监测锚杆的实际受力。对钢支撑，可用测压应力传感器或应变仪等监测受力变化。

⑥ 对邻近建筑物、道路、地下管网设施的沉降及变化的监测。

3）监测结果分析。基坑支护工程监测的意义在于通过监测获得准确数据后，进行定量分析与评价，并及时进行险情预报，提出建议和措施，进一步加固处理，直到问题解决。

① 对支护结构顶部水平位移分析，包括位移速率和累计位移计算。

② 对沉降和沉降速率进行计算分析，沉降要区分由支护结构水平位移引起的或由地下水位变化引起的。

③ 对各项监测结果进行综合分析并相互验证和比较，判断原有设计和施工方案的合理性。

④ 根据监测结果，全面分析基坑开挖对周围环境影响和支护的效果。

⑤ 检测原设计计算方法的适宜性，预测后续工程开挖中可能出现的新问题。

⑥ 经过分析评价、险情报警后，应及时提出处理措施，调整方案，排除险情，并跟踪监测加固处理后的效果。

⑦ 监测点必须牢固，标志醒目，并要求现场各施工单位给予配合，确保监测点在监测阶段不被破坏。

（5）坑边荷载

1）坑边堆置的土方和材料包括沿挖土方边缘移动运输工具和机械不应离槽边过近，堆置土方距坑、槽上部边缘不小于 1.2m，弃土堆置高度不超过 1.5m。

2）大中型施工机具距坑、槽边距离，应根据设备重量、基坑支护情况、土质情况经计算确定。规范规定“基坑周边严禁超堆荷载”。土方开挖若有超载和不可避免的边坡堆载，包括挖土机平台位置等，应在施工方案中进行设计计算确认。

3）周边有条件时，可采用坑外降水，以减少墙体后面的水压力。

（6）基坑降水

基坑施工常遇地下水，尤其深基施工处理不好不但影响基坑施工，还会给周边建筑造成沉降不均的危险。对地下水的控制方法一般有排水、井点降水、隔渗，下面仅介绍前两者。

1）排水。当基坑开挖深度较小时，碎石土、砂土及黏性土地基，可在基坑内或基坑外设置排水沟水井，用抽水设备将地下水排出。

施工方法是：当基坑开挖接近地下水位时，沿基坑底部四周挖排水沟，并设置集水井。采用基坑内明沟排水时，基坑分层开挖。当挖土面接近排水沟底附近时，加深排水沟和集水井。要求集水井井底低于排水沟底 0.5m 左右，排水沟底要低于挖土面 0.3～0.4m。

排水沟和集水井应设置在基础轮廓线以外，并留有适当的距离，防止地基土的结构遭到破坏。集水井的容量应保证停止抽水 10～15min 后井中的水不外溢。

当土中水的渗出量较大、施工现场较宽时，可在距坑边 3～6m 外挖大型排水沟，沟底要比基坑底面低 0.5～1.0m。

2）井点降水。井点降水是在基坑外面或基坑里面通过井（孔）将地下水降低到所要求的水位。井点降水常用的四种方法是电渗法降水、轻型井点降水、喷射井点降水和深井井点降水。

① 电渗法降水。电渗法降水是将井点管本身作为阴极，将井点管沿基坑外侧布置，将金属管（直径为 50～75mm）或用直径约为 20mm 的钢筋作为阳极埋设在基坑内侧，与井点管并行交错排列，间距为 0.8～1.0m。阳极露出地面 0.2～0.4m，其入土深度大于井点管深度约 0.5m。阴、阳极分别用直径约为 10mm 的电线接成电路，然后分别与直流发电机的相应电极连接。通电后，地下水流向井点管，再从井点管抽水，地下水位下降。

② 轻型井点降水。井点管由滤管和井管两部分组成，可用水冲法或钻孔法埋设。若要求降水深度大于 5.0m，可采用两级或多级降水。

井点的平面布置由基坑的平面形状、大小和所要求的降水深度及土的性质等因素确定。井点距坑边 0.5～1.0m，当降水深度不大于 5.0m 且基坑宽度小于 6.0m 时，可采用单排井点，当基坑宽度大于 6.0m 时，宜采用双排井点或环形布置井点。当基坑宽度大于抽水半径的 2 倍时，可在中间加设一排井点。井点管间距根据土质和所要求的降水深度而定，或通过现场试验确定，一般为 0.8～1.6m，最大为 3.0m。

③ 喷射井点降水。喷射井点降水是在井点管内，利用高压泵或空气压缩机和排水泵等组成一个抽水系统，将地下水抽出。

当基坑宽度小于 10m 时，井点可单排布置。当基坑宽度大于 10m 时，井点可双排布置，当基坑面积较大时，宜环形布置。井点间距一般为 2～3m，孔深比滤管底深 0.5m，井点管设于地下后灌入粗砂，在距顶面 1.5m 的范围内用黏土封口。

④ 深井井点降水。深井井点降水是在基坑内或外成井，每井设泵抽水，将地下水抽出。井点抽水量、降深、井数、井距等最好由现场试验确定，计算降深应大于工程要求的降深 0.5～1.0m，实际井点数应为计算量的 1.1 倍，并应有一定数量的观测孔，必要时还应进行地面应力、地面变形及孔隙压力的观测。

2. 土石方开挖安全技术

1）基坑开挖时，两人操作间距应大于 3.0m，不得对头挖土；挖土面积较大时，每人工作面不应小于6m^2。挖土应由上而下，分层分段按顺序进行，严禁先挖坡脚或逆坡挖土，或采用底部掏空塌土方法挖土。

2）挖土方不得在危岩、孤石的下边或贴近未加固的危险建筑物的下面进行。

3）基坑开挖应严格按要求放坡，操作时应随时注意土壁的变动情况，如发现有裂纹或部分坍塌现象，应及时进行支撑或放坡，并注意支撑的稳固和土壁的变化。当采取不放坡开挖时，应设置临时支护，各种支护应根据土质及基坑深度经计算确定。

4）机械多台阶同时开挖，应验算边坡的稳定，挖土机离边坡应有一定的安全距离，以防塌方，造成翻机事故。

5）在有支撑的基坑槽中使用机械挖土时，应防止破坏支撑。在坑槽边使用机械挖土时，应计算支撑强度，必要时应加强支撑。

6）基坑槽和管沟回填土时，下方不得有人，对所使用的打夯机等要检查电气线路，以防止漏电、触电，停机时要关闭电闸。

7）拆除护壁支撑时，应按照回填顺序，从下而上逐步拆除，更换支撑时，必须先安装新的，再拆除旧的。

8）爆破施工前，应做好安全爆破的准备工作，画好安全距离，设置警戒哨。闪电鸣雷时，禁止装药、接线，施工操作时严格按安全操作规程办事。

9）炮眼深度超过4m时，需用两个雷管起爆，若深度超过10m，则不得用火花起爆，若爆破时发现拒爆，必须先查清原因后再进行处理。

3. 桩基础工程安全技术

（1）打（沉）桩

1）打（沉）桩前，应对邻近施工范围内的既有建筑物、地下管线等进行检查，对有影响的工程，应采取有效的加固防护措施或隔振措施，施工时加强观测，以确保施工安全。

2）打桩机行走道路必须平整、坚实，必要时铺设道砟，经压路机碾压密实。

3）打（沉）桩前应先全面检查机械各个部件及润滑情况及钢丝绳是否完好，发现问题应及时解决；检查后要进行试运转，严禁“带病”工作。

4）打（沉）桩机架安设应铺垫平稳、牢固。吊桩就位时，桩必须达到100%强度，起吊点必须符合设计要求。

5）打桩时桩头垫料严禁用手拨正，不得在桩锤未打到桩顶就起锤或过早制动，以免损坏桩机设备。

6）在夜间施工时，必须有足够的照明设施。

（2）灌注桩

1）施工前，应认真查清邻近建筑物的情况，采取有效的防振措施。

2）灌注桩成孔机械操作时应保持垂直平稳，防止成孔时突然倾倒或冲（桩）锤突然下落，造成人员伤亡或设备损坏。

3）冲击锤（落锤）操作时，距锤6m范围内不得有人员行走或进行其他作业，非工作人员不得进入施工区域内。

4）灌注桩在已成孔尚未灌注混凝土前，应用盖板封严或设置护栏，以防掉土或人员坠入孔内，造成重大人身安全事故。

5）进行高处作业时，应系好安全带，灌注混凝土时，装、拆导管人员必须戴安全帽。

（3）人工挖孔桩

1）井口应有专人操作垂直运输设备，井内照明、通风、通信设备应齐全。

2）要随时与井底人员联系，不得任意离开岗位。

3）挖孔施工人员下入桩孔内必须戴安全帽，连续工作不宜超过4h。

4）挖出的弃土应及时运至堆土场堆放。

4. 地基处理安全技术

1）在灰土垫层、灰土桩等施工中，粉化石灰和石灰过筛时，必须戴口罩、风镜、手套、套袖等防护用品，并站在上风头；向坑槽、孔内夯填灰土前，应先检查电线绝缘是否良好，接地线、开关应符合要求，夯打时严禁夯击电线。

2）夯实地基时，起重机应支垫平稳，遇软弱地基，需用长枕木或路基板支垫。提升夯锤前应卡牢回转制动，以防夯锤起吊后吊机转动失稳，发生倾翻事故。

3）夯实地基时，现场操作人员要戴安全帽；夯锤起吊后，吊臂和夯锤下15m内不得站人，非工作人员应远离夯击点30m以外，以防夯击时飞石伤人。

4）在用深层搅拌机进行入土切削和提升搅拌时，一旦发生卡钻或停钻现象，应切断电源，将搅拌机强制提起之后，才能起动电动机。

5）已成的孔尚未夯填填料之前，应加盖板，以免人员或物件掉入孔内。

6）当使用交流电源时应特别注意各用电设施的接地防护装置；施工现场附近有高压线通过时，必须根据机具的高度、线路的电压，详细测定其安全距离，防止高压放电而发生触电事故；夜班作业时，应有足够的照明以及备用安全电源。

5. 地下建筑防水安全技术

（1）防水混凝土施工

现场施工负责人和施工人员必须十分重视安全生产，牢固树立安全促进生产、生产必须安全的意识，切实做好预防工作。所有施工人员必须经安全培训，考核合格后方可上岗。

1）施工人员在下达施工计划的同时，应下达具体的安全措施，每天出工前，施工人员要针对当天的施工情况，布置施工安全工作，并讲明安全注意事项。

2）落实安全施工责任制度、安全施工教育制度、安全施工交底制度、施工机具设备安全管理制度等，并落实到岗位，责任到人。

3）防水混凝土施工期间应以漏电保护、防机械事故和保护为安全工作重点，切实做好防护措施。

4）遵章守纪，杜绝违章指挥和违章作业，现场设立安全措施及有针对性的安全宣传牌、标语和安全警示标志。

5）进入施工现场必须佩戴安全帽，作业人员衣着灵活紧身，禁止穿硬底鞋、高跟鞋作业，高处作业人员应系好安全带，禁止酒后操作、吸烟和打架斗殴。

（2）水泥砂浆防水层施工

1）现场施工负责人和施工人员必须十分重视安全生产，牢固树立安全促进生产、生产必须安全的意识，切实做好预防工作。

2）施工人员在下达施工计划的同时，应下达具体的安全措施，每天出工前，施工人员要针对当天的施工情况，布置施工安全工作，并讲明安全注意事项。

3）落实安全施工责任制度，安全施工教育制度、安全施工交底制度、施工机具设备安全管理制度等。

4）特殊工种必须持证上岗。

5）遵章守纪，杜绝违章指挥和违章作业，现场设立安全措施及有针对性的安全宣传牌、标语和安全警示标志。

6）进入施工现场必须佩戴安全帽，作业人员衣着灵活紧身，禁止穿硬底鞋、高跟鞋作业，高处作业人员应系好安全带，禁止酒后操作、吸烟和打架斗殴。

（3）卷材防水工程施工

1）由于卷材中某些组成材料和胶黏剂具有一定的毒性和易燃性，因此，在材料保管、运输、施工过程中，要注意防火和预防职业中毒、烫伤事故发生。

2）在施工过程中做好基坑和地下结构的临边防护，防止出现坠落事故。

3）高温天气施工，要有防暑降温措施。

4）施工中的废弃物要及时清理，外运至指定地点，避免污染环境。

（4）涂料防水工程施工

1）配料在施工现场应有安全及防火措施，所有施工人员都必须严格遵守操作要求。

2）着重强调临边安全，防止抛物和滑坡。

3）在高温天气施工时需采取防暑降温措施。

4）涂料在储存、使用的全过程中应注意防火。

5）在清扫及砂浆拌和过程中要避免灰尘飞扬。

6）施工中产生的建筑垃圾要及时清理、清运。

（5）金属板防水层工程施工

1）施工人员作业时，必须戴安全帽、系安全带并配备工具袋。

2）现场焊接时，在焊接下方应设防火斗。

3）在高温天气施工时需采取防暑降温措施。

4）施工中产生的建筑垃圾应及时清理干净。

7.5 脚手架工程施工安全技术

1. 一般规定

1）凡是有高血压、心脏病、癫痫病，晕高或视力不够等不适合进行高处作业的人员，均不得从事架子作业。配备架子工的徒工，在培训以前必须经过医务部门体检合格，操作时必须有技工带领、指导，由低到高，逐步增加，不得任意单独上架子操作。要经常进行安全技术教育。凡从事架子工种的人员，必须定期（每年）进行体检。

2）脚手架支搭以前，必须制定施工方案和进行安全技术交底。对于高大异形的架子，还应报请上级部门批准，向所有参加作业的人员进行书面交底。

3）料具管理部门，必须保证供应合格的料具。架子工在使用料具时要进行检查，不合格的料具不得使用。安全网、安全带每半年必须由料具管理部门会同有关人员进行鉴定或做荷载试验。

4）操作小组接受任务后，必须根据任务特点和交底要求进行认真讨论，确定支搭方法，明确分工。在开始操作前，组长和安全干事应对施工环境及所需防护用具做一次检查，消除隐患后方可开始操作。

5）架子工在高处（距地高度2m以上）作业时，必须系安全带。所用的钎子应拴2m长的钎子绳。安全带必须与已绑好的立、横杆挂牢，不得挂在铅丝扣或其他不牢固的地方，不得“走过挡”（即在一根顺水杆上不扶任何支点行走），也不得跳跃架子。在架子上操作应精力集中，禁止打闹和玩笑，休息时应下架子。严禁酒后作业。

6）遇有恶劣气候（如风力5级以上，高温、雨雪天气等）影响安全施工时，应停止高处作业。

7）立杆应先挖埋杆坑，深度应不小于50cm，土质松软或不能埋杆时，应加绑扫地杆，凡井字架、烟囱架等独立承重架必须加绑扫地杆。立杆根部要有防雨措施，防止积水下沉，立杆时必须2～3人配合操作。

8）顺水杆应绑在立杆里边，绑第一步顺水杆时，必须检查立杆是否立正，绑至四步时必须绑临时抛撑和临时剪刀撑。绑顺水杆时，必须2～3人配合操作，由中间一人接杆，放平，由大头至小头顺序绑扎。

9）剪刀撑杆子不能蹩绑，应贴在立杆上，剪刀撑下桩杆应选用粗壮的杉槁，由下方人员找好角度后再由上方人员依次绑扎。剪刀撑上桩（封顶）椽子应大头朝上，顶着立杆绑在顺水杆上。

10）两杆搭接，其有效搭接长度不得小于1.5m，两杆搭接处，绑扎应不少于3道。杉槁大头必须绑在十字交叉点上，相邻两杆的大头搭接点必须相互错开，水平及斜向接杆，小头应压在大头上边。双抱杆的接杆，应使接头互相均匀错开。钢管立杆应用接头卡子对头连接。

11）递杆、拔杆时，上、下、左、右操作人员应密切配合，协调一致。拔杆人员应注意不碰撞上方人员和已绑好的杆子，下方递杆人员应在上方人员接住杆子后方可松手，并躲离其垂直操作距离3m以外。使用人力吊料，大绳必须坚固，严禁在垂直下方3m以内拉大绳吊料。使用机械吊运，应设天地轮。天地轮必须加固，应遵守机械吊装安全操作规程，吊运杉槁、钢管等物应绑扎牢固，接料平台外侧不准站人，接料人员应等起重机械停车后再接料、摘铃、解绑绳。

12）遇有两杆交叉时必须绑扣。杉槁上的铅丝扣不得过松或过紧，应使四根铅丝敷实均匀受力，拧扣以一扣半为宜，并将铅丝末端弯贴在杉槁外皮，不得外翘。钢管的管卡不得拧得过紧或过松，以40N为宜，手稍吃力为准。

13）铺排木、脚手板时，排木必须按要求间距放正绑牢，平时只许垫木块、不许垫砖块等易碎物。铺脚手板要严密、牢固，搭接板端压过15cm，严禁留15cm以上的探头板。脚手板翻板后，下面要留一层脚手板作为防护层。不铺板时，排木间距不得大于3m。

14）单排脚手架的排木，靠墙的一端必须插入墙内至少14cm，对头搭脚手板的搭接处必须用双排木，两根排木的空隙为20～25cm，有门窗口的地方应绑吊杆和支柱，吊杆间距超过1.5m时必须增加支柱。

15）未搭完的一切脚手架，非架子工一律不准上架。架子搭完后由施工人员会同架子组长，使用脚手架的班组、技术、安全等有关人员共同进行验收，认为合格，办理交接验收手续后方可使用。使用中的架子必须保持完整，禁止随意拆、改脚手架或挪用脚手板；必须拆改时，应经施工负责人批准，由架子工负责操作。

16）所有的架子，经过大风、大雨后，要进行检查，如发现倾斜下沉、松扣和崩扣，要及时修理。

17）在雷雨季节，所搭设的井字架等独立架子，高度超过15m时，必须安装避雷针，其接地电阻不得大于10Ω。

18）各种非标准的架子，跨度过大、负载过重等特殊架子或其他异形架子，必须经过设计、计算、试验和鉴定合格，经上级技术领导批准后方可使用。

19）脚手架必须用双股8号铅丝或Φ6钢筋与结构拉结牢固，拉结点之间的水平距离不大于6m，垂直距离不大于4m。

20）结构用的里、外承重脚手架，使用时荷载不得超过2700N/m^2。装修用的里、外脚手架使用荷载不超过2000N/m^2。

21）一切承重平台和悬挑承重平台要有设计、计算和使用要求并经上级主管技术领导批准方可投入使用。

22）在带电设备附近搭拆脚手架时，应停电进行，否则必须遵守下列规定：严禁跨越35kV及以上带电设备，水平距离应不小于3m；10kV及以下，水平和垂直距离不应小于1.5m，并应有电气工作人员监护。

2. 材料规格

1）杉槁：以扒皮杉槁和其他坚韧的圆木为标准。杨木、柳木、桦木、椴木、油松和其他腐朽、劈裂、枯节等木杆禁止使用。标准的立杆、顺水杆、抛撑、剪刀撑，杆长为4～10m，其有效直径小头不得小于8cm。在架子的高度不超过5m，又能确保安全的基础上，允许利用硬杂木做立杆，其有效直径不小于10cm。

2）扣件：应有出厂合格证明，脆裂、变形、滑丝的禁止使用。

3）绑扎材料：以青麻绳及8号铅丝为标准。青麻黑色受潮者不得使用。8号铅丝应回火后使用。青麻绳及8号铅丝不准作为钢管脚手架的绑扎材料。

4）脚手板：杉、松木质板长度为2～6m，厚为5cm，宽为23～25cm。钢质板长度为1.5～3.6m，厚为2～3mm，肋高为5cm，宽为23～25cm，并应选用HPB300级钢板制作。

木质板两头应用铅丝打箍。锈蚀、腐朽、劈裂、有活动节子、偏棱和变形严重的脚手板禁止使用。

5）排木：长度以2～3m为标准，其小头有效直径不得小于9cm。

6）安全网：宽度不得小于3m，长度不大于6m，网眼不得大于10cm。必须用维纶、锦纶、尼龙等材料编织的符合国家标准的安全网。严禁使用损坏或腐朽的安全网。丙纶网、小眼网和金属网只准作立网使用。

3. 外脚手架

（1）结构承重用外架子

1）单排立杆与墙的距离最宽不得超过1.8m，最窄不得小于1.5m，超过1.8m必须支搭双排架。采用钢筋排木的单排架，立杆与墙的距离最宽不超过1.2m，最窄不小于1m。

2）双排架外皮立杆与墙的距离般为2～2.5m，里皮立杆与墙的距离不小于40cm，不大于60cm。

3）立杆间距最大不得超过1.5m，顺水杆间距最大不得超过1.2m，排木间距不超过1m。

4）剪刀撑宽度不得超过 7 根立杆，与地面的夹角为 45°～60°。

5）抛撑的间距不得超过 7 根立杆，超过三步高度时，每隔三步应绑道马梁，并加反抛撑。斜杆与地面的夹角为 45°。

6）脚手架 2m 以上，每步绑一道护身栏，并需绑 18cm 以上高度的挡脚板。架子顶端的高度，平屋顶必须超过女儿墙顶 1m。坡屋顶必须超过檐口 1.5m，并从最上层脚手板到顶端间，加绑两道护身栏并立挂安全网，安全网下口必须封绑牢固。结构吊装梁柱工程的脚手架，宽度不得小于 60cm，两侧必须绑两道护身栏，满铺脚手板。

（2）装修用外架子

1）立杆间距：杉槁，不得大于 2m；钢管，不得大于 1.5m。顺水杆间距应按使用情况绑扎，但杉槁不得大于 1.8m，钢管不得大于 1.5m。排木间距：杉槁，不得大于 1.5m；钢管，不得大于 1.2m。钢管立杆下脚应设金属板墩并绑扫地杆。

2）剪刀撑间距不得大于 6 根立杆，与地面夹角为 60°。

3）抛撑间距不得超过 6 根立杆，与地面夹角为 45°～60°，与立杆之间必须绑 1～2 道马梁。钢管抛撑下脚应设金属板墩。若排木不允许顶墙，抛撑与立杆之间除绑马梁外，必须加绑反抛撑，马梁和反抛撑的节点应尽量选在和顺水杆的搭接部位同一高度上。

4）脚手架离地面超过 2m，每步绑两道护身栏，均需绑 18cm 以上高度的挡脚板。最高一步的高度和护身栏的做法与结构架子相同。

4. 里脚手架

（1）结构用里脚手架

1）立杆间距最大不得超过 1.5m，架子宽度不得小于 1.3m，宽度超过 1.7m 时，必须加一排支柱。排木间距不得超过 1m。

2）顺水杆每步高度（1.2m）应低于每步砌筑墙高度 20cm；2m 以上，每步绑一道护身栏，墙外侧离地面高度超过 3m 时，应采取外防护措施。

3）架子的尽端和墙角处应绑八字戗。剪刀撑和抛撑做法同结构外架子。

4）里脚手架应搭设人行马道或斜梯。斜梯宽度不得小于 1m，踏步高度不得大于 40cm，并至少绑两道护身栏。斜梯与地面的夹角不大于 60°。斜梯高度超过 5m 时，需设休息平台。

（2）装修用里脚手架

1）立杆间距、顺水杆间距、排木间距、钢管立杆下脚的做法与装修外架子相同。

2）四面交圈架子，四角必须绑抱角戗杆，中间必须加剪刀撑。一面架子绑八字戗或剪刀撑和抛撑。

3）离地面高度超过 2m 时，每步应绑两道护身栏和 18cm 以上高度的挡脚板，并应设有行人马道或斜梯。

（3）砌砖用金属平台架

1）金属平台架用直径为 50mm 的钢管作支柱，用直径在 20mm 以上的钢筋焊成桁架。使用前必须逐个检查焊缝的牢固、完整程度，合格后方可拼装。

2）安放金属平台架的地面，与架脚接触部分必须垫 5cm 厚的脚手板，防止荷重过分集中、架子下沉或损坏地面。楼层上安放金属平台架，下层楼板底必须在跨中加顶支柱。

3）平台架上脚手板应铺严绑牢。平台架离墙空隙部分应用脚手板铺齐。

4）每个平台架的使用荷载不得超过 20000N（600 块砖、2 桶砂浆）。

5）几个平台架合并使用时，必须连接绑扎牢固。

（4）升降式金属套管架

1）金属套管架使用前必须检查架子焊缝的牢固和插铁零件的齐全。套管、焊缝开裂或锈蚀损坏时不得使用。

2）套管架应放平垫稳。在土地上安放套管架时，应垫木板。

3）套管架的间距应根据各工种操作荷载的要求合理放置。一般以1.5m为宜，最大间距不得超过2m。

4）需要升高一级时，必须将插铁销牢。插铁销钉直径不得小于10mm。若需升高到2m，应在两架之间绑上一道斜撑拉牢，防止架子摇动，并加抛撑。

5. 满堂红架子

1）承重较大的满堂红架子，立杆纵、横间距均不得超过1.5m。顺水杆每步间隔不得超过1.4m。檩杆间距不超过75cm。脚手板应铺严、铺齐。立杆底部必须夯实或垫板。

2）装修用的满堂红架子，立杆纵、横间距均不得超过2m。靠墙的立杆应离开墙面50～60cm。顺水杆每步间隔不得超过1.7m。檩杆间距不得超过1m。铺脚手板时，架子高度超过3.6m时，板子空隙不得超过20cm；架子高度超过6m，必须满铺脚手板。花铺的脚手板，板子搭头必须绑牢。

3）满堂红架子的四角必须绑抱角戗杆。戗杆与地面的夹角应为45°～60°。中间每4排立杆应设一个剪刀撑，一直到顶。每高两步，横向相隔4根立杆必须绑道拉杆。

4）封顶架子立杆应绑双扣。立杆不得露出杆头。接杆在封顶处的一根应大头向上。运料应预留井口，井口四周应绑护身栏或加盖板，下方搭支防护层。上下架子应绑爬梯。

5）高度在3.6m以内的安装和装修、非承重的满堂红架子可由本工种用套管架自行支搭，铁凳间距不得大于2.0m，铺板宽度不得小于60cm。若高度超过3.6m或需使用杉槁等支搭承重架子，一律由架子工支搭。

6. 吊篮架子安全技术

（1）材料规格

1）组合吊篮所用的钢管，应用外径为48mm、壁厚为3～3.5mm的钢管。组合扣件应用经劳动部门批准的单位所制作的合格产品，承重部位必须用玛钢扣件。

2）吊篮上铺设的脚手板应用2.5～5cm厚的木板或轻质金属板，排木应用5～10cm的木方或外径为48mm的钢管。

3）吊篮上所挂的立式安全网应用网眼小于10cm的尼龙网或金属网。

4）挑梁应用不小于14号的工字钢或承载能力大于14号工字钢的其他材料。

5）升降吊篮的手扳葫芦应用3t以上的专用配套的钢丝绳，倒链应用2t以上的。承重的钢丝绳直径应不小于12.5mm，吊篮所用的安全绳应用直径不小于12.5mm的钢丝绳。

（2）使用吊篮的安全技术

1）吊篮适用于高层建筑外装修和外檐修理作业，吊篮的负荷量每平方米不准超过1200N（包括人体重）。吊篮上的人员和材料要对称分布，不得集中在一头，以保证吊篮两端负载平衡。

2）在没有护头棚的吊篮上或在两个吊点的吊篮上，以及在建筑物拐角处、悬挑处操作时，必须有可靠的安全措施，而篮内人员均必须系好安全带。

3）严禁在吊篮的防护以外和护头棚上作业，任何人不准擅自拆改吊篮，因工作需要必须改动时，要将改动方案报技术、安全部门和施工负责人批准，由架子工拆改。架子拆改后经有关部门验收合格，方准使用。

4）使用吊篮的人员，在工作中要随时注意工具材料，不准向吊篮外抛扔任何物件，应保持吊篮的整洁。

（3）组装和升降吊篮的安全技术

1）组装吊篮之前，架子工要对所有必用的料具进行检查，按标准选料。使用焊件组合吊篮时，应由技术部门和有关人员鉴定焊件合格后方准使用。

2）组装或拆除吊篮时，至少 3 人配合操作，严格按照支搭脚手架的工艺程序作业。任何人不得擅自改变吊篮组装方案。

3）升降吊篮时，必须同时摇动所有的手扳葫芦或同时拉动倒链，各吊点应同步升降，保持吊篮平衡。吊篮升降时不要碰撞建筑物，特别是在阳台、窗口等部位，应有专人负责推动吊篮，防止吊篮挂碰建筑物。

4）吊篮里皮距建筑物以 10cm 为宜，两吊篮之间间距不得大于 20cm。不准将 2 个或几个吊篮连在一起同时升降，两个吊篮的接头处应与窗口、阳台的施工面错开。

5）以手扳葫芦为吊具的吊篮，钢丝绳插好后，必须将保险扳把拆掉，系牢保险绳。用安全卡子代替保险绳时，保险卡子的拉把不准与主绳捆绑在一起。要将吊篮与建筑物拉牢，在无处拉结时，要采取有效的固定措施。

6）吊篮的位置和挑梁的设备都应根据建筑物的实际情况确定。拟订施工方案时，应注意挑梁挑出的长度和位置与吊篮的吊点保持垂直。安装挑梁时，应使挑梁挑出的长度和位置与吊篮的吊点保持垂直，并应使挑梁探出建筑物的一端稍高于另一端。挑梁在建筑物内外的两端应用杉槁、钢管连接牢固，成为整体，阳台部位的挑梁在挑出部分的顶端要加斜撑的抱桩，斜撑下脚要加垫板，并且将受力的阳台板以其以下的两层阳台板设立柱加固。

7）承受挑梁拉力的预埋吊环，应用直径不小于 12mm 的圆钢，吊环藏入混凝土内的长度应大于 $36d$（d 为钢筋直径），并与墙体主筋焊接牢固，如果几个吊点共用一个预藏吊环，要另外采取加固措施，并经上一级技术部门审批后方准使用。预埋吊环距支点的距离不得小于 3m，挑梁与吊环连接时应用直径大于 10mm 的钢丝绳或 03 号以上的花篮螺栓连接。

8）承重钢丝绳与挑梁连接必须牢靠并应有预防钢丝绳受剪的保护措施，采用卡接方法时，不得少于 3 个卡子，绳头要做安全弯，凡是承重钢丝绳，严禁接头使用。

9）吊篮用的吊索要从吊篮主横管底下穿过，吊钩下的吊索与吊篮内外主横管连接夹角要保持 45°，同时用卡子将吊钩与吊索卡死，而且必须设有防止脱钩的保险措施。

10）安装吊篮的操作顺序是：先将挑梁固定绑牢，挂好吊篮承重绳，将在地面组装好的吊篮，穿上承重绳，装好安全卡子或保险绳；然后摇动各吊点的手扳葫芦或倒链，使吊篮平稳地升到使用高度；最后，将吊篮与建筑物拉结稳固后即可使用。安全保险绳每次放绳不得超过 1m，并卡牢所有卡子。

7. 高层脚手架的一般规定

1）凡高度超过 15m 的脚手架均为高层脚手架。六层住宅楼施工用脚手架可视为一般脚手架。

2）支搭高层脚手架前，必须有设计、结构计算书和架子工程施工图。搭设方案要有文字说明。

3）高层脚手架在搭设过程中，除要严格遵守一般脚手架的规程规定外，必须以15～18m为一段，根据实际情况，采取挑、撑、吊等分段将荷载卸到建筑物上的技术措施。

4）高层架子的方案及技术安全措施应由本工程的施工组织设计，审批单位负责审批。方案一经审批不得擅自变更，必须变更时要重新制订方案，由原方案审批者审批后方可实施。

5）架子工程的施工负责人必须按架子方案的要求拟定书面操作要求，向班组进行安全技术交底。班组必须严格按操作要求和安全技术交底施工。

6）在架子基础、卸荷措施和架子分段完成后，应由制定架子方案的单位组织技术、安全、施工、使用等有关单位按项目进行验收，并填写验收单，合格后方可继续搭设或使用。

7）搭设过程中的高层架子如需使用，必须由施工负责人组织有关人员进行检查，符合要求后方可上人。

8）架子未经检查、验收，除架子工外，严禁其他人员攀登。验收后的架子，任何人不得擅自拆改。需作局部拆改时，需经施工负责人同意，由架子工操作。

8. 马道

1）运料马道宽度不得小于1.5m，坡度以1∶6（高∶长）为宜。人行坡道宽度不得小于1m，坡度不得大于1∶3.5。

2）立杆、横杆间距应与结构架子相适应，单独马道的立、横杆间距不得超过1.5m。杉槁立杆埋入地下的深度不得小于50cm，覆土应夯实。

3）排木间距不得超过1m，马道宽度超过2m时，排木中间应加吊杆，并每隔一根立杆在吊杆下加绑托杆和八字戗。

4）脚手板应铺严、铺牢。对头搭时板端部分应用双排木，搭接板的板端应搭过排木20cm，并用三角木填顺板头凸棱。斜坡马道的脚手板均应钉防滑木条，防滑木条厚度为3cm，间距不得大于30cm。

5）“之”字马道的转弯处应搭平台，平台面积应根据施工需要设置，但宽度不得小于1.5m。平台应绑剪刀撑或八字戗。

6）马道及平台必须绑两道护身栏，并加绑18cm高度的挡脚板。

9. 安全网

1）各类建筑施工中必须按规定支搭安全网，平支或立挂的安全网都要搭接严密，支设牢固，外观整齐，安全网内不得存留杂物。

2）安全网绳不得损坏或腐朽，支好的安全网在承受重为1000N、表面积为2800cm^{2}的砂袋假人从10m高处的冲击后，网绳、系绳、边绳不断。支设安全网的杉槁小头有效直径不得小于7cm，竹竿的小头直径应超过8cm。支杆间距不得大于4m。

3）凡4m以上的在施工程，必须随施工层支3m宽的安全网，首层必须固定一道3～6m宽的双层安全网。安全网的外口要高于里口60～80cm。

4）高层建筑施工的安全网一律用组合钢管角架挑支，用钢丝绳绷挂，其外沿要尽量绷直，内口要与建筑物锁牢。

5）高层建筑施工除首层固定一道6m宽的双层安全网外，每隔4层还要固定一道3m宽的安全网。

6）在施工程的电梯井、采光井，螺旋式楼梯口，除必须设防护栏杆外，还应在井口内首层并每隔 4 层固定一道安全网或层层铺设脚手板。

7）烟囱、水塔等独立体建筑物施工时，要在外脚手架的外围固定一道 6m 宽的双层安全网，井内应设安全网，安全网要与建筑物或架子连接牢固。

8）首层安全网距地高度：水平 3m 宽时不得小于 3m；水平 6m 宽时不得小于 5m。安全网下方不得堆放物品。

10. 拆除架子

1）架子的拆除程序，应由上而下按层按步地拆除，先拆护身栏、脚手板和排木，再依次拆剪刀撑的上部绑扣和接杆。拆除全部剪刀撑、抛撑以前，必须绑好临时斜支撑，防止架子倾倒，禁止采用推倒或拉倒的方法拆除。

2）拆杆和放杆时，必须由 2～3 人协同操作，拆顺水杆时应由站在中间的人将杆转向将大头顺下，握住小头尽量下递，等上方人员接到下方人员接住的通知后再放手，严禁向下抛物。

3）拆除架子时，作业区周围及进出口处，必须派有专人瞭望，严禁作业人员进入危险区域，拆除大片架子应加临时围栏。作业区内电线及其他设备有妨碍时，应事先与有关单位联系拆除、转移或加防护。

4）操作人员应佩戴安全带及安全帽，拆除的全部过程中，应指定一个责任心强、技术水平较高的工人担任指挥，并负责拆除、撤料和看护全部操作人员的安全作业。拆除过程中应注意架子缺扣、崩扣及拆得不合格的地方，避免踩在滑动的杆件上发生事故。

5）已拆下的脚手架材料应及时清理，运至指定地点码放。

6）拆至底部时，未埋设的架子应加临时加固措施。

7.6 高处作业施工安全技术

国家标准规定“凡在坠落高度基准面 2m 以上（含 2m），有可能坠落的高处进行的作业称为高处作业”。高处作业包括临边、洞口、攀登、悬空、操作平台及交叉等作业，也包括各类洞、坑、沟、槽等工程施工的其他高处作业。高处作业主要名词释义见表 7-1。

表 7-1 高处作业主要名词释义

名 词	说 明
临边	施工现场中，工作面边沿无围护设施或围护设施高度低于 80cm 时的高处作业
孔	楼板、屋面、平台等面上，短边尺寸小于 25cm 的孔洞；墙上，高度小于 75cm 的孔洞
洞	楼板、屋面、平台等面上，短边尺寸等于或大于 25cm 的孔洞；墙上，高度等于或大于 75cm，宽度大于 45cm 的孔洞
洞口	孔与洞口旁的高处作业，包括施工现场及通道旁深度在 2m 及 2m 以上的桩孔、人孔、沟槽与管道、孔洞等边沿上的作业
攀登	借助登高用具或登高设施，在攀登条件下进行的高处作业
悬空	在周边临空状态下进行的高处作业
操作平台	现场施工中用以站人、载料并可进行操作的平台
移动式操作平台	可以搬移的用于结构施工、室内装饰和水电安装等操作的平台

（续）

名　词	说　明
悬挑式钢平台	可以吊运和搁置于楼层边的用于接送物料和转运模板等的悬挑形式的操作平台，通常采用钢构件制作
交叉	在施工现场的上下不同层次，于空间贯通状态下同时进行的高处作业
三宝	安全帽、安全带、安全网
四口	楼梯口、电梯口、预留洞口、通道口
五临边	楼层周边、屋顶周边、阳台及平台周边、基坑周边、楼梯周边

1. 基本规定

1）高处作业的安全技术措施及其所需料具，必须列入工程的施工组织设计。

2）单位工程施工负责人应对工程的高处作业安全技术负责并建立相应的责任制。施工前，应逐级进行安全技术教育及交底，落实所有安全技术措施和人身防护用品，未经落实时不得进行施工。

3）高处作业中的安全标志、工具、仪表、电气设施和各种设备，必须在施工前加以检查，确认其完好，方能投入使用。

4）攀登和悬空高处作业人员以及搭设高处作业安全设施的人员，必须经过专业技术培训及专业考试合格，持证上岗，并必须定期进行体格检查。

5）施工中对高处作业的安全技术设施，发现有缺陷和隐患时，必须及时解决；危及人身安全时，必须停止作业。

6）施工作业场所有坠落可能的物件，应一律先行撤除或加以固定。

高处作业中所用的物料，均应堆放平稳，不妨碍通行和装卸。工具应随手放入工具袋；作业中的走道、通道板和登高用具，应随时清扫干净；拆卸下的物件、余料和废料均应及时清理运走，不得任意乱置或向下丢弃。传递物件禁止抛掷。

7）雨天和雪天进行高处作业时，必须采取可靠的防滑、防寒和防冻措施。凡水、冰、霜、雪均应及时清除。对进行高处作业的高耸建筑物，应事先设置避雷设施。遇有6级以上强风、浓雾等恶劣天气时，不得进行露天攀登与悬空高处作业。暴风雪及台风暴雨后，应对高处作业安全设施逐一加以检查，发现有松动、变形、损坏或脱落等现象，应立即修理完善。

8）因作业必需，临时拆除或变动安全防护设施时，必须经施工负责人同意，并采取相应的可靠措施，作业后应立即恢复。

9）防护棚搭设与拆除时，应设警戒区，并应派专人监护。严禁上下同时拆除。

10）高处作业安全设施的主要受力杆件，力学计算按一般结构力学公式，强度及挠度计算按现行有关规范进行，但钢受弯构件的强度计算不考虑塑性影响，构造上应符合现行相应规范的要求。

2. 临边作业安全防护

1）对临边高处作业，必须设置防护措施，并符合下列规定：

① 基坑周边，尚未安装栏杆或栏板的阳台、料台与挑平台周边，雨篷与挑檐边，无外脚手架的屋面与楼层周边及水箱与水塔周边等处，都必须设置防护栏杆。

② 头层墙高度超过3.2m的二层楼面周边，以及无外脚手架的高度超过3.2m的楼层周

边，必须在外围架设安全平网一道。

③ 分层施工的楼梯口和梯段边，必须安装临时护栏。顶层楼梯口应随工程结构进度安装正式防护栏杆。

④ 井架与施工用电梯和脚手架等与建筑物通道的两侧边，必须设防护栏杆。地面通道上部应装设安全防护棚。双笼井架通道中间，应设分隔封闭。

⑤ 各种垂直运输接料平台，除两侧设防护栏杆外，平台口还应设置安全门或活动防护栏杆。

2）临边防护栏杆杆件的规格及连接应符合下列规定：

① 毛竹横杆小头有效直径不应小于72mm，栏杆柱小头直径不应小于80mm，并须用不小于16 号的镀锌钢丝绑扎，不应少于3 圈，并无泻滑。

② 原木横杆上杆梢径不应小于70mm，下杆梢径不应小于60mm，栏杆柱梢径不应小于75mm，并须用相应长度的圆钉钉紧，或用不小于12 号的镀锌钢丝绑扎，要求表面平顺和稳固无动摇。

③ 钢筋横杆上杆直径不应小于16mm，下杆直径不应小于14mm，栏杆柱直径不应小于18mm，采用电焊或镀锌钢丝绑扎固定。

④ 钢管横杆及栏杆柱均采用 ϕ48mm×(2.75~3.5)mm 的管材，以扣件或电焊固定。

⑤ 以其他钢材如角钢等作防护栏杆杆件时，应选用强度相当的规格，以电焊固定。

3）搭设临边防护栏杆时，必须符合下列要求：

① 防护栏杆应由上、下两道横杆及栏杆柱组成，上杆离地高度为1.0~1.2m，下杆离地高度为0.5~0.6m。坡度大于1∶22 的屋面，防护栏杆应高1.5m，并加挂安全立网。除经设计计算外，横杆长度大于2m 时，必须加设栏杆柱。

② 栏杆柱的固定应符合下列要求：

a. 当在基坑四周固定时，可采用钢管并打入地面50~70cm 深。钢管与边口的距离不应小于50cm。当基坑周边采用板桩时，钢管可打在板桩外侧。

b. 当在混凝土楼面、屋面或墙面固定时，可用预埋件与钢管或钢筋焊牢。采用竹、木栏杆时，可在预埋件上焊接30cm 长的 ∟50mm×5mm 角钢，其上、下各钻一孔，然后用10mm 螺栓与竹、木杆件拴牢。

c. 当在砖或砌块等砌体上固定时，可预先砌入规格相适应的80mm×6mm 弯转扁钢做预埋件的混凝土块，然后用上项方法固定。

③ 栏杆柱的固定及其与横杆的连接，其整体构造应使防护栏杆在上杆任何处，能经受任何方向的1000N 外力。当栏杆所处位置有发生人群拥挤、车辆冲击或物件碰撞等可能时，应加大横杆截面或加密柱距。

④ 防护栏杆必须自上而下用安全立网封闭，或在栏杆下边设置严密固定的高度不低于18cm 的挡脚板或40cm 的挡脚笆。挡脚板与挡脚笆上若有孔眼，不应大于25mm。板与笆下边距离底面的空隙不应大于10mm。

卸料平台两侧的栏杆，必须自上而下加挂安全立网或满扎竹笆。

⑤ 当临边的外侧面临街道时，除防护栏杆外，敞口立面必须满挂安全网或采取其他可靠措施做全封闭处理。

4）临边防护栏杆的力学计算及构造形式符合规范要求。

3. 洞口作业安全防护

1）进行洞口作业以及在因工程和工序需要而产生的，使人与物有坠落危险或危及人身安全的其他洞口进行高处作业时，必须按下列规定设置防护设施：

① 板与墙的洞口必须设置牢固的盖板、防护栏杆、安全网或其他防坠落的防护设施。

② 电梯井口必须设防护栏杆或固定栅门；电梯井内应每隔两层并最多隔10m设一道安全网。

③ 钢管桩、钻孔桩等桩孔上口，杯形、条形基础上口，未填土的坑槽，以及人孔、天窗、地板门等处，均应按洞口防护设置稳固的盖件。

④ 施工现场通道附近的各类洞口与坑槽等处，除设置防护设施与安全标志外，夜间还应设红灯示警。

2）洞口根据具体情况采取设防护栏杆、加盖件、张挂安全网与装栅门等措施时，必须符合下列要求：

① 楼板、屋面和平台等面上短边尺寸小于25cm但大于2.5cm的孔口，必须用坚实的盖板盖没。盖板应能防止挪动移位。

② 楼板面等处边长为25～50cm的洞口、安装预制构件时的洞口以及缺件临时形成的洞口，可用竹、木等做盖板，盖住洞口。盖板须能保持四周搁置均衡，并有固定其位置的措施。

③ 边长为50～150cm的洞口，必须设置以扣件扣接钢管而成的网格，并在其上满铺竹笆或脚手板；也可采用贯穿于混凝土板内的钢筋构成防护网，钢筋网格间距不得大于20cm。

④ 边长在150cm以上的洞口，四周设防护栏杆，洞口下张挂安全平网。

⑤ 垃圾井道和烟道应随楼层的砌筑或安装而消除洞口，或参照预留洞口做防护。管道井施工时，除按上述要求办理外，还应加设明显的标志。如有临时性拆移，需经施工负责人核准，工作完毕后必须恢复防护设施。

⑥ 位于车辆行驶道旁的洞口、深沟与管道坑、槽，所加盖板应能承受不小于当地额定卡车后轮有效承载力2倍的荷载。

⑦ 墙面等处的竖向洞口，凡落地的洞口应加装开关式、工具式或固定式的防护门，门栅网格的间距不应大于15cm，也可采用防护栏杆，下设挡脚板（笆）。

⑧ 下边沿至楼板或底面低于80cm的窗台等竖向洞口，如侧边落差大于2m，应加设1.2m高的临时护栏。

⑨ 对邻近的人与物有坠落危险性的其他竖向的孔、洞口，均应设盖板或加以防护，并有固定其位置的措施。

3）洞口防护栏杆的杆件及其搭设应符合规范规定。防护栏杆的力学计算、防护设施的构造应符合规范规定。

4. 攀登作业安全防护

1）在施工组织设计中应确定用于现场施工的登高和攀登设施。现场登高应借助建筑结构或脚手架上的登高设施，也可采用载人的垂直运输设备。进行攀登作业时可使用梯子或采用其他攀登设施。

2）柱、梁和行车梁等构件吊装所需的直爬梯及其他登高用拉攀件，应在构件施工图或说明内做出规定。

3）攀登的用具，在结构构造上必须牢固可靠。供人上下的踏板的使用荷载不应大于1100N。当梯面上有特殊作业，重力超过上述荷载时，应按实际情况加以验算。

4）移动式梯子均应按现行的国家标准验收其质量。

5）梯脚底部应坚实，不得垫高使用。梯子的上端应有固定措施。立梯工作角度以75°±5°为宜，踏板上、下间距以30cm为宜，不得有缺挡。

6）梯子如需接长使用，必须有可靠的连接措施，且接头不得超过1处。连接后梯梁的强度不应低于单梯梯梁的强度。

7）折梯使用时上部夹角以35°~45°为宜，铰链必须牢固，并应有可靠的拉撑措施。

8）固定式直爬梯应用金属材料制成。梯宽不应大于50cm，支撑应采用不小于∟70mm×6mm的角钢，埋设与焊接均必须牢固。梯子顶端的踏棍应与攀登的顶面齐平，并加设1~1.5m高的扶手。使用直爬梯进行攀登作业时，攀登高度以5m为宜。超过2m时，宜加设护笼，超过8m时，必须设置梯间平台。

9）作业人员应从规定的通道上下，不得在阳台之间等非规定通道进行攀登，也不得任意利用吊车臂架等施工设备进行攀登。上、下梯子时，必须面向梯子，且不得手持器物。

10）钢柱安装登高时，应使用钢挂梯或设置在钢柱上的爬梯。钢柱的接柱应使用梯子或操作台。操作台横杆高度，当无电焊防风要求时，不宜小于1m；当有电焊防风要求时，不宜小于1.8m。

11）登高安装钢梁时，应视钢梁高度，在两端设置挂梯或搭设钢管脚手架。梁面上需行走时，其一侧的临时护栏横杆可采用钢索，当改用扶手绳时，绳的自然下垂度不应大于$L/20$（L为绳的长度），并应控制在10cm以内。

12）钢屋架的安装，应遵守下列规定：

① 在屋架上下弦登高操作时，三角形屋架应在屋脊处，梯形屋架应在两端设置攀登时上下的梯架。材料可选用毛竹或原木，踏步间距不应大于40cm，毛竹梢径不应小于70mm。

② 屋架吊装以前，应在上弦设置防护栏杆。

③ 屋架吊装以前，应预先在下弦挂设安全网；吊装完毕后，将安全网铺设固定。

5. 悬空作业安全防护

1）悬空作业处应有牢靠的立足处，并必须视具体情况配置防护栏网、栏杆或其他安全设施。

2）悬空作业所用的索具、脚手板、吊篮、吊笼、平台等设备，均须经过技术鉴定或检验方可使用。

3）构件吊装和管道安装时的悬空作业，必须遵守下列规定：

① 钢结构的吊装，构件应尽可能在地面组装，并应搭设进行临时固定、电焊、高强度螺栓连接等工序的高处安全设施，随构件同时上吊就位。拆卸时的安全措施也应一并考虑和落实。高处吊装预应力钢筋混凝土屋架、桁架等大型构件前，也应搭设悬空作业中所需的安全设施。

② 悬空安装大模板、吊装第一块预制构件、吊装单独的大中型预制构件时，必须站在操作平台上操作。吊装中的大模板和预制构件以及石棉水泥板等屋面板上，严禁站人和行走。

③ 安装管道时必须有已完结构或操作平台为立足点，严禁在安装中的管道上站立行走。

4）模板支撑和拆卸时的悬空作业，必须遵守下列规定：

① 支模应按规定的作业程序进行，模板未固定前不得进行下一道工序。严禁在连接件和支撑件上攀登上下，并严禁在上、下同一垂直面上装、拆模板。结构复杂的模板，装、拆应严格按照施工组织设计的措施进行。

② 支设高度在3m以上的柱模板，四周应设斜撑，并应设立操作平台。低于3m的可使用马凳操作。

③ 支设悬挑形式的模板时，应有稳固的立足点。支设临空构筑物模板时，应搭设支架或脚手架。模板上有预留洞时，应在安装后将洞覆盖。混凝土板上，拆模后形成的临边或洞口，应按规范有关章节进行防护。拆模高处作业，应配置登高用具或搭设支架。

5）钢筋绑扎时的悬空作业，必须遵守下列规定：

① 绑扎钢筋和安装钢筋骨架时，必须搭设脚手架和马道。

② 绑扎圈梁、挑梁、挑檐、外墙和边柱等钢筋时，应搭设操作台架和张挂安全网。悬空大梁钢筋的绑扎，必须在满铺脚手板的支架或操作平台上操作。

③ 绑扎立柱和墙体钢筋时，不得站在钢筋骨架上或攀登骨架上下。3m以内的柱钢筋，可在地面或楼面上绑扎，整体竖立。绑扎3m以上的柱钢筋，必须搭设操作平台。

6）混凝土浇筑时的悬空作业，必须遵守下列规定：

① 浇筑离地2m以上框架、过梁、雨篷和小平台时，应设操作平台，不得直接站在模板或支撑件上操作。

② 浇筑拱形结构，应自两边拱脚对称地相向进行。浇筑储仓，下口应先行封闭，并搭设脚手架以防人员坠落。

③ 特殊情况下如无可靠的安全设施，必须系好安全带并扣好保险钩，或架设安全网。

7）进行预应力张拉的悬空作业时，必须遵守下列规定：

① 进行预应力张拉时，应搭设站立操作人员和设置张拉设备用的牢固可靠的脚手架或操作平台。雨天张拉时，还应架设防雨篷。

② 预应力张拉区域应标示明显的安全标志，禁止非操作人员进入。张拉钢筋的两端必须设置挡板。挡板应距所张拉钢筋的端部1.5～2m，且应高出最上一组张拉钢筋0.5m，其宽度应距张拉钢筋两外侧各不小于1m。

③ 孔道灌浆应按预应力张拉安全设施的有关规定进行。

8）悬空进行门窗作业时，必须遵守下列规定：

① 安装门、窗，油漆及安装玻璃时，严禁操作人员站在樘子、阳台栏板上操作。门、窗临时固定，封填材料未达到强度，以及电焊时，严禁手拉门、窗进行攀登。

② 在高处外墙安装门、窗，无外脚手架时，应张挂安全网。无安全网时，操作人员应系好安全带，其保险钩应挂在操作人员上方的可靠物件上。

③ 进行各项窗口作业时，操作人员的重心应位于室内，不得在窗台上站立，必要时应系好安全带进行操作。

6. 操作平台安全防护

1）移动式操作平台必须符合下列规定：

① 操作平台应由专业技术人员按现行的相应规范进行设计，计算书及设计图应编入施工组织设计。

② 操作平台的面积不应超过 $10m^2$，高度不应超过 5m。还应进行稳定验算，并采取措施减少立柱的长细比。

③ 装设轮子的移动式操作平台，轮子与平台的接合处应牢固可靠，立柱底端离地面不得超过 80mm。

④ 操作平台可采用 $\phi(48 \sim 51)mm \times 3.5mm$ 钢管以扣件连接，也可采用门架式或承插式钢管脚手架部件，按产品使用要求进行组装。平台的次梁，间距不应大于 40cm；台面应满铺 3cm 厚的木板或竹笆。

⑤ 操作平台四周必须按临边作业要求设置防护栏杆，并应布置登高扶梯。

2）悬挑式钢平台，必须符合下列规定：

① 悬挑式钢平台应按现行的相应规范进行设计，其结构构造应能防止左右晃动，计算书及设计图应编入施工组织设计。

② 悬挑式钢平台的搁置点与上部拉结点，必须位于建筑物上，不得设置在脚手架等施工设备上。

③ 斜拉杆或钢丝绳，构造上宜两边各设前后两道，两道中的每一道均应做单道受力计算。

④ 应设置 4 个经过验算的吊环。吊运平台时应使用卡环，不得使吊钩直接钩挂吊环。吊环应用甲类 3 号沸腾钢制作。

⑤ 钢平台安装时，钢丝绳应采用专用的挂钩挂牢，采取其他方式时，卡头的卡子不得少于 3 个。建筑物锐角利口围系钢丝绳处应加衬软垫物，钢平台外口应略高于内口。

⑥ 钢平台左、右两侧必须装设固定的防护栏杆。

⑦ 钢平台吊装，需将横梁支撑点电焊固定，接好钢丝绳，调整完毕，经过检查验收后，方可松卸起重吊钩进行上、下操作。

⑧ 钢平台使用时，应有专人进行检查，若发现钢丝绳有锈蚀损坏应及时调换，焊缝脱焊的应及时修复。

3）操作平台上应显著地标明容许荷载值。操作平台上人员和物料的总重力，严禁超过设计的容许荷载。应配备专人加以监督。

4）操作平台的力学计算与构造形式应符合规范要求。

7. 交叉作业安全防护

1）支模、粉刷、砌墙等各工种进行上下立体交叉作业时，不得在同一垂直方向上操作。下层作业的位置，必须处于依上层高度确定的可能坠落范围半径之外。不符合以上条件时，应设置安全防护层。

2）钢模板、脚手架等拆除时，下方不得有其他操作人员。

3）钢模板部件拆除后，临时堆放处离楼层边沿不应小于 1m，堆放高度不得超过 1m。楼层边口、通道口、脚手架边缘等处，严禁堆放任何拆下的物件。

4）结构施工自二层起，凡人员进出的通道口（包括井架、施工用电梯的进出通道口），均应搭设安全防护棚。高度超过 24m 的层上的交叉作业，应设双层防护。

5）由于上方施工可能坠落物件或处于起重机把杆回转范围之内的通道，在其受影响的范围内，必须搭设顶部能防止穿透的双层防护廊。

6）交叉作业通道防护的构造形式应符合规范要求。

7.7 施工机械与临时用电安全技术

1. 施工机械安全技术

（1）施工机械安全管理

1）施工企业技术部门应在工程项目开工前编制包括主要施工机械设备安装防护技术的安全技术措施，并报工程项目监理单位审查批准。

2）施工企业应认真贯彻执行经审查批准的安全技术措施。

3）施工项目总承包单位应对分包单位、机械租赁方执行安全技术措施的情况进行监督。分包单位、机械租赁方应接受项目经理部的统一管理，严格履行各自在机械设备安全技术管理方面的职责。

（2）施工机械设备的安装与验收

1）施工单位应对进入施工现场的机械设备的安全装置和操作人员的资质进行审验，不合格的机械和人员不得进入施工现场。

2）大型机械、塔式起重机等设备安装前，施工单位应根据设备租赁方提供的参数进行安装设计架设。经验收合格后的机械设备，可由资质等级合格的设备安装单位组织安装。

3）设备安装单位完成安装工程后，报请当地行政主管部门验收，验收合格后方可办理移交手续。应严格执行先验收、后使用的规定。

4）中、小型机械由分包单位组织安装后，施工企业机械管理部门组织验收，验收合格后方可使用。

5）所有机械设备验收资料均由机械管理部门统一保存，并交安全管理部门一份备案。

（3）施工机械管理与定期检查

1）施工企业应根据机械使用规模，设置机械设备管理部门。机械管理人员应具备一定的专业管理能力，并熟悉掌握机械安全使用的有关规定与标准。

2）机械操作人员应经过专门的技术培训，并按规定取得安全操作证后，方可上岗作业；学员或取得学习证的操作人员，必须在持操作证人员的监护下方准上岗。

3）机械管理部门应根据有关安全规程、标准制定项目机械安全管理制度并组织实施。

4）施工企业的机械管理部门应对现场机械设备组织定期检查，发现违章操作行为应立即纠正；对查出的隐患，要落实责任，限期整改。

5）施工企业机械管理部门负责组织落实上级管理部门和政府执法检查时下达的隐患整改指令。

（4）塔式起重机的安全防护

1）塔式起重机的基本参数。塔式起重机的基本参数包括起重力矩、起重量、工作幅度、起升高度、轨距等。

2）工作机构和安装装置。

① 行走机构和行程限位装置。行走机构由4个行走台车组成。行走机构没有制动装置，以避免制动引起的振动和倾斜，驾驶员停车采取由高速挡转换到低速挡，再到零位后滑行的方法。行程限位装置一般安装在主动台车内侧，装一个可以拨动扳把的行程开关，另在轨道的尽端（在塔式起重机运行限定的位置）安装一固定的极限位置挡板，当塔式起重机向前

运行到达限定位置时，极限挡板即拨动行程开关的扳把，切断行走控制电源，当开关再闭合时，塔式起重机只能向相反方向行走。

② 起重机构超高限位，钢丝绳脱槽限位，超载保险装置。超载保险装置安装在驾驶室内，下边与浮动卷扬机连杆相连。当吊起重物时，钢丝绳的张力拉着卷扬架上升，托起连杆压缩限位器的弹簧。当达到预先调定的限位时，推动杠杆撞板使限位器动作，切断控制线路，使卷扬机停车。驾驶员应在起重臂变幅后，及时按吨位标志调整限定起重量值。

③ 转动机构。起重机旋转部分与固定部分的相对转动，是借助电动机驱动的单独机构来实现的。

④ 变幅机构与幅度限位装置。变幅机构有两个用途：一是改变起重高度，二是改变吊物的回转半径。

此装置装在塔帽轴的外端架子上，由一活动半圆形盘、抱杆及两个限位开关组成。抱杆与起重臂同时转动，电刷根据不同角度分别接通指示灯触点，将角度位置通过指示灯光信号传递到操作室指示盘上，根据指示灯信号，可知起重臂的仰角，由此可查出相应起重臂。当臂杆变化到两个极限位置（上限、下限）时，则分别压下限位开关，切断主控制线路，变幅电动机停车。

3）塔式起重机安全技术。

① 起重机应由受过专业训练的专职驾驶员操作。

② 作业中遇 6 级及以上大风或雷雨天时应立即停止作业，锁紧夹轨器，松开回转机构的制动器，起重臂能随风摆动；遇 8 级以上大风警报，应另拉缆风绳与地面或建筑物固定。

③ 起重机必须有可靠接地，所有电气设备外壳都应与机体妥善连接。

④ 起重机安装好后，应重新调试好各种安全保护装置和限位开关。

⑤ 起重机行驶轨道不得有障碍或下沉，轨道末端 1m 处必须设有限位器撞杆和车挡。

⑥ 起重机必须严格按额定起重量起吊，不得超载，不准吊运人员斜拉重物、拔除地下埋物。

⑦ 夜间作业应有足够的照明。

⑧ 作业后，起重机应开到轨道中间停放，断开各路开关，切断总电源，打开高处指示灯。

（5）龙门架、“井”字架垂直升降机的安全防护

1）安全停靠装置。必须在吊篮到位时，有一种安全装置，使吊篮稳定停靠，使人员在进入吊篮内作业时有安全感。目前，各地区停靠装置形式不一，有自动型和手动型，即吊篮到位后，由弹簧控制或由人工搬动，使支承杠伸到架体的承托架上，其荷载全部由停靠装置承担，此时钢丝绳不受力，只起保险作用。

2）断绳保护装置。当钢丝绳突然断开时，此装置即弹出，两端将吊篮卡在架体上，使吊篮不坠落，保护吊篮内作业人员不受伤害。

3）吊篮安全门。安全门在吊篮运行中起防护作用，最好制成自动开启型，即当吊篮落地时，安全门自动开启，吊篮上升时，安全门自行关闭，这样可避免因操作人员忘记关闭，安全门失效。

4）楼层口停靠栏杆。升降机与各层进料口的结合处搭设了运料通道以运送材料，当吊篮上、下运行时，各通道口处于危险的边缘，卸料人员在此等候运料时应给予封闭，以防发

生高处坠落事故。此护栏（或门）应呈封闭状，待吊篮运行到位停靠时，方可开启。

5）上料口防护棚。升降机地面进料口是运料人员经常出入和停留的地方，易发生落物伤人事故。为此要在距离地面一定高度处搭设护棚，其材料需能承受一定的冲击荷载。尤其当建筑物较高时，其尺寸不能小于坠落半径的规定。

6）超高限位装置。当因驾驶员误操作或机械电气故障而引起吊篮失控时，为防止吊篮上升与天梁碰撞事故的发生应安装超高限位装置，需按提升高度进行调试。

7）下极限限位装置。它主要用于高架升降机，以防吊笼下行时不停机，压迫缓冲装置造成事故。安装时将下限位调试到碰撞缓冲器之前，可自动切断电源以保证安全运行。

8）超载限位器。它是为防止装料过多以及驾驶员难以估计各类散状重物的重力所造成的超载运行而设置的。当吊笼内荷载达到额定荷载的90%时发出信号，达到100%时切断起升电源。

9）通信装置。使用高架升降机或利用建筑物内通道运行升降机时，驾驶员因视线障碍不能清楚地看到各楼层，故需增加通信装置。驾驶员与各层运料人员靠通信装置及信号装置进行联系来确定吊篮的实际运行情况。

2. 施工临时用电安全技术

（1）一般规定

为了与正式工程中的电气工程有所区别，将施工过程中所使用的施工用电称为“临时用电”。《施工现场临时用电安全技术规范》（JGJ 46—2005）规定临时用电应遵守的主要原则为：

1）施工现场的用电设备在5台及5台以上或设备总容量在50kW以上者，应编制临时用电施工组织设计，它是临时用电方面的基础型技术安全资料。它所包括的内容有：

① 现场勘探。

② 确定电源进线、变电所或配电室、配电装置、用电设备位置及线路走向。

③ 进行负荷计算。

④ 选择变压器容量、导线截面和电气设备的类型、规格。

⑤ 绘制电气平面图、立面图和接线系统图。

⑥ 制定安全用电技术措施和电气防火措施。

2）在施工现场专用电源（电力变压器等）为中性点直接接地的电力线路中，必须采用TN-S接零保护系统。所谓TN-S系统，就是指电气设备金属外壳的保护零线要与工作零线分开，单独敷设。也就是说，在三相四线制的施工现场中，要使用五根线，第五根即保护零线。

3）施工现场的配电线路包括室外线路和室内线路。其敷设方式：室外线路主要有绝缘导线架空敷设（架空线路）和绝缘电缆埋地敷设（埋地电缆线路）两种，也有电缆线路架空明敷设的；室内线路常有绝缘导线和电缆的明敷设和暗敷设两种。

4）施工现场临时用电工程应采用放射型与树干型相结合的分级配电形式。第一级为配电室的配电屏（盘）或总配电箱，第二级为分配电箱，第三级为开关箱，开关箱以下就是用电设备，并且实行“一机一闸”制。

5）施工现场的漏电保护系统至少应按两级设置，并应具备分级分段漏电保护功能。

6）照明装置。在施工现场的电气设备中，照明装置与人的接触最为经常和普通。为了从技术上保证现场工作人员免受发生在照明装置上的触电伤害，照明装置必须采取以下措施：

① 照明开关箱（板）中的所有正常不带电的金属部件都必须做保护接零；所有灯具的金属外壳必须做保护接零。

② 照明开关箱（板）应装设漏电保护器。

③ 照明线路的相线必须经过开关才能进入照明器，不得直接进入照明器。否则，只要照明线路不停电，即使照明器不亮，灯头也是带电的，这就增加了不安全因素。

④ 螺口灯头的中心触头必须与相线连接，其螺口部分必须与工作零线连接。否则，在更换和擦拭照明器时，容易意外地触及螺口相线部分而发生触电。

⑤ 灯具的安装高度既要符合施工现场实际，又要符合安装要求。按照《施工现场临时用电安全技术规范》的要求，室外灯具距地不得低于3m；室内灯具距地不得低于2.4m。其中，室内灯具对地高度与国家标准有关，在正式工程中，室内照明灯具对地高度为2.5m，其不会给安全带来不利影响。

（2）施工临时用电设施的检查与验收

1）架空线路的检查验收。

① 导线的型号和截面应符合设计图的要求。

② 导线接头应符合工艺标准的要求。

③ 电杆的材质和规格应符合设计要求。

④ 进户线高度、导线弧垂距地面高度符合规范规定。

2）电缆线路的检查验收。

① 电缆敷设方式应符合有关规范规定及设计图的要求。

② 电线穿过建筑物、道路、易损部位时应加导管保护。

③ 架空电缆绑扎、最大弧垂距地面高度应符合规范规定。

④ 电缆接头应符合规范规定。

3）室内配线的检查验收。

① 导线型号及规格、距地面高度符合设计图的要求。

② 室内敷设导线应用瓷瓶、瓷夹。

③ 导线截面应满足规范、标准的规定。

4）设备安装的检查验收。

① 配电箱、开关箱的位置应符合规范规定和设计要求。

② 动力、照明系统应分开设置。

③ 箱内开关、电气设备应固定，并在箱内接线。

④ 保护零线与工作零线的端子应分开设置。

⑤ 检查漏电保护器是否有效。

5）接地接零的检查验收。

① 保护接地、重复接地、防雷接地的装置应符合规范要求。

② 各种接地电阻的电阻值应符合设计要求。

③ 机械设备的接地螺栓应紧固。

④ 高大井架、防雷接地的引下线与接地装置的做法应符合规范规定。

6）电气设备防护的检查验收。

① 高低压线下方应无障碍。

② 架子与架空线路的距离、塔式起重机旋转部位或被吊物边缘与架空线路距离应符合规范规定。

7）照明装置的检查验收。

① 照明箱内应有漏电保护器，且工作有效。

② 零线截面及室内导线型号、截面应符合设计要求。

③ 室内外灯具距地面高度应符合规范规定。

④ 螺口灯接线、开关断线应为相线。

⑤ 开关灯具的位置应符合规范规定和设计要求。

7.8 施工现场防火安全管理

1. 施工现场防火安全管理的一般规定

1）施工现场防火工作，必须认真贯彻“以防为主，防消结合”的方针，立足于自防自救，坚持安全第一，实行“谁主管，谁负责”的原则，在防火业务上要接受当地行政主管部门和当地公安消防机构的监督和指导。

2）施工单位应对职工进行经常性的防火宣传教育，普及消防知识，增强消防观念，自觉遵守各项防火规章制度。

3）施工应根据工程的特点和要求，在制定施工方案或施工组织设计的时候制订消防防火方案，并按规定程序实行审批。

4）施工现场必须设置防火警示标志，施工现场办公室内应挂有防火责任人、防火领导小组成员名单、防火制度。

5）施工现场实行层级消防责任制，落实各级防火责任人，各负其责，项目经理是施工现场防火负责人，全面负责施工现场的防火工作，由公司发给任命书，施工现场必须成立防火领导小组，由防火负责人任组长，成员由项目相关职能部门人员组成，防火领导小组定期召开防火工作会议。

6）施工单位必须建立健全岗位防火责任制，明确各岗位的防火负责区和职责，使职工懂得本岗位的火灾危险性，懂得防火措施，懂得灭火方法，会报警，会使用灭火器材，会处理事故苗头。

7）按规定实施防火安全检查，对查出的火险隐患及时整改，本部门难以解决的要及时上报。

8）施工现场必须根据防火的需要，配置相应种类、数量的消防器材、设备和设施。

2. 施工现场防火安全管理的要求

严格执行临时动火“三级”审批制度，领取动火作业许可证后，方能动火作业。动火作业必须做到“八不”“四要”“一清理”。

（1）“三级”动火审批制度

1）一级动火，即可能发生一般火灾事故的。

2）二级动火，即可能发生重大火灾事故的。

3）三级动火，即可能发生特大火灾事故的。

（2）动火前“八不”

1）防火、灭火措施不落实不动火。

2）周围的易燃物未清除不动火。

3）附近难以移动的易燃结构未采取安全防范措施不动火。

4）盛装过油类等易燃液体的容器、管道，未经洗刷干净、排除残存的油质不动火。

5）盛装过气体，受热膨胀并有爆炸危险的容器和管道未清除不动火。

6）储存有易燃易爆物品的车间、仓库和场所，未经排除易燃、易爆危险的不动火。

7）在高处进行焊接或切割作业时，下面的可燃物品未清理或未采取安全防护措施的不动火。

8）没有配备相应的灭火器材不动火。

（3）动火中“四要”

1）动火前要指定现场安全负责人。

2）现场安全负责人和动火人员必须经常注意动火情况，发现不安全苗头时要立即停止动火。

3）发生火灾、爆炸事故时，要及时补救。

4）动火人员要严格执行安全操作规程。

（4）动火后“一清理”

1）动火人员和现场安全责任人在动火后，应在彻底清理现场火种后才能离开现场。

2）在高处进行焊、割作业时要有专人监焊，必须落实防止焊渣飞溅、切割物下跌的安全措施。

3）动火作业前、后要告知防火检查员或值班人员。

4）装修工程施工期间，在施工范围内不准吸烟，严禁油漆及木制作作业与动火作业同时进行。

5）乙炔气瓶应直立放置，使用时不得靠近热源，应距明火点不小于10m，与氧气瓶应保持不小于5m的距离，不得露天存放、暴晒。

3. 电气防火技术

1）施工现场的一切电气线路、设备必须由持有上岗操作证的电工安装、维修，并严格执行《建设工程施工现场供用电安全规范》（GB 50194—2014）和《施工现场临时用电安全技术规范》的规定。

2）电线绝缘层老化、破损时要及时更换。

3）严禁在外脚手架上架设电线和使用碘钨灯，因施工需要在其他位置使用碘钨灯时，架设要牢固，碘钨灯距易燃物不小于50cm，且不得直接照射易燃物。当间距不够时，应采取隔热措施，施工完毕要及时拆除。

4）临时建筑设施的电气安装要求：

① 电线必须与铁制烟囱保持不小于50cm的距离。

② 电气设备和电线不准超过安全负荷，接头处要牢固，保持绝缘性良好；室内外电线架设应有瓷管或瓷瓶与其他物体隔离，室内电线不得直接敷设在可燃物、金属物上，要套防火绝缘线管。

③ 照明灯具下方一般不准堆放物品，其垂直下方与堆放物品的水平距离不得小于50cm。

④ 临时建筑设施内的照明必须做到“一灯一制一保险”，不准使用60W以上的照明灯具；宿舍内照明应按每$10m^2$有一盏功率不低于40W的照明灯具的原则布设，并安装带保险的插座。

⑤ 每栋临时建筑以及临时建筑内每个单元的用电必须设有电源总开关和漏电保护开关，做到人离电断。

⑥ 凡是能够产生静电，引起爆炸或火灾的设备容器，必须设置消除静电的装置。

4. 电焊、气割防火技术

1）从事电焊、气割的操作人员，应经过专门培训，掌握焊割的安全技术、操作规程，考试合格，取得操作合格证后方可持证上岗。学徒工不能单独操作，应在师傅的监护下进行作业。

2）严格执行用火审批程序和制度，操作前应办理动火申请手续，经单位领导同意及消防或安全技术部门检查批准，领取动火许可证后方可进行作业。

3）用火审批人员要认真负责，严格把关。审批前要深入动火地点查看，确认无火险隐患后再行审批。批准动火应按照定时（时间）、定位（层、段、挡）、定人（操作人、看火人）、定措施（应采取的具体防火措施）的步骤进行，部位变动或仍需继续操作时，应事先更换动火证。动火证只限当日本人使用，并随身携带，以备消防保卫人员检查。

4）进行电焊、气割前，应由施工员或班组长向操作、看火人员进行消防安全技术措施交底，任何领导不能以任何借口让电、气焊工人进行冒险操作。

5）装过或有易燃、可燃液体、气体及化学危险物品的容器、管道和设备，在未彻底清洗干净前，不得进行焊割。

6）严禁在有可燃气体、粉尘或禁止用火的危险性场所焊割。在此场所附近进行焊割时，应按有关规定，保持防火距离。

7）遇有5级以上大风天气时，应停止高处和露天焊割作业。

8）要合理安排工艺和编制施工进度，在有可燃材料保温的部位，不准进行焊割作业。必要时，应在工艺安排和施工方法上采取严格的防火措施。焊割不准在油漆、喷漆、脱漆、木工等易燃易爆物品和可燃物上作业。

9）焊割结束或离开操作现场时，应切断电源、气源。赤热的焊嘴以及焊条头等，禁止放在易燃易爆物品和可燃物上。

10）禁止使用不合格的焊割工具和设备，电焊的导线不能与装有气体的设备接触，也不能与气焊的软管或气体的导管放在一起。焊把线和气焊的软管不得从生产、使用、储存易燃易爆物品的场所或部位穿过。

11）焊割现场应配备灭火器材，危险性较大的应有专人在现场监护。

12）电焊工的操作要求：

① 电焊工在操作前，要严格检查所用工具（包括电焊机设备、线路敷设、电缆线的接点等），使用的工具均应符合标准，保持完好状态。

② 电焊机应有单独开关，装在防火、防雨的闸箱内，电焊机应设防雨篷（罩）。开关的保险丝容量应为该机的1.5倍。保险丝不准用铜丝或铁丝代替。

③ 焊割部位应与氧气瓶、乙炔瓶、乙炔发生器及各种易燃、可燃材料隔离，两瓶之间

的距离不得小于5m，与明火之间的距离不得小于10m。

④ 电焊机应设专用接地线，直接放在焊件上，接地线不准在建筑物、机械设备、各种管道、避雷引下线和金属架上借路使用，以防接触火花造成起火事故。

⑤ 电焊机一、二次线应用线鼻子压接牢固，同时，应加装防护罩，防止松动、短路放弧、引燃可燃物。

⑥ 严格执行防火规定和操作规程，操作时采取相应的防火措施，与看火人员密切配合，防止火灾。

5. 易燃易爆物品防火技术

1）现场不应设立易燃易爆物品仓，如工程确需存放易燃易爆物品，应按照防火有关规定要求，经公司保卫处或消防部门审批同意后，方能存放，存放量不得超过3d的使用总量。

2）易燃易爆物品仓必须设专人看管，严格收发、回仓登记手续。

3）易燃易爆物品严禁露天存放。严禁将化学性质或防护、灭火方法相抵触的化学易燃易爆物品在同一仓内存放。氧气和乙炔气要分别独立存放。

4）使用化学易燃易爆物品时，应实行限额领料并填写领料记录。在使用化学易燃易爆物品场所，严禁动火作业；禁止在作业场所内分装、调料。

5）易燃易爆物品仓的照明必须使用防爆灯具、线路、开关、设备。

6）严禁携带手机、对讲机等进入易燃易爆物品仓。

6. 木工操作间防火技术

1）木工操作间建筑应采用阻燃材料搭建。

2）冬季宜采用暖气（水暖）供暖，如用火炉取暖，应在四周采取挡火措施；不准燃烧劈柴、刨花代煤取暖。每个火炉都要有专人负责，下班时将余火熄灭。

3）电气设备的安装要符合要求。抛光、电锯等部位的电气设备应采用密封式或防爆式。刨花、锯末较多部位的电动机，应安装防尘罩。

4）木工操作间内严禁吸烟和用明火作业。

5）木工操作间只能存放当班的用料，成品及半成品应及时运走。木器工厂应做到活完场地清，刨花、锯末下班时要打扫干净，堆放在指定的地点。

6）严格遵守操作规程，旧木料经检查，起出铁钉等后，方可上锯。

7）配电盘、刀闸下方不能堆放成品、半成品及废料。

8）工作完毕后应拉闸断电，并经检查确定无火险后方可离开。

7. 临时设施防火技术

1）临时建筑的围蔽和骨架必须使用不燃材料搭建（门、窗除外），厨房、茶水房、易燃易爆物品仓必须单独设置，用砖墙围蔽。施工现场材料仓宜搭建在门卫值班室旁。

2）临时建筑必须整齐划一、牢固且远离火灾危险性大的场所，每栋临时建筑占地面积不宜大于200m^2，室内地面要平整，其四周应当修建排水明渠。

3）每栋临时建筑的居住人数不准超过50人，每25人要有一个可以直接出入的门口。临时建筑的高度不低于3m，门窗要往外开。

4）临时建筑一般不宜搭建两层，如确因施工用地所限，需搭建两层的宿舍，其围蔽必须用砖砌，楼面应使用不燃材料铺设，二层若住人则应每50人有一座疏散楼梯，楼梯的宽度不小于1.2m，坡度不大于45°，栏杆扶手的高度不应低于1m。

5）搭建两栋以上（含两栋）临时宿舍共用同一疏散通道时，其通道净宽应不小于5m，临时建筑与厨房、变电房之间的防火距离应不小于3m。

6）储存、使用易燃易爆物品的设施要独立搭建，并远离其他临时建筑。

7）临时建筑不要修建在高压架空电线下面，并距离高压架空电线的水平距离不小于6m。

搭建临时建筑必须先上报，经有关部门批准后建设。经批准搭建的临时建筑不得擅自更改位置、面积、结构和用途，若发生更改，必须重新报批。

8. 防火资料档案管理

施工现场必须建立健全施工现场防火资料档案，并有专人管理，其内容应有：

1）工程建设项目和装修工程消防报批资料。

2）工程消防方案。

3）搭建临时建筑和外脚手架的消防报批许可证。

4）防火机构人员名单（包括义务消防队员、专兼职防火检查员名单）。

5）对职工、外来工、义务消防队员的培训、教育计划及有关资料记录。

6）每次防火会议记录和各级防火检查记录、隐患整改记录。

7）各项防火制度。

8）动火作业登记簿。

9）消防器材的种类、数量、保养记录、期限、维修记录。

9. 特殊施工场地防火

（1）地下工程施工防火

1）施工现场的临时电源线不宜直接敷设在墙壁或土墙上，应用绝缘材料架空安装。配箱应采取防火措施，潮湿地段或渗水部位照明应安装防潮灯具。

2）施工现场应有不少于两个入口或坡道，长距离施工时应适当增加出入口的数量。施工区面积不超过50m^2，施工人员不超过20人时，可设一个直通地上的安全出口。

3）安全出入口、疏散走道和楼梯的宽度应按其通过人数每100人不小于1m的净宽计算。每个出入口的疏散人数不应超过250人。安全出入口、疏散走道、楼梯的最小净宽应不小于1m。

4）疏散通道、楼梯及走道内，不应设置突出物或堆放施工材料和机具。

5）疏散通道、安全出入口、疏散楼梯、操作区域等部位，应设置火灾事故照明灯。

6）疏散通道及其交叉口、拐弯处、安全出口处应设置疏散指示标识灯。疏散指示标识灯的间距不宜过大，距地面高度应为1～1.2m。

7）火灾事故照明灯和疏散指示标识灯工作电源断电后，应能自动投合。

8）地下工程施工区域应设置消防给水管道和消火栓，消防给水管道可以与施工用水管道合用。地下工程不能设置消防用水管道时，应配备足够数量的轻便消防器材。

9）大面积油漆粉刷和喷漆应在地面施工，局部的粉刷可在地下工程内部进行，但一次粉刷的量不宜过多，同时在粉刷区域内禁止切火源，加强通风。

10）制订应急的疏散计划。

（2）古建筑工程施工防火

1）电源线、照明灯具不应直接敷设在古建筑的柱、梁上。照明灯具应安装在支架上或吊装，同时安装防护罩。

2）古建筑工程的修缮若是在雨期施工，应考虑安装避雷设备，以对古建筑及架子进行保护。

3）加强用火管理，对电、气焊实施动焊的审批管理制度。

4）室内油漆彩画时，应逐项进行，每次安排油漆彩画量不宜过大，以不达到局部形成爆炸极限为前提。油漆彩画时禁止一切火源。夏季对剩下的油皮子及时处理，防止因高温造成自燃。施工中的油棉丝、手套、油皮子等不要乱扔，应集中进行处理。

5）冬季进行油彩画时，不应使用炉火进行供暖，尽量使用暖气供暖。

6）古建筑施工中，剩余的刨花、锯末、贴金纸等可燃材料，应随时进行清理，做到活完料清。

7）易燃、可燃材料应选择在安全地点存放，不宜靠近树木等。

8）施工现场应设置消防给水设施、水池或消防水桶。

10. 施工现场防火检查及灭火

（1）施工现场防火检查

1）防火检查内容。

① 检查用火、用电和易燃易爆物品及其他重点部位生产、储存、运输过程中的防火安全情况和临建结构、平面布置、水源、道路是否符合防火要求。

② 火险隐患整改情况。

③ 检查义务和专职消防队组织及活动情况。

④ 检查各级防火责任制、岗位责任制、八大工种责任书和各项防火安全制度的执行情况。

⑤ 检查“三级”动火审批及动火证、操作证、消防设施、器材管理及其使用情况。

⑥ 检查防火安全宣传教育、外包工管理等情况。

⑦ 检查十项标准是否落实、基础管理是否健全、防火档案资料是否齐全、发生事故是否按“三不放过”原则进行处理。

2）火险隐患整改的要求。

① 领导重视。

② 边查边改。

③ 对不能立即解决的火险隐患，检查人员逐件登记，定项、定人、定措施，限期整改，并建立立案、销案制度。

④ 对重大火险隐患，经施工单位自身的努力仍得不到解决的，公安消防监督机关应该督促他们及时向上级主管机关报告，求得解决，同时采取可靠的临时性措施。

⑤ 对遗留下来的建筑规划无消防通道、水源等方面的问题，一时确实无法解决的，公安消防监督机关应提请有关部门纳入建设规划，逐步加以解决。在没有解决前，要采取临时性的补救措施，以保证安全。

（2）施工现场灭火方法

1）窒息灭火方法。阻止空气流入燃烧区，或用不燃物质（气体）冲淡空气，使燃烧物质断绝氧气的助燃而使火熄灭。

2）冷却灭火法。将灭火剂直接喷洒在燃烧物质上，使可燃物质的温度降低到燃点以下，以终止燃烧。

3）隔离灭火法。将燃烧物质与附近的可燃物质隔离或疏散开，使燃烧因失去可燃物质而停止。

4）抑制灭火法。与前三种灭火方法不同，它是使灭火剂参与燃烧反应过程，使燃烧过程中产生的游离基消失，从而形成稳定分子或低活性的游离基，使燃烧反应停止。

（3）消防设施的布置

1）消防给水的设置原则。根据火灾资料的统计及公安部关于建筑工地防火基本措施的规定，下列工程内应设置临时消防给水：

① 高度超过24m的工程。

② 层数超过10层的工程。

③ 重要的及施工面积较大（超过施工现场内临时消火栓保护范围）的工程。

2）消防给水管网的布置。

① 工程临时竖管不应少于2条，呈环状布置，每根竖管的直径应根据要求的水柱股数，按最上层消火栓出水计算，但不小于100mm。

② 高度小于50m，每层面积不超过500m^{2}的普通塔式住宅及公共建筑，可设一条临时竖管。

3）临时消火栓的布置。

① 工程内临时消火栓应分设于各层明显且便于使用的地点，并保证消火栓的充实水柱能达到工程内的任何部位。栓口出水方向宜与墙壁呈90°角，离地面1.2m。

② 消火栓口径应为65mm，配备的水带每节长度不宜超过20m，水枪喷嘴口径不小于19mm。每个消火栓处宜设起动消防水泵的按钮。

③ 临时消火栓的布置应保证充实水柱能到达工程内的任何部位。

4）施工现场灭火器的配备。

① 一般临时设施区，每100m^{2}配备两个10L灭火器，大型临时设施总面积超过1200m^{2}的，应备有专供消防用的太平桶、积水桶（池）、黄砂池等器材设施。

② 木工间、油漆间、机具间等每25m^{2}应配置一个合适的灭火器；油库、危险品仓库应配备足够数量、种类的灭火器。

③ 仓库或堆料场内，应根据灭火对象的特性，分组布置酸碱、泡沫、清水、二氧化碳等灭火器。每组灭火器不少于4个，每组灭火器之间的距离不大于30m。

5）施工现场灭火器的摆放。

① 灭火器应摆放在明显和便于取用的地点，且不得影响安全疏散。

② 灭火器应摆放稳固，其铭牌必须朝外。

③ 手提式灭火器应使用挂钩悬挂，或摆放在托架上、灭火箱内，其顶部离地面高度应小于1.5m，底部离地面高度宜大于0.15m。

④ 灭火器不应摆放在潮湿或强腐蚀性的地点，必须摆放时，应采取相应的保护措施。

⑤ 摆放在室外的灭火器应采取相应的保护措施。

⑥ 灭火器不得摆放在超出其使用温度范围以外的地点，灭火器的使用温度范围应符合规范规定。

复习思考题

1. 什么是安全控制？安全控制的目标是什么？
2. 建筑工程施工安全控制的特点有哪几个方面？
3. 施工安全技术措施的主要内容有哪些？
4. 什么是安全技术交底？安全技术交底的要求有哪些？
5. 安全生产检查监督的主要类型有哪些？
6. 安全生产检查监督的主要内容有哪些？
7. 建筑工程安全隐患有哪些？
8. 基坑作业安全技术有哪些？
9. 脚手架工程施工安全技术有哪些？
10. 高处作业施工安全技术有哪些？
11. 施工机械安全技术有哪些？
12. 临时用电安全技术有哪些？
13. 施工现场防火安全管理的一般规定有哪些？
14. 施工现场防火安全管理的要求有哪些？
15. 施工现场防火如何检查？

第 8 章

建筑工程安全事故分析与处理

8.1 事故与事故急救

1. 生产安全事故

（1）事故的定义及特性

生产安全事故是对在生产活动过程中发生的，可能造成人员伤亡和财产损失的意外突发性事件的总称。生产安全事故通常会造成正常活动中断、人员伤亡和财产损失。

从劳动保护的角度看，生产安全事故主要是指企业职工在生产劳动过程中发生的人身伤害、急性中毒等事故。

事故是一种意外事件，具有本身特有的一些属性。掌握这些特性，对人们认识事故、了解事故以及预防事故具有指导意义。概括起来，事故主要有以下 4 种特性：

1）因果性。事故的因果性是指事故是由相互联系的多种因素共同作用的结果。引起事故的原因是多方面的。在伤亡事故调查分析过程中，应查清事故发生的原因，找出引起事故发生的因素，这有利于今后预防类似事故的发生。

2）随机性。事故的随机性是指事故发生的时间、地点、后果的程度是偶然的。这就给事故的预防带来一定的困难。但是，这种随机性在一定范围内也遵循一定的规律。从事故的统计资料中，人们可以找到事故发生的规律性。因此，伤亡事故统计分析对制定正确的预防措施具有重大意义。

3）潜伏性。表面上，事故是一种突发事件，但是事故发生之前有一段潜伏期。事故发生之前，系统（人、机、环境）所处的状态是不稳定的，即系统存在着事故隐患，具有潜在的危险性。如果此时有一触即发的因素出现，就会导致事故的发生。人们应认识事故的潜伏性，摒弃麻痹思想。在生产活动中，某些企业较长时间内未发生伤亡事故，容易麻痹大意而忽视事故的潜伏性，这是造成重大伤亡事故的思想隐患。

4）可预防性。现代事故预防所遵循的这一原则即指事故是可以预防的。也就是说，任何事故，只要采取正确的预防措施，都是可以防止的。认识到这一特性，对坚定信心，防止伤亡事故发生具有积极作用。因此，人们必须通过事故调查，找到已发生事故的原因，采取预防事故的措施，从根本上降低伤亡事故发生频率。

（2）建筑工程安全事故的特点

1）严重性。建筑工程发生安全事故，其影响往往较大，会直接导致人员伤亡或财产损失，重大安全事故往往会导致群死群伤或巨大财产损失。近年来，建筑工程安全事故死亡的人数和事故起数仅次于交通、矿山，成为备受关注的热点问题之一。因此，对建筑工程安全事故隐患决不能掉以轻心，一旦发生安全事故，其造成的损失将无法挽回。

2）复杂性。建筑工程施工生产的特点决定了影响建筑工程安全生产的因素很多，建筑工程安全事故的原因错综复杂，即使是同一类安全事故，其发生的原因也可能多种多样。因此，在对安全事故进行分析时，判断发生事故的性质、原因（直接原因、间接原因、主要原因）等就显得尤为重要。

3）可变性。许多建筑工程施工中出现的安全事故隐患并非静止的，而是有可能随着时间而不断地发展、恶化，若不及时整改和处理，往往可能发展成为严重或重大的安全事故。因此，在分析与处理工程安全事故隐患时，要重视安全事故隐患的可变性，应及时采取有效措施，对其进行纠正、消除，杜绝其发展、恶化为安全事故。

4）多发性。建筑工程中的安全事故，往往在建筑工程某部位、工序或作业活动经常发生，例如，物体打击事故、触电事故、高处坠落事故、坍塌事故、机械事故、中毒事故等。因此，对多发性安全事故，应注意吸取教训，总结经验，采取有效预防措施，加强事前预控、事中控制。

2. 事故类型

（1）按伤害程度分类

1）轻伤，是指损失工作日为 1 个工作日以上（含 1 个工作日），105 个工作日以下的失能伤害。

2）重伤，是指损失工作日为 105 个工作日以上（含 105 个工作日）的失能伤害，重伤的损失工作日最多不超过 6000 日。

3）死亡，其损失工作日定为 6000 日，这是根据我国职工的平均退休年龄和平均死亡年龄计算出来的。

此种分类是按伤亡事故造成损失工作日的多少来衡量的，而损失工作日是指受伤害者丧失劳动能力（简称失能）的工作日。各种伤害情况的损失工作日数，可按《企业职工伤亡事故分类》（GB 6441—1986）中的有关规定计算或者选取。

（2）按事故严重程度分类

根据《生产安全事故报告和调查处理条例》（国务院令第 493 号）的规定，生产安全事故按造成的人员伤亡或者直接经济损失划分为以下四个等级：

1）特别重大事故，是指造成 30 人以上死亡，或者 100 人以上重伤（包括急性工业中毒，下同），或者 1 亿元以上直接经济损失的事故。

2）重大事故，是指造成 10 人以上 30 人以下死亡，或者 50 人以上 100 人以下重伤，或者 5000 万元以上 1 亿元以下直接经济损失的事故。

3）较大事故，是指造成 3 人以上 10 人以下死亡，或者 10 人以上 50 人以下重伤，或者 1000 万元以上 5000 万元以下直接经济损失的事故。

4）一般事故，是指造成 3 人以下死亡，或者 10 人以下重伤，或者 1000 万元以下直接经济损失的事故。

以上等级事故中的“以上”包括本数，“以下”不包括本数。

以上分类中的直接经济损失是指因事故造成人身伤亡及善后处理支出的费用和损坏财产的价值。事故的发生还会因工作中断等造成间接经济损失，即指因事故导致产量减少、资源破坏和受事故影响而造成的其他损坏的价值，包括停产减产损失价值、工作损失价值、资源损失价值、处理环境污染费用和其他损失价值。

《生产安全事故报告和调查处理条例》规定，国务院安全生产监督管理部门可以会同国务院有关部门，制定事故等级划分的补充性规定。原建设部《关于进一步规范房屋建筑和市政工程生产安全事故报告和调查处理工作的若干意见》（建质［2007］257号）对房屋建筑和市政工程生产安全事故中的一般事故进行了专门规定，一般事故是指造成3人以下死亡，或者10人以下重伤，或者1000万元以下100万元以上直接经济损失的事故。

（3）按事故类别分类

《企业职工伤亡事故分类》将事故类别划分为20类。建筑施工企业易发生的事故主要有以下10种：

1）高处坠落，是指由于危险重力势能差引起的伤害事故，适用于脚手架、平台、陡壁施工等高于地面的坠落，也适用于山坡、地面踏空失足坠入洞、坑、沟、升降口、漏斗等情况，但排除以其他类别为诱发条件的坠落，如高处作业时，因触电失足坠落应定为触电事故，不能按高处坠落划分。

2）触电，是指电流流经人体，造成生理伤害的事故，适用于触电、雷击伤害，如人体接触带电的设备金属外壳或者裸露的临时线，漏电的手持电动手工工具，起重设备误触高压线或者感应带电，雷击伤害，触电坠落等事故。

3）物体打击，是指失控物体的惯性力造成的人身伤害事故，如落物、滚石、锤击、碎裂、崩块、砸伤等造成的伤害，不包括爆炸引起的物体打击。

4）机械伤害，是指机械设备与工具引起的绞、碾、碰、割、戳、切等伤害，如工件或者刀具飞出伤人，切削伤人，手或者身体被卷入，手或者其他部位被刀具碰伤，被转动的机构缠（压）住等，但属于车辆、起重设备引起机械伤害的情况除外。

5）起重伤害，是指从事起重作业时引起的机械伤害事故，包括各种起重作业引起的机械伤害，但不包括触电，检修时制动失灵引起的伤害，上、下驾驶室时引起的坠落式跌倒。

6）坍塌，是指建筑物、构筑物、堆置物等倒塌以及土石塌方引起的事故，适用于因设计或者施工不合理而造成的倒塌以及土方、岩石发生的塌陷事故，如建筑物倒塌，脚手架倒塌，挖掘沟、坑、洞时土石的塌方等情况，不适用于矿山冒顶事故，或因爆炸、爆破引起的坍塌事故。

7）车辆伤害，是指本企业机动车辆引起的机械伤害事故，如机动车辆在行驶中的挤、压、撞车或倾覆等事故。

8）火灾，是指造成人身伤亡的企业火灾事故，不适用于非企业原因造成的火灾，如居民火灾蔓延到企业。

9）中毒和窒息，是指人接触有毒物质，如误吃有毒食物或者呼吸有毒气体引起的人体急性中毒事故，或者在暗井、涵洞、地下管道等不通风的地方工作，因为氧气缺乏，有时会发生人突然晕倒，甚至死亡的窒息事故。两种现象合为一类，称为中毒和窒息事故。不适用于病理变化导致的中毒和窒息的事故，也不适用于慢性中毒的职业病导致的死亡。

10）其他伤害，凡不属于《企业职工伤亡事故分类》所列前 19 种伤害的事故均称为其他伤害，如扭伤、冻伤、钉子扎伤等。

高处坠落、坍塌、物体打击、机械伤害（包括起重伤害）、触电等是建筑业最常发生的事故，占事故总数的 85% 以上，称为“五大伤害”。

3. 事故隐患

一般而言，生产安全事故隐患是指生产经营单位违反安全生产法律、法规、规章、标准、规程、安全生产管理制度的规定，或者因其他因素在生产经营活动中存在的可能导致伤亡事故发生的物的危险状态、人的不安全行为和管理上的缺陷。

生产安全事故隐患分为一般事故隐患和重大事故隐患。一般事故隐患是指危害和整改难度较小，发现后能够立即整改、排除的隐患。重大事故隐患是指危害和整改难度较大，应当全部或者局部停产停业，并经过一定时间整改、治理方能排除的隐患，或者因外部因素影响致使生产经营单位自身难以排除的隐患。

生产安全事故隐患的特征主要表现在隐蔽性，它未被人们发现或者易被人们忽视，这也是它与生产安全事故的重大区别。根据“墨非定律”，只要存在发生事故的原因，事故就一定会发生，而且不管其可能性多么小，总会发生，并造成最大可能的损失。因此，对任何事故隐患都不能有丝毫大意，或对事故苗头和隐患遮遮掩掩，而要想尽一切办法，采取一切措施消除隐患，把事故案件消灭在萌芽状态。

实际上，根据生产安全事故的定义和划分，生产安全事故隐患本身就是生产安全事故的一种类型。

“隐患就是事故”已成为安全生产管理的一个重要管理理念。建筑施工中应当经常对市故隐患进行排查，并予以消除。

4. 生产安全事故急救

（1）触电事故现场急救

国内外一些统计资料指出，触电后 1min 开始救治者，90% 有良好效果；触电后 6min 内开始救治者，50% 可能复苏成功；触电后 12min 再开始抢救，很少有救活的可能。可见，就地进行及时、正确的抢救，是触电急救成败的关键。

企业应当教育员工在发生触电事故后，切不可惊慌失措、束手无策，应立即切断电源，使伤员脱离触电状态，减少损伤的程度，同时向医疗部门呼救，这是抢救成功的首要因素。在切断电源前，应注意伤员已成带电体，任何人不能触碰伤员，以免遭受电击。

（2）烧伤救护

烧伤包括热烧伤、电烧伤等。

热烧伤现场救护的主要措施是尽快使伤员脱离致伤因素，以免继续损害深层组织，为下一步的救治创造条件。

电烧伤因电流的特殊作用造成的软组织损伤是不规则的立体烧伤，电烧伤往往伤口小，基底大而深，所以不能单纯看烧伤部位的面积来衡量烧伤的程度，而应同时注意致伤的深度和全身情况。

（3）出血救护

建筑施工现场的伤亡事故多发生在高处坠落、物体打击、机械伤害、触电和物体坍塌等方面，而这些事故都会造成出血征象，且常伴随软组织割裂伤、挫伤、刺伤、骨折等原发创伤。

发生创伤性出血时，应根据现场条件，及时、正确地采取压迫止血法、指压止血法、弹性止血带止血等暂时性的止血方法止血。伤员经现场止血、包扎、固定后，应尽快正确地运送到医院抢救。

施工项目部应定期组织生产安全事故急救基本知识的教育和演练。

8.2 建筑安全事故原因分析

导致建筑工程安全事故的基本因素主要包括勘察设计原因、施工人员违章作业、施工单位安全管理不到位、安全物资质量不合格、安全生产投入不足等。建筑工程安全事故发生的原因可以分为直接原因和间接原因。

直接原因是指直接导致伤亡事故发生的机械、物质、环境的不安全状态及人的不安全行为。间接原因是指技术和设计上的缺陷、教育培训不够或未经培训、劳动组织不合理、对现场工作缺乏检查或指导错误、没有安全操作规程或不健全、没有或不认真实施事故防护措施、对事故隐患整改不力等。

和其他事故的原因一样，引起安全生产事故的原因具体可以归纳为人、物、环境和管理四大因素。

1. 人的因素

人的因素是指人的不安全行为。人的因素是事故产生的最直接因素。各种生产事故，其原因不管是直接的还是间接的，都可以归结为人的不安全行为。人的不安全行为可以导致物的不安全状态，导致不安全的环境因素被忽略，也可能出现管理上的漏洞和缺陷，还可能造成事故隐患并触发事故的发生。

从心理学的角度看，人的行为来自人的动机，而动机产生于需要，动机促成了实现其目的行为的发生。尽管人具有自卫的本能，不希望受到伤害，希望发生自以为安全的行为，但是人又是主观的，由于受到物质状态以及自身素质等条件的影响，有时会出现主观认识与客观实际不一致的现象产生不安全行为。人在生产活动中，曾引起或可能引起事故的行为，必然是不安全的行为。德国人帕布斯·海恩提出一个在航空界关于飞行安全的“海恩法则”，该法则指出，每一起严重事故的背后，必然有29起轻微事故和300起未遂先兆以及1000起事故隐患。海恩法则强调了两点：一是事故的发生是量的积累的结果；二是再好的技术，再完美的规章，在实际操作层面，也无法取代人自身的素质和责任心。

人的不安全行为具体有操作失误，以不安全的速度作业，使用不安全设备，用手替代工具操作，物体的摆放不安全，不按规定使用防护用品，不安全着装等。在事故致因中，人的个体行为和事故是存在因果关系的，任何人都会由于自身与环境因素的影响，对同一事件的反应、表现和行为出现差异。

发生不安全行为的因素又可以分为：教育原因，包括缺乏基本的文化知识和认识能力，缺乏安全生产的知识和经验，缺乏必要的安全生产技术和技能等；身体原因，包括生理状态或健康状态不佳，如听力、视力不良，反应迟钝，疾病、醉酒、疲劳等生理机能障碍等；态度原因，缺乏工作的积极和认真的态度，如怠慢、反抗、不满等情绪，消极或亢奋的工作态度等。

2. 物的因素

在建筑生产活动中，物的因素是指物的不安全状态。物的因素也是事故产生的直接因素之一。物之所以成为事故的原因，是由于物的固有属性及其具有的潜在破坏和伤害能力的存在。例如，施工过程中钢材、脚手架及其构件等原材料的堆放和储运不当，对零散材料缺乏必要的收集管理，作业空间狭小，机械设备、工器具存在缺陷或缺乏保养，高处作业缺乏必要的保护措施等。物的不安全状态往往又是由于人的不安全行为导致的。

物的不安全状态随着生产过程中物质条件的存在而存在，是事故的基础原因，它可以由一种不安全状态转换为另一种不安全状态，由微小的不安全状态发展为致命的不安全状态，也可以由一种物质传递给另一个物质。事故的严重程度随着物的不安全程度的增大而增大。

3. 环境因素

环境因素是指环境的不良状态。不良的生产环境会影响人的行为，同时对机械设备也产生不良作用。由于建筑生产活动是一种露天作业比较多的活动，同时，随着建筑施工新技术、新工艺以及复杂程度增加，受环境因素的影响也日趋明显。

环境因素包括气候、温度、自然地理条件等方面，如冬天的寒冷，往往造成施工人员动作迟缓或僵硬；夏天的炎热往往造成施工人员的体力透支，注意力不集中；高处和地下作业则造成技术的发挥不当；下雨、刮风、扬沙等天气，都会影响人的行为和机械设备的正常使用。

值得注意的是，人文环境也是一个十分重要且不容忽视的因素。一个企业，如果从领导到职工，人人讲安全，人人重视安全，形成一个良好的安全氛围，更深层次地讲，就是形成企业的安全文化，在这样的环境下，安全生产是有人文环境保障的。

4. 管理因素

人的不安全行为和物的不安全状态，往往只是事故直接和表面的原因，深入分析可以发现，发生事故的根源往往是管理的缺陷。管理学家认为，导致大多数事故的原因是人的不安全行为，而人的不安全行为又是由于管理过程缺乏控制造成的。

造成安全事故的原因是多方面的，根本原因在于管理系统的规章制度、管理程序、监督的有效性以及施工人员训练等管理方面的缺陷甚至失效。

管理因素主要包括安全管理制度不健全、安全操作规程缺乏或执行不力等，建筑生产的特点决定了加强安全管理对实现安全生产的目标尤为重要。

事故发生后，在查清原因的基础上，还必须对事故进行责任分析，目的是使事故责任者、管理人员和广大职工吸取教训，接受教育，改进安全工作。事故责任分析可以通过事故调查所确认的事实、事故发生的直接原因和间接原因、有关人员的职责、分工和在具体事故中所起的作用，追究其所应负的责任；按照有关组织管理人员及生产技术因素，追究最初造成不安全状态的责任；按照有关技术规定的性质、明确程度、技术难度，追究属于明显违反技术规定的责任；对属于未知领域的责任不予追究。

根据对事故应负责任的程度不同，事故责任分为直接责任者、主要责任者和领导责任者等。对事故责任者的处理，在以教育为主的同时，还必须根据有关规定，按情节轻重分别给予经济处罚、行政处分甚至追究刑事责任。

8.3 事故防范

安全生产的实质是防止事故，消除导致死亡、伤害及各种财产损失发生的因素。生产安全事故的发生体现了企业重生产轻安全、安全管理薄弱、主体责任不落实，一些地方和部门安全监管不到位等突出问题。防范事故发生主要是从安全生产管理的要求和事故发生的原因等方面采取措施。

1. 做好安全生产条件的落实

安全生产条件是指满足安全生产的各种因素及其组合或者影响生产安全的所有因素，绝大部分属于诸多人为因素的组合。

安全生产条件可以归纳为人和物两个最基本的元素，人的元素是最活跃的一个元素，安全生产管理的重点在于对人的管理，安全生产管理的实质是不断完善和提高安全生产条件。

落实安全生产条件是施工企业安全生产的基础条件。安全生产条件的特征有以下一些：

（1）人为性

安全生产条件绝大多数是属于“人的安全行为因素”，即使属于“物的安全状态因素”，也可归结于人的因素。

（2）前置性

安全生产条件不等同于安全生产业绩，它是生产活动前应具备的条件，没有它就难以保证生产安全活动的开展。安全生产业绩是生产活动开展后的一系列表象。安全生产条件在前，安全生产业绩在后，安全生产条件是安全生产业绩的前提，安全生产业绩是安全生产条件的反映。

（3）充分性

充分性也称作欠必要性。按照逻辑原理分析，安全生产条件是不发生生产安全事故的充分条件，但不完全是必要条件，即不具备安全生产条件不一定发生事故。

欠必要性这一特点往往使人们产生了一些错觉或者错误的认识，似乎不抓安全生产或者安全生产未抓好，生产安全事故也不一定发生；有时抓了安全生产反而发生了事故。于是，有了抓不抓安全生产一个样、安全生产“听天由命”的不正确想法。但无数事实表明，生产安全事故的发生总是由于存在这样或那样的安全生产条件不具备的问题。反之，真正搞好安全生产的企业，安全生产条件都是达到要求的。只要安全生产条件完全符合管理要求，生产安全事故就完全可以避免。安全生产条件越完善，生产的安全概率就越大。所以，应正确认识安全生产条件充分性，正确看待安全生产条件的欠必要性，扎扎实实地完善企业的安全生产条件。

（4）约束性

安全生产条件的欠必要性容易使人们对安全生产条件的重要性产生错误的认识，仅通过宣传、教育难以加深人们对安全生产条件的关注和重视。因此，必须采取强制手段规范企业的安全生产条件。

加强对安全生产条件的约束，应从内外两方面着手：一是企业内部的约束，企业领导者要提高对规范安全生产条件的认识，制定切实有效的规章制度，落实各项安全生产条件；二是要通过社会关注、政府监管，督促企业落实安全生产条件。实行安全生产许可制度，就是要进一步落实企业的安全生产条件，加强安全生产条件的监督管理。安全生产许可制度从法律上确立了安全生产条件在安全管理上的重要地位，所以，安全生产条件具有法律的约束性。

（5）动态性

安全生产条件随着生产活动的不断变化而变化，随着人们对安全生产的认识不断提高而变化。有时随着管理的松懈，安全生产条件也会降低，使得安全生产条件不具备或者严重不具备。实行安全生产条件动态监管越来越成为安全生产管理中关注的问题。

（6）可控性

安全生产条件虽然具有动态特征和难以掌握的规律，但在某一阶段或者某一场合相对稳定，且人们对于事物的认识不断加深、手段不断完善。因此，影响生产安全的所有因素都是可以掌控的。安全生产条件的可控性还表现在可以通过现代计算机技术进行控制。无论安全生产条件状况如何，人们都可以将每个评价单元定性地做出判断，并给予其定值；再通过各单元值的换算得出总值及其他参数值；最后做出综合分析，对某一单元或者某一局部系统甚至整个系统做出科学、客观的判定，并可根据综合值对某一单元或者某一局部系统或者对整个系统做出定性的评价。

（7）均衡性

安全生产条件虽然其内容和要求各不相同，但按其条件的划分来说，任何一项条件均不能忽视，不能说这个条件比那个条件重要。忽视任何一个条件，都有可能造成重大的生产安全事故，给安全生产管理造成重大的影响。

安全生产条件的衡量可以通过安全生产条件评价确定安全生产条件评价等级进行。

《中华人民共和国安全生产法》规定：“生产经营单位应当具备本法和有关法律、行政法规和国家标准或者行业标准规定的安全生产条件，不具备安全生产条件的，不得从事生产经营活动。”

原建设部根据建筑施工企业管理的特点，发布了《建筑施工企业安全生产许可证管理规定》（住房和城乡建设部于 2015 年对其进行了修订），确定建筑施工企业安全生产的 12 项条件：

1）建立健全安全生产责任制，制定完备的安全生产规章制度和操作规程。

2）保证本单位安全生产条件所需资金的投入。

3）设置安全生产管理机构，按照国家有关规定配备专职安全生产管理人员。

4）主要负责人、项目负责人、专职安全生产管理人员经建设主管部门或者其他有关部门考核合格。

5）特种作业人员经有关业务主管部门考核合格，取得特种作业操作资格证书。

6）管理人员和作业人员每年至少进行 1 次安全生产教育培训并考核合格。

7）依法参加工伤保险，依法为施工现场从事危险作业的人员办理意外伤害保险，为从业人员交纳保险费。

8）施工现场的办公、生活区及作业场所和安全防护用具、机械设备、施工机具及配件符合有关安全生产法律、法规、标准和规程的要求。

9）有职业危害防治措施，并为作业人员配备符合国家标准或者行业标准的安全防护用具和安全防护服装。

10）有对危险性较大的分部分项工程及施工现场易发生重大事故的部位、环节的预防、监控措施和应急预案。

11）有生产安全事故应急救援预案、应急救援组织或者应急救援人员，配备必要的应急救援器材、设备。

12）法律、法规规定的其他条件。

2. 做好安全生产教育培训

安全生产教育培训是对施工人员掌握安全知识和达到管理要求的重要环节，是对人的安全生产管理的重要内容。《建设工程安全生产管理条例》规定，施工单位的主要负责人、项目负责人、专职安全生产管理人员应当经建设行政主管部门或者其他有关部门考核合格后方可任职；施工单位应当对管理人员和作业人员每年至少进行一次安全生产教育培训，其教育培训情况记入个人工作档案，安全生产教育培训考核不合格的人员，不得上岗；作业人员进入新的岗位或者新的施工现场前，应当接受安全生产教育培训，未经教育培训或者教育培训考核不合格的人员，不得上岗作业；施工单位在采用新技术、新工艺、新设备、新材料时，应当对作业人员进行相应的安全生产教育培训；垂直运输机械作业人员、安装拆卸工、爆破作业人员、起重信号工、登高架设作业人员等特种作业人员，必须按照国家有关规定经过专门的安全作业培训，并取得特种作业操作资格证书后，方可上岗作业。

安全生产教育培训的对象为企业主要负责人、项目负责人、安全管理人员、特种作业人员、企业其他管理人员和作业人员（包括待岗、转岗、换岗人员、新进场工人），其中特种作业人员应取得特种作业证书。

安全生产教育培训是指专门针对安全生产形势、安全生产管理知识、安全生产法律和法规、安全生产管理方法和安全生产操作技能等内容组织的教育培训活动。安全生产教育培训应以企业为主，包括岗前（含转岗）培训、持证后的继续教育以及日常生产活动中的技术交底等。

安全生产教育培训应是经常性的。企业和施工现场必须对以上培训类型和对象做出具体的教育培训要求。

（1）全员安全生产教育培训管理要求

企业和施工现场应结合企业安全生产教育培训制度，落实有关安全生产教育培训内容，对教育培训管理提出具体要求：

1）有相应的安全生产教育培训管理部门或责任人负责，做到分工明确，责任到位。

2）能够根据安全生产管理形势提出符合安全生产教育培训管理要求的具体措施。

3）能够提出对企业本部及施工现场等所属单位的安全生产教育培训实施监督和考核的管理要求等。

（2）全员安全生产教育培训实施要求

教育培训重在实施，企业和施工现场应对教育培训的落实情况提出具体要求：

1）有针对各类人员制订的培训计划。

2）制订的培训计划全面、具体，能够涵盖各类人员的教育培训内容，其中也包括企业和项目负责人等各类管理人员的培训，能够满足全员教育培训的管理要求。

3）有较完整的培训措施，其中包括培训师资、培训教材和培训设施等，能够满足教学的需求。

4）各类人员的教育培训应有相应的实施记录或检查记录。

3. 建立安全生产管理机构

《建设工程安全生产管理条例》规定，施工单位应当设立安全生产管理机构，配备专职安全生产管理人员。专职安全生产管理人员负责对安全生产进行现场监督检查。发现安全事故隐患，应当及时向项目负责人和安全生产管理机构报告；对违章指挥、违章操作的，应当立即制止。

住房和城乡建设部《建筑施工企业安全生产管理机构设置及专职安全生产管理人员配备办法》（建质［2008］91 号）规范了建筑施工企业安全生产管理机构的设置，明确了建筑施工企业和项目专职安全生产管理人员的配备标准。其规定，建筑施工企业应当依法设置安全生产管理机构，在企业主要负责人的领导下开展本企业的安全生产管理工作。企业安全生产管理机构应当职责明确，能够形成直至各个施工现场的企业安全生产管理网络，能有效地指导和监督企业所属的生产单位和施工现场的安全生产管理。

专门的安全生产管理机构是建筑施工企业及其在建筑工程项目部中设置的负责安全生产管理工作的独立职能部门。该机构的职能为安全生产监督管理，其考核指标与安全生产监督管理绩效挂钩，不具体承担其他生产任务或完成生产经营活动中的经济考核指标。

建筑施工现场应当按项目部建立安全生产管理领导小组。建筑工程实行施工总承包的，安全生产领导小组应当由总承包企业、专业承包企业和劳务分包企业项目经理、技术负责人和专职安全生产管理人员组成。建设规模较大，建设周期较长等有条件的项目部可设置专门的安全生产管理部门。

建筑施工企业和施工现场应当配备专职安全生产管理人员。专职安全生产管理人员是指经建设行政主管部门或者其他有关部门安全生产考核合格取得安全生产考核合格证书，并在建筑施工企业及其项目从事安全生产管理工作的专职人员。专职安全生产管理人员的工作由企业委派，行使企业内部监督管理职能。施工现场的作业班组可设置兼职安全巡查员，对本作业班组的作业现场进行安全监督检查，从而形成从企业到项目部到作业班组的安全管理网络。

（1）建筑施工企业安全生产管理机构及其专职安全生产管理人员职责

1）建筑施工企业安全生产管理机构具有以下职责：

① 宣传和贯彻国家有关安全生产法律、法规和标准。

② 编制并适时更新安全生产管理制度并监督实施。

③ 组织或参与企业生产安全事故应急救援预案的编制及演练。

④ 组织开展安全生产教育培训与交流。

⑤ 协调配备项目专职安全生产管理人员。

⑥ 制订企业安全生产检查计划并组织实施。

⑦ 监督在建项目安全生产费用的使用。

⑧ 参与危险性较大工程安全专项施工方案专家论证会。

⑨ 通报在建项目违规违章查处情况。

⑩ 组织开展安全生产评优评先表彰工作。

⑪ 建立企业在建项目安全生产管理档案。

⑫ 考核评价分包企业安全生产业绩及项目安全生产管理情况。

⑬ 参加生产安全事故的调查和处理工作。

⑭ 企业明确的其他安全生产管理职责。

2）建筑施工企业安全生产管理机构专职安全生产管理人员在施工现场检查过程中具有以下职责：

① 查阅在建项目安全生产有关资料、核实有关情况。

② 检查危险性较大工程安全专项施工方案落实情况。

③ 监督项目专职安全生产管理人员履责情况。

④ 监督作业人员安全防护用品的配备及使用情况。

⑤ 对发现的安全生产违章违规行为或安全隐患，有权当场予以纠正或做出处理决定。

⑥ 对不符合安全生产条件的设施、设备、器材，有权当场做出查封的处理决定。

⑦ 对施工现场存在的重大安全隐患有权越级报告或直接向建设主管部门报告。

⑧ 企业明确的其他安全生产管理职责。

（2）安全生产领导小组和项目专职安全生产管理人员职责

1）安全生产领导小组的主要职责：

① 贯彻落实国家有关安全生产法律、法规和标准。

② 组织制定项目安全生产管理制度并监督实施。

③ 编制项目生产安全事故应急救援预案并组织演练。

④ 保证项目安全生产费用的有效使用。

⑤ 组织编制危险性较大工程安全专项施工方案。

⑥ 开展项目安全教育培训。

⑦ 组织实施项目安全检查和隐患排查。

⑧ 建立项目安全生产管理档案。

⑨ 及时、如实报告安全生产事故。

2）项目专职安全生产管理人员具有以下主要职责：

① 负责施工现场安全生产日常检查并做好检查记录。

② 现场监督危险性较大工程安全专项施工方案实施情况。

③ 对作业人员违规违章行为有权予以纠正或查处。

④ 对施工现场存在的安全隐患有权责令立即整改。

⑤ 对于发现的重大安全隐患，有权向企业安全生产管理机构报告。

⑥ 依法报告生产安全事故情况。

（3）专职安全生产管理人员的配备

1）建筑工程、装修工程应按照建筑面积配备，具体要求为：1 万 m^2 以下的工程不少于 1 人；1 万 ~5 万 m^2 的工程不少于 2 人；5 万 m^2 及以上的工程不少于 3 人，且按专业配备专职安全生产管理人员。

2）土木工程、线路管道、设备安装工程应按照工程合同价配备，具体要求是 5000 万元以下的工程不少于 1 人；5000 万 ~1 亿元的工程不少于 2 人；1 亿元及以上的工程不少于 3 人，且按专业配备专职安全生产管理人员。

3）分包单位配备项目专职安全生产管理人员要求：专业承包单位应当配置至少 1 人，并根据所承担的分部分项工程的工程量和施工危险程度增加。劳务分包单位施工人员在 50 人以下的，应当配备 1 名专职安全生产管理人员；50 ~200 人的，应当配备 2 名专职安全生产管理人员；200 人及以上的，应当配备 3 名及以上专职安全生产管理人员，并根据所承担的分部分项工程施工危险实际情况增加，不得少于工程施工人员总人数的 0.5%。

4）采用新技术、新工艺、新材料或致害因素多、施工作业难度大的工程项目，项目专职安全生产管理人员的数量应当根据施工实际情况，在以上规定的配备标准上增加。

4. 重视安全技术管理工作

事故防范现场实施主要是把安全管理要求和安全技术落到实处，安全技术管理是安全生产的核心内容，施工企业应按规定和标准要求做好安全技术文件的编制，特别是危险性较大的分部分项工程专项施工方案，做好安全技术交底工作，在生产过程中及时进行安全检查，明确工程安全防范的重点部位和危险岗位的检查方式和方法。发现问题立即整改，切实保证生产的顺利进行。

8.4 事故报告的程序和内容

《生产安全事故报告和调查处理条例》规定，事故发生后，事故报告应当及时、准确、完整，任何单位和个人对事故不得迟报、漏报、谎报或者瞒报。

1. 事故报告的程序

事故发生后，事故现场有关人员应当立即向本单位负责人报告；单位负责人接到报告后，应当于 1h 内向事故发生地县级以上人民政府安全生产监督管理部门和负有安全生产监督管理职责的有关部门报告。

情况紧急时，事故现场有关人员可以直接向事故发生地县级以上人民政府安全生产监督管理部门和负有安全生产监督管理职责的有关部门报告。实行施工总承包的建筑工程，由总承包单位负责上报事故。

安全生产监督管理部门和负有安全生产监督管理职责的有关部门接到事故报告后，应当依照下列规定上报事故情况，并通知公安机关、劳动保障行政部门、工会和人民检察院：

1）特别重大事故、重大事故逐级上报至国务院安全生产监督管理部门和负有安全生产监督管理职责的有关部门。

2）较大事故逐级上报至省、自治区、直辖市人民政府安全生产监督管理部门和负有安全生产监督管理职责的有关部门。

3）一般事故上报至设区的市级人民政府安全生产监督管理部门和负有安全生产监督管理职责的有关部门。

安全生产监督管理部门和负有安全生产监督管理职责的有关部门依照前面规定上报事故情况，应当同时报告本级人民政府。国务院安全生产监督管理部门和负有安全生产监督管理职责的人民政府接到发生特别重大事故、重大事故的报告后，应当立即报告国务院。

必要时，安全生产监督管理部门和负有安全生产监督管理职责的有关部门可以越级上报事故情况。

安全生产监督管理部门和负有安全生产监督管理职责的有关部门逐级上报事故情况，每级上报的时间不得超过 2h。

2. 事故报告的内容

报告事故应当包括下列内容：

1）事故发生单位概况。

2）事故发生的时间、地点以及事故现场情况。

3）事故的简要经过。

4）事故已经造成或者可能造成的伤亡人数（包括下落不明的人数）和初步估计的直接经济损失。

5）已经采取的措施。

6）其他应当报告的情况。

事故报告后出现新情况的，应当及时补报。自事故发生之日起30日内，事故造成的伤亡人数发生变化的，应当及时补报。道路交通事故、火灾事故自发生之日起7日内，事故造成的伤亡人数发生变化的，应当及时补报。

8.5 事故调查和处理

事故调查和处理应当坚持科学严谨、依法依规、实事求是、注重实效的原则，及时、准确地查清事故经过、事故原因和事故损失，查明事故性质，认定事故责任，总结事故教训，提出整改措施，并对事故责任者依法追究责任；又要总结经验教训，落实整改和防范措施，防止类似事故再次发生。因此，施工项目一旦发生安全事故，应按照事故原因未查明不放过；事故责任者和员工未受到教育不放过；事故责任者未处理不放过；整改措施未落实不放过的“四不放过”的原则进行处理。

1. 事故调查的目的

事故调查的目的主要有：

1）核实事故项目基本情况，包括项目履行法定建设程序情况、参与项目建设活动各方主体履行职责的情况。

2）查明事故发生的经过、原因、人员伤亡情况及直接经济损失。

3）认定事故的性质和事故责任。

4）提出对事故责任者的处理建议。

5）总结事故教训，提出防范和整改措施。

6）提交事故调查报告。

2. 调查组的组成

《生产安全事故报告和调查处理条例》规定，特别重大事故由国务院或者国务院授权有关部门组织事故调查组进行调查。

重大事故、较大事故、一般事故分别由事故发生地省级人民政府、设区的市级人民政府、县级人民政府负责调查。省级人民政府、设区的市级人民政府、县级人民政府可以直接组织事故调查组进行调查，也可以授权或者委托有关部门组织事故调查组进行调查。

未造成人员伤亡的一般事故，县级人民政府也可以委托事故发生单位组织事故调查组进行调查。上级人民政府认为必要时，可以调查由下级人民政府负责调查的事故。

自事故发生之日起30日内（道路交通事故、火灾事故自发生之日起7日内），因事故伤亡人数变化导致事故等级发生变化，依照本条例规定应当由上级人民政府负责调查的，上级人民政府可以另行组织事故调查组进行调查。

特别重大事故以下等级事故，事故发生地与事故发生单位不在同一个县级以上行政区域的，由事故发生地人民政府负责调查，事故发生单位所在地人民政府应当派人参加。

事故调查组的组成应当遵循精简、效能的原则。

1）根据事故的具体情况，事故调查组由有关人民政府、安全生产监督管理部门、负有安全生产监督管理职责的有关部门、监察机关、公安机关以及工会派人组成，并应当邀请人民检察院派人参加。

2）事故调查组可以聘请有关专家参与调查。

3）事故调查组成员应当具有事故调查所需要的知识和专长，并与所调查的事故没有直接利害关系。

4）事故调查组组长由负责事故调查的人民政府指定，事故调查组组长主持事故调查组的工作。

事故调查组有权向有关单位和个人了解与事故有关的情况，并要求其提供相关文件、资料，有关单位和个人不得拒绝。事故发生单位的负责人和有关人员在事故调查期间不得擅离职守，并应当随时接受事故调查组的询问，如实提供有关情况。

事故调查中发现涉嫌犯罪的，事故调查组应当及时将有关材料或者其复印件移交司法机关处理。事故调查中需要进行技术鉴定的，事故调查组应当委托具有国家规定资质的单位进行技术鉴定。必要时，事故调查组可以直接组织专家进行技术鉴定。技术鉴定所需时间不计入事故调查期限。

事故调查组成员在事故调查工作中应当诚信公正、恪尽职守，遵守事故调查组的纪律，保守事故调查的秘密。未经事故调查组组长允许，事故调查组成员不得擅自发布有关事故的信息。

事故调查组应当自事故发生之日起 60 日内提交事故调查报告；特殊情况下，经负责事故调查的人民政府批准，提交事故调查报告的期限可以适当延长，但延长的期限最长不超过 60 日。

事故调查报告应当包括下列内容：

1）事故发生单位概况。事故发生单位概况应当包括单位的全称、所处地理位置、隶属关系、生产经营范围和规模、持有各类证照的情况、单位负责人的基本情况以及近期的生产经营状况等。

2）事故发生经过和事故救援情况。事故发生的简要经过是对事故全过程的简要叙述。核心要求在于“全”和“简”，“全”是要全过程描述，“简”是要简单明了。需要强调的是，对事故发生经过的描述应当特别注意事故发生前作业场所有关人员和设备设施的一些细节。报告事故发生的时间应当具体，并尽量精确到分钟。报告事故发生的地点要准确，除事故发生的中心地点外，还应当报告事故所波及的区域。报告事故现场的情况应当全面，不仅应当报告现场的总体情况，还应当报告现场人员的伤亡情况，设备设施的毁损情况；不仅应当报告事故发生后的现场情况，还应当尽量报告事故发生前的现场情况等。

3）已经采取的措施。已经采取的措施主要是指事故现场有关人员、事故单位责任人、已经接到事故报告的安全生产管理部门为减少损失、防止事故扩大和便于事故调查所采取的应急救援和现场保护等具体措施。

4）事故造成的人员伤亡和直接经济损失。对于人员伤亡情况的报告，应当遵守实事求是的原则，不进行无根据的猜测，更不能隐瞒实际伤亡人数，对可能造成的伤亡人数，要根据事故单位当班记录，尽可能准确报告。对直接经济损失的初步估算，主要指事故所导致的建筑物的毁损、生产设备设施和仪器仪表的损坏等。

5）事故发生的原因和事故性质。

6）事故责任的认定以及对事故责任者的处理建议。

7）事故防范和整改措施。事故调查报告应当附具有关证据材料。事故调查组成员应当在事故调查报告上签名。事故调查报告报送负责事故调查的人民政府后，事故调查工作即告结束。事故调查的有关资料应当归档保存。

3. 事故处理

（1）工程安全事故处理的依据

工程安全事故处理的主要依据有安全事故的实况材料；具有法律效力的建筑工程合同，包括工程承包合同、设计委托合同、材料设备供应合同、分包合同以及监理合同等；有关的技术文件、档案；相关的建筑工程法律、法规、标准及规范。

1）安全事故的实况材料。要搞清楚安全事故的原因和确定处理对策，首先要掌握安全事故的实际情况。有关安全事故实况的资料主要来自以下几个方面：

① 施工单位的安全事故调查报告。安全事故发生后，施工单位有责任就所发生的安全事故进行周密的调查并研究掌握情况，在此基础上写出调查报告，提交总监理工程师、建设单位和政府有关部门。在调查报告中首先就与安全事故有关的实际情况做详尽的说明，其内容应包括：

a. 安全事故发生的时间、地点。

b. 安全事故状况的描述。

c. 安全事故发展变化的情况（其范围是否继续扩大，情况是否已经稳定等）。

d. 有关安全事故的观测记录、事故现场状态的照片或录像。

② 监理单位现场调查的资料。其内容大致与施工单位调查报告中有关内容相似，以便于施工单位所提供的情况对照、核实。

2）有关的技术文件和档案。

① 与设计有关的技术文件。施工图和技术说明等设计文件是建筑工程施工的重要依据。在处理安全事故中，其作用一方面是可以对照设计文件，核查施工安全生产是否完全符合设计的规定和要求；另一方面是可以根据所发生的安全事故情况，核查设计中是否存在问题或缺陷，是否为导致安全事故的一个原因。

② 与施工有关的技术文件与资料档案。属于这类的技术文件、资料档案有：

a. 施工组织设计或施工方案、施工计划。

b. 施工记录、事故日志等。根据它们可以查对发生安全事故的工程施工时的情况，如施工时的气温、降雨、风等有关的自然条件；施工人员的情况；施工工艺与操作过程的情况；使用的材料情况；施工场地、工作面、交通等情况；地质及水文地质情况等。借助这些资料可以追溯和探寻事故的可能原因。

c. 有关建筑材料、施工机具及设备等的质量证明资料。例如，材料批次、出厂日期、出厂合格证或检验报告、施工单位抽检或实验报告等。

d. 有关安全物资的质量证明资料，如安全防护用具、材料、设备等的质量证明资料。

e. 其他有关资料。

上述各类技术资料对于分析安全事故原因，判断事故发展变化趋势，推断事故影响及严重程度，考虑处理措施等都是必不可少的。

3）有关合同及合同文件。所涉及的合同文件有工程承包合同；设计委托合同；设备、器材与材料供应合同；设备租赁合同；分包合同；监理合同等。有关合同及合同文件在处理安全事故中的作用是：确定在施工过程中有关各方面是否按照合同有关条款实施其活动，借以探寻产生事故的可能原因。

4）相关的建筑工程法律、法规和标准规范。

① 建筑市场管理。依据《中华人民共和国建筑法》《中华人民共和国合同法》《中华人民共和国招标投标法》《中华人民共和国安全生产法》《安全生产许可证条例》《建筑施工企业安全生产许可证管理规定》等法律、法规及规章，维护建筑市场的正常秩序和良好环境，充分发挥竞争机制，保证建筑工程安全和质量。

② 施工现场管理。《中华人民共和国建筑法》《中华人民共和国安全生产法》以及《生产安全事故报告和调查处理条例》等法律、法规，全面系统地对建筑工程有关的安全责任和管理问题做了明确的规定，可操作性强。它们不但对建筑工程安全生产管理具有指导作用，而且是全面保证工程施工安全和处理工程施工安全事故的重要依据。

③ 建筑企业资质、安全生产许可证和从业人员资格管理。主要是有关企业资质、安全许可证、人员职业资格和从业资格的相关规定等要求。

④ 标准和规范。《工程建设标准强制性条文》和《实施工程建设强制性标准监督规定》是参与建设活动各方执行工程建设强制性标准和政府实施监督的依据，同时也是保证建筑工程安全的必需条件，是分析处理工程安全事故，判定责任方的重要依据。一切工程建设的勘察、设计、施工、安装、验收都应按现行标准进行，不符合现行强制性标准的勘察报告不得报出，不符合强制性条文规定的设计不得审批，不符合强制性标准的材料、半成品、设备不得进场，不符合强制性标准的工程安全和质量，必须整改、处理。

（2）工程安全事故处理的程序与要求

重大事故、较大事故、一般事故，负责事故调查的人民政府应当自收到事故调查报告之日起 15 日内做出批复；特别重大事故，30 日内做出批复，特殊情况下，批复时间可以适当延长，但延长的时间最长不超过 30 日。

有关机关应当按照人民政府的批复，依照法律、行政法规规定的权限和程序，对事故发生单位和有关人员进行行政处罚，对负有事故责任的国家工作人员进行处分。

事故发生单位应当按照负责事故调查的人民政府的批复，对本单位负有事故责任的人员进行处理。负有事故责任的人员涉嫌犯罪的，依法追究刑事责任。

事故发生单位应当认真吸取事故教训，落实防范和整改措施，防止事故再次发生。防范和整改措施的落实情况应当接受工会和职工的监督。

事故处理的情况由负责事故调查的人民政府或者其授权的有关部门、机构向社会公布，依法应当保密的除外。

工程安全事故发生后，一般按以下程序进行处理：

1）伤员抢救与现场保护。事故发生后，首先要做的工作是立即抢救伤员，疏散有关人员，并迅速采取措施防止事故蔓延扩大。同时，要认真保护好事故现场，不得破坏与事故有关的物体、状态及痕迹等。确因抢救伤员和防止事故的扩大需要移动现场某些物件时，须做出标志、拍照，详细记录和绘制现场图。死亡事故现场还须经过当地劳动、公安部门同意，才能清理。

2）搜集有关资料及证明材料。

① 物证搜索。事故调查获取的第一手资料是事故现场所留下的各种证物，如遭破坏的部件、碎片，各种残留及致害物所处的位置等。现场所收集到的各种证物均应贴上注有时间、地点、使用者及管理者等内容的标签。所有证物均应保持原样，不得冲洗擦拭印迹。需要对有害健康的危险物品采取安全防范措施时，也应在不损害原始证据的条件下进行，确保各种现场物证的完整性和真实性。

② 事故事实材料的搜集。在获取现场物证后，应对事故发生前的有关事实及有利于鉴别和分析事故的各种材料进行搜索。

事故发生前的有关事实包括：事故发生前各种设备及设施的性能、质量及运行状况，使用材料（必要时进行理化性分析和实验），设计和工艺方面的技术文件，各种规章制度、操作规程等建立和执行情况，工作环境情况（必要时可取样分析），个人防护措施情况及出事前受害者或肇事者的健康情况等。

有利于事故鉴别和分析的材料包括：发生事故的时间、地点、单位，受害人和肇事人的姓名、性别、年龄、文化程度、技术水平、工龄及从事本工种的时间等，受害者及肇事者接受安全教育的情况，受害者及肇事者过去的事故记录，事故当天受害者及肇事者的开始工作时间、工作内容、工作量、作业程序和动作以及作业时的情绪和精神状态等。

③ 证人材料的搜集。在获取物证及事实材料后，应尽快找到事故的目击者和有关人员搜集证明材料，还可以通过交谈、访问及询问等方式来获取证人材料，但在询问时应避免提一些具有诱导性的问题。此外，由于各方面因素的影响，还应通过多方调查、前后对比等来对证人口述材料的真实程度进行认真考证。

④ 事故现场摄影。对于一些不能较长时间保留、有可能被消除或被践踏的证据，如各种残骸、受害者的原始存息地、各种痕迹、事故现场全貌等，应利用摄影或录像等手段记录下来，为随后的事故调查和分析提供原始和真实的信息。

⑤ 事故图绘制。为了直接反映事故的情况，还应将事故的有关情况绘制出来，如事故现场示意图、流程图、受害者位置图等。

3）事故原因分析。首先，要认真整理和研究调查材料。如实反映客观情况，切忌主观臆断。在经过反复鉴别的基础上，按照《企业职工伤亡事故分类》规定的以下内容进行分析：受伤部位、受伤性质、起因物、致害物、伤害方式、不安全状态、不安全行为。

在分析事故原因时，应从直接原因（指直接导致事故发生的原因）入手，即从机械、物质或环境的不安全状态和人的不安全行为入手。确定导致事故的直接原因后，逐步深入到间接原因方面（指直接原因得以产生和存在的原因，一般可以理解为管理上的原因）进行分析，找出事故的主要原因，从而掌握事故的主要原因，分清主次，进行事故责任分析。

4）事故责任分析。对事故责任分析，必须以严肃认真的态度对待。要根据事故调查组所确认的事实，通过对直接原因和间接原因的分析，确定事故的直接责任人和领导责任者。然后在此基础上，根据直接责任者和领导责任者，在事故发生过程中的不同作用，确定事故的主要责任者。最后，根据事故后果和责任者应负的责任提出处理意见和防范措施建议。

5）写出事故调查报告。调查组在完成上述工作后，应就所调查的内容写出书面的事故调查报告。应着重把事故发生的经过、原因、责任分析和处理意见以及本次事故的教训及改进工作的建议写进报告，事故调查组成员应当在事故调查报告上签名。

【案例 1】背景材料： 某商业项目，建筑面积 14800m^2，钢筋混凝土框架结构，地上 5 层，地下 2 层。在主体结构施工到地上 2 层时，柱混凝土施工完毕，为使楼梯能跟上主体施工进度，施工单位在地下室楼梯未施工的情况下直接支模施工第一层楼梯，由于支模方法不当，在浇筑一层楼梯混凝土即将完工时，楼梯模板整体突然坍塌，致使 7 名现场施工人员坠落并被砸入地下室楼梯间内，造成 4 人死亡，3 人轻伤。

问题：

（1）试判断并说明本工程事故等级及确定依据。

（2）简述伤亡事故处理的程序。

（3）列举建筑工程施工现场常见的职工伤亡事故类型。

（4）简述危险源及其控制方法。

分析与解答：

（1）按照国务院《生产安全事故报告和调查处理条例》的规定：本工程事故可定为较大事故。条例规定，具备下列条件之一者为较大事故：

1）造成 3 人以上 10 人以下死亡。

2）或者 10 人以上 50 人以下重伤。

3）或者 1000 万元以上 5000 万元以下直接经济损失的事故。

本事故造成 4 人死亡，应定为较大事故。

（2）伤亡事故处理的一般程序是立即报告、迅速抢救伤员并保护好事故现场，组织调查组搜集有关资料及证明材料、事故原因责任分析，提出处理意见，写出调查报告。

（3）建筑工程施工现场常见的职工伤亡事故类型有：高处坠落、坍塌、物体打击、机械伤害、触电等。

（4）危险源是指可能导致伤害或疾病、财产损失、工作环境破坏或这些情况组合的根源或状态，包括危险因素和有害因素。

危险源的控制方法有：防止事故发生，包括限制和消除危险源；避免和减少事故损失，包括隔离、个体防护、设置障碍；减少故障，包括增加安全系数、提高可靠性、设置安全生产设施等。

【案例 2】背景材料： 某 6 层商住楼，总面积 9800.72m^2，建筑高度 22.55m，现浇钢筋混凝土框架结构，地下为条形基础和独立柱基础。在土方施工阶段，分包回填土施工任务的某施工队采用装载机铲土，在向基础边倒土时，将一名正在现场检查质量的质检员撞倒，将其送往附近医院，最终抢救无效死亡。经调查，装载机驾驶员未经培训，无操作证并且当时现场没有指挥人员。

问题：

（1）简要分析这起事故发生的原因。

（2）事故发生后，事故发生单位应按规定报告，并逐级上报。简述事故报告包括的内容。

分析与解答：

（1）装载机将正在检查质量的质检员撞倒是这起事故发生的直接原因；装载机驾驶员未经培训，无特种作业人员操作资格证书，缺乏安全意识和安全常识是这起事故发生的间接原因；机械作业现场缺少指挥人员、未按相关规定进行安全管理是这起事故发生的主要原因。

（2）事故报告应当包括下列内容：事故发生单位概况，事故发生的时间、地点以及事故现场情况，事故的简要经过，事故已经造成或者可能造成的伤亡人数（包括下落不明的人数），初步估计的直接经济损失，已经采取的措施和其他应当报告的情况。

8.6 生产安全事故应急救援制度

1. 应急预案的概念

《生产安全事故报告和调查处理条例》规定，事故发生单位负责人接到事故报告后，应当立即启动事故相应应急预案，采取有效措施，组织抢救，防止事故扩大，减少人员伤亡和财产损失。生产安全事故应急救援预案（简称应急预案）是国家安全生产应急预案体系的重要组成部分。制定生产经营单位安全生产事故应急预案是贯彻落实“安全第一，预防为主”的方针，规范生产经营单位应急管理工作，提高应对风险和防范事故的能力，保障职工安全健康和公众生命安全，最大限度地减少财产损失、环境损害和社会影响的重要措施。

应急管理是一项系统工程，生产经营单位的组织体系、管理模式、风险大小以及生产规模不同，应急预案体系构成不完全一致。生产经营单位应结合本单位的实际情况，从公司到现场分别制定相应的应急预案，形成体系，互相衔接，并按照统一领导、分级负责、条块结合、属地为主的原则，同地方人民政府和相关部门应急预案相衔接。

应急处置方案是应急预案体系的基础，应做到立足自救，事故类型和危害程度清楚，应急管理责任明确，应对措施正确有效，应急响应及时迅速，应急资源准备充分。

（1）相关术语和定义

1）应急预案。针对可能发生的事故，为迅速、有序地开展应急行动而预先制定的行动方案。

2）应急准备。针对可能发生的事故，为迅速、有序地开展应急行动而预先进行的组织准备和应急保障。

3）应急响应。事故发生后，有关组织或人员采取的应急行动。

4）应急救援。在应急响应过程中，为消除、减少事故危害，防止事故扩大或恶化，最大限度地降低事故造成的损失或危害而采取的救援措施或行动。

5）恢复。事故的影响得到初步控制后，为使生产、工作、生活和生态环境尽快恢复到正常状态而采取的措施或行动。

（2）应急预案的主要规定

生产安全事故应急预案的内容包括通信与信息保障、应急队伍保障、应急物资装备保障、经费保障、其他保障、培训、演练、奖惩、术语和定义、应急预案备案等。应急预案的管理遵循综合协调、分类管理、分级负责、属地为主的原则。

国家安全生产监督管理总局负责应急预案的综合协调管理工作。国务院其他负有安全生产监督管理职责的部门按照各自的职责负责本行业、本领域内应急预案的管理工作。

县级以上地方各级人民政府安全生产监督管理部门负责本行政区域内应急预案的综合协调管理工作。县级以上地方各级人民政府其他负有安全生产监督管理职责的部门按照各自的职责负责辖区内本行业、本领域应急预案的管理工作。

地方各级安全生产监督管理部门应当根据法律、法规、规章和同级人民政府以及上一级安全生产监督管理部门的应急预案，结合工作实际，组织制定相应的部门应急预案。

生产经营单位应当根据有关法律、法规和《生产经营单位安全生产事故应急预案编制导则》（AQ/T 9002—2006），结合本单位的危险源状况、危险性分析情况和可能发生的事故特点，制定相应的应急预案。

2. 应急预案的编制与管理

（1）编制要求

1）符合有关法律、法规、规章和标准的规定。

2）结合本地区、本部门、本单位的安全生产实际情况。

3）结合本地区、本部门、本单位的危险性分析情况。

4）应急组织和人员的职责分工明确，并有具体的落实措施。

5）有明确、具体的事故预防措施和应急程序，并与其应急能力相适应。

6）有明确的应急保障措施，并能满足本地区、本部门、本单位的应急工作要求。

7）预案基本要素齐全、完整，预案附件提供的信息准确。

8）预案内容与相关应急预案相互衔接。

（2）编制准备

1）全面分析本单位危险因素、可能发生的事故类型及事故的危害程度。

2）排查事故隐患的种类、数量和分布情况，并在隐患治理的基础上，预测可能发生的事故类型及其危害程度。

3）确定事故危险源，进行风险评估。

4）针对事故危险源和存在的问题，确定相应的防范措施。

5）客观评价本单位应急能力。

6）充分借鉴国内外同行业事故教训及应急工作经验。

（3）编制程序

1）成立应急预案编制工作组。结合本单位部门职能分工，成立以单位主要负责人领导的应急预案编制工作组，明确编制任务、职责分工，制订工作计划。

2）收集资料。收集应急预案编制所需的各种资料（相关法律、法规、应急预案、技术标准、国内外同行业案例分析、本单位技术资料等）。

3）危险源与风险分析。在危险因素分析及事故隐患排查、治理的基础上，确定本单位的危险源、可能发生事故的类型和后果，进行事故风险分析，并指出事故可能产生的次生、衍生事故，形成分析报告，分析结果作为应急预案的编制依据。

4）应急能力评估。对本单位应急装备、应急队伍等应急能力进行评估，并结合本单位实际加强应急能力建设。

5）应急预案编制。针对可能发生的事故，按照有关规定和要求编制应急预案。应急预案编制过程中，应注重全体人员的参与和培训，使所有与事故有关人员均掌握危险源的危险性、应急处置方案和技能。应急预案应充分利用社会应急资源，与地方政府预案、上级主管单位以及相关部门的预案相衔接。

6）应急预案评审与发布。应急预案编制完成后，应进行评审。评审由本单位主要负责人组织有关部门和人员进行。外部评审由上级主管部门或地方政府负责安全管理的部门组织审查。评审后，按规定报有关部门备案，并经生产经营单位主要负责人签署发布。

（4）应急预案体系的构成

应急预案应形成体系，针对各级各类可能发生的事故和所有危险源制定专项应急预案和现场应急处置方案，并明确事前、事发、事中、事后的各个过程中相关部门和有关人员的职责。生产规模小、危险因素少的生产经营单位，综合应急预案和专项应急预案可以合并编写。

1）综合应急预案。综合应急预案是从总体上阐述处理事故的应急方针、政策，应急组织结构及相关应急职责，应急行动、措施和保障等基本要求和程序，是应对各类事故的综合性文件。

2）专项应急预案。专项应急预案是针对具体的事故类别、危险源和应急保障而制订的计划或方案，是综合应急预案的组成部分，应按照综合应急预案的程序和要求组织制定，并作为综合应急预案的附件。专项应急预案应制定明确的救援程序和具体的应急救援措施。

3）现场处置方案。现场处置方案是针对具体的装置、场所或设施、岗位所制定的应急处置措施。现场处置方案应具体、简单、针对性强。现场处置方案应根据风险评估及危险性控制措施逐一编制，做到事故相关人员应知应会，熟练掌握，并通过应急演练，做到迅速反应、正确处置。

（5）综合应急预案的主要内容

1）总则。

① 编制目的。简述应急预案编制的目的、作用等，做到目的明确、简明扼要。

② 编制依据。简述应急预案编制所依据的法律、法规、规章，以及有关行业管理规定、技术规范和标准等。要求引用的法规、标准合法有效，并明确衔接的上级预案，不得越级引用应急预案。

③ 适用范围。说明应急预案适用的区域范围以及事故的类型、级别。

④ 应急预案体系。说明本单位应急预案体系的构成情况。能够清晰表述本单位及所属单位应急预案组成和衔接关系，能够覆盖本单位及所属单位可能发生的事故类型。

⑤ 应急工作原则。说明本单位应急工作的原则，内容应简明扼要、明确具体。编制时应结合本单位应急工作实际，并符合国家有关规定和要求。

2）生产经营单位的危险性分析。

① 生产经营单位概况。主要包括单位地址、从业人数、隶属关系、主要原材料、主要产品、产量等内容，以及周边重大危险源、重要设施、目标、场所和周边布局情况。必要时，可附平面图进行说明。

② 危险源与风险分析。主要阐述本单位存在的危险源及风险分析结果。编制时，应能够客观分析本单位存在的危险源及危险程度，能够客观分析可能引发事故的诱因、影响范围及后果。

3）组织机构及职责。

① 应急组织体系。能够清晰描述本单位的应急组织体系，明确应急组织成员日常及应急状态下的工作职责，并尽可能以结构图的形式表示出来。

② 指挥机构及职责。能够清晰描述本单位应急指挥体系，明确应急救援指挥机构总指挥、副总指挥、各成员单位及其相应职责。应急救援指挥机构根据事故类型和应急工作需要，可以设置相应的应急救援工作小组，并明确各小组的工作任务及职责。

4）预防与预警。

① 危险源监控。明确本单位对危险源监测监控的方式、方法，以及采取的预防措施，明确相应的应急处置措施。

② 预警行动。明确事故预警的条件、方式、方法和信息的发布程序，明确相应的应急处置措施。

③ 信息报告与处置。按照有关规定，明确事故及未遂伤亡事故信息报告与处置办法。

a. 信息报告与通知。明确 24h 应急值守电话、事故信息接收和通报程序。

b. 信息上报。明确事故发生后向上级主管部门和地方人民政府报告事故信息的流程、内容和时限。

c. 信息传递。明确事故发生后向有关部门或单位通报事故信息的方法和程序。

5）应急响应。

① 响应分级。针对事故危害程度、影响范围和单位控制事态的能力，将事故分为不同的等级。按照分级负责的原则，明确应急响应级别。

② 响应程序。根据事故的大小和发展态势，明确应急指挥、应急行动、资源调配、应急避险、扩大应急等响应程序。明确扩大应急的基本条件及原则，能够辅以图表直观表述应急响应程序。

③ 应急结束。明确应急终止的条件。事故现场得以控制，环境符合有关标准，导致次生、衍生事故隐患消除后，经事故现场应急指挥机构批准后，现场应急结束。应急结束后，应明确：

a. 事故情况上报事项。

b. 需向事故调查处理小组移交的相关事项。

c. 事故应急救援工作总结报告。

6）信息发布。明确事故信息发布的部门、发布原则。事故信息应由事故现场指挥部及时、准确地向新闻媒体通报事故信息。

7）后期处置。主要包括污染物处理、事故后果影响消除、生产秩序恢复、善后赔偿、抢险过程和应急救援能力评估及应急预案的修订等内容。

8）保障措施。

① 通信与信息保障。明确与应急工作相关联的单位或人员通信联系方式和方法，并提供备用方案。建立信息通信系统及维护方案，确保应急期间信息通畅。

② 应急队伍保障。明确各类应急响应的人力资源，包括专业应急队伍、兼职应急队伍的组织与保障方案。

③ 应急物资装备保障。明确应急救援需要使用的应急物资和装备的类型、数量、性能、存放位置、管理责任人及其联系方式等内容。

④ 经费保障。明确应急专项经费来源、使用范围、数量和监督管理措施，保障应急状态时生产经营单位应急经费的及时到位。

⑤ 其他保障。根据本单位应急工作需求而确定的其他相关保障措施（如交通运输保障、治安保障）。

9）培训与演练。

① 培训。明确对本单位人员开展的应急培训计划、方式和要求，使有关人员了解应急预案内容，熟悉应急职责、应急程序和岗位应急处置方案。应急预案的要点和程序应公示在应急指挥部门和施工现场明显位置。

② 演练。明确应急演练的规模、方式、频次、范围、内容、组织、评估、总结等内容。

10）奖惩。明确事故应急救援工作中奖励和处罚的条件和内容。

11）附则。

① 术语和定义。对应急预案涉及的一些术语进行定义。

② 应急预案备案。明确本应急预案的报备部门。

③ 维护和更新。明确应急预案维护和更新的基本要求，定期进行评审，实现可持续改进。

④ 制定与解释。明确负责制定与解释应急预案的部门。

⑤ 应急预案实施。明确应急预案实施的具体时间。

（6）专项应急预案的主要内容

1）事故类型和危害程度分析。在危险源评估的基础上，对其可能发生的事故类型和可能发生的季节及其严重程度进行确定。

2）应急处置基本原则。明确处置安全生产事故应当遵循的基本原则。

3）组织机构及职责。

① 应急组织体系。明确应急组织形式，构成单位或人员，并尽可能以结构图的形式表示出来。

② 指挥机构及职责。根据事故类型，明确应急救援指挥机构总指挥、副总指挥以及各成员单位或人员的具体职责。应急救援指挥机构可以设置相应的应急救援工作小组，明确各小组的工作任务及主要负责人职责。

4）预防与预警。

① 危险源监控。明确本单位对危险源监测监控的方式、方法以及采取的预防措施。

② 预警行动。明确具体事故预警的条件、方式、方法和信息的发布程序。

5）信息报告程序。

① 确定报警系统及程序。

② 确定现场报警方式，如电话、警报器等。

③ 确定24h与相关部门的通信、联络方式。

④ 明确相互认可的通告、报警形式和内容。

⑤ 明确应急反应人员向外求援的方式。

6）应急处置。

① 响应分级。针对事故危害程度、影响范围和单位控制事态的能力，将事故分为不同的等级。按照分级负责的原则，明确应急响应级别。

② 响应程序。根据事故的大小和发展态势，明确应急指挥、应急行动、资源调配、应急避险、扩大应急等响应程序。

③ 处置措施。针对本单位事故类别和可能发生的事故特点、危险性，制定应急处置措施。

7）应急物资与装备保障。明确应急处置所需的物质与装备数量、管理和维护、正确使用等。

（7）现场处置方案的主要内容

1）事故特征。

① 危险性分析，可能发生的事故类型。

② 事故发生的区域、地点或装置的名称。

③ 事故可能发生的季节和造成的危害程度。

④ 事故前可能出现的征兆。

2）应急组织与职责。

① 基层单位应急自救组织形式及人员构成情况。

② 应急自救组织机构、人员的具体职责，应同单位或车间、班组人员工作职责紧密结合，明确相关岗位和人员的应急工作职责。

3）应急处置。

① 事故应急处置程序。根据可能发生的事故类别及现场情况，明确事故报警、各项应急措施启动、应急救护人员的引导、事故扩大及与企业应急预案衔接的程序。

② 现场应急处置措施。针对可能发生的火灾、爆炸、危险化学品泄漏、坍塌、水患、机动车辆伤害等，从操作措施、工艺流程、现场处置、事故控制、人员教护、消防、现场恢复等方面制定明确的应急处置措施。

③ 报警电话及上级管理部门、相关应急救援单位联络方式和联系人员，事故报告的基本要求和内容。

4）注意事项。

① 佩戴个人防护器具方面的注意事项。

② 使用抢险救援器材方面的注意事项。

③ 采取救援对策或措施方面的注意事项。

④ 现场自救和互救注意事项。

⑤ 现场应急处置能力确认和人员安全防护等事项。

⑥ 应急救援结束后的注意事项。

⑦ 其他需要特别警示的事项。

（8）附件

1）有关应急部门、机构或人员的联系方式。列出应急工作中需要联系的部门、机构或人员的多种联系方式，并不断进行更新。

2）重要物资装备的名录或清单。列出应急预案涉及的重要物资和装备名称、型号、存放地点和联系电话等。

3）规范化格式文本。信息接收、处理、上报等规范化格式文本。

4）关键的路线、标志和分布图、布置图，主要包括：

① 警报系统分布及覆盖范围。

② 重要防护目标一览表、分布图。

③ 应急救援指挥位置及救援队伍行动路线。

④ 疏散路线、重要地点等标志。

⑤ 相关平面布置图、救援力量的分布图等。

5）相关应急预案名录。列出直接与本应急预案相关的或相衔接的应急预案名称。

6）有关协议或备忘录。与相关应急救援部门签订的应急支援协议或备忘录。

3. 应急预案的演练

《建设工程安全生产管理条例》规定，施工单位应当制定本单位生产安全事故应急救援预案，建立应急救援组织或者配备应急救援人员，配备必要的应急救援器材、设备，并定期组织演练。工程总承包单位和分包单位按照应急救援预案，各自建立应急救援组织或者配备应急救援人员，配备救援器材、设备，并定期组织演练。

一般来说，施工企业每年至少组织一次综合应急预案演练或专项应急预案演练，每半年至少组织一次现场处置方案演练。

（1）接报

接报人一般应由总值班担任。接报是实施救援工作的第一步，接报人应做好以下工作：

1）问清报告人姓名、单位部门和联系电话。

2）问清事故发生的时间、地点、事故单位、事故原因、事故性质、危害波及范围和程度以及对救援的要求，同时做好电话记录。

3）按救援程序，派出救援队伍。

4）向上级有关部门报告。

5）保持与救援队伍的联系，并视事故发展情况，必要时派出后继梯队予以增援。

（2）设点

设置救援指挥部、救援和医疗急救站时应考虑的因素：

1）地点。需注意不要远离事故现场，便于指挥和救援工作的实施。

2）位置。各救援队伍应尽可能在靠近现场救援指挥部的地方设点并随时保持与指挥部的联系。

3）路段。应选择交通路口，利于救援人员或转送伤员的车辆通行。

4）条件。指挥部、救援或急救医疗点，可设在室内或室外，应便于人员行动或群众伤员的抢救，同时要尽可能利用既有通信、水和电等资源，有利于救援工作的开展。

5）标志。指挥部、救援或医疗急救点，均应设置醒目的标志，方便救援人员和伤员识别。

（3）报到

各救援队伍进入救援现场后，要向现场指挥部报到。报到的目的是接受任务，了解现场情况，便于统一实施救援工作。

（4）救援

进入现场的救援队伍要尽快按照各自的责任和任务开展工作。

1）现场救援指挥部应尽快地开通通信网络；迅速查明事故原因和危害程度；制定救援方案；组织指挥救援行动。

2）工程救援队应尽快堵源；将伤员救离危险区域；协助组织群众撤离和疏散。

3）现场急救医疗队应尽快将伤员就地简易分类，按类急救和做好安全转送，并为现场救援指挥部提供医学咨询。

（5）撤点

撤点是指应急救援工作结束后，离开现场或救援后的临时性转移。在救援行动中应随时注意事故发展变化，一旦发现所处的区域有危险应立即向安全地点转移。在转移过程中应注意安全，保持与救援指挥部和各救援队的联系。

救援工作结束后，各救援队撤离现场前要做好现场的清理工作并注意安全。

（6）总结

每一次执行救援任务后都应做好救援小结，总结经验与教训，积累资料，不断提高救援能力。

8.7 建筑工程意外伤害保险制度

建筑职工意外伤害保险是法定的强制性保险，也是保护建筑业从业人员合法权益，转移企业事故风险，增强企业预防和控制事故能力，促进企业安全生产的重要手段。

《中华人民共和国建筑法》第四十八条规定，建筑施工企业必须为从事危险作业的职工办理意外伤害保险，支付保险费。《建设工程安全生产管理条例》规定，施工单位应当为施工现场从事危险作业的人员办理意外伤害保险。意外伤害保险费由施工单位支付。实行施工总承包的，由总承包单位支付意外伤害保险费。意外伤害保险期限自建筑工程开工之日起至竣工验收合格止。

1. 建筑意外伤害保险的范围和期限

（1）建筑意外伤害保险的范围

建筑施工企业应当为施工现场从事施工作业和管理的人员，在施工活动过程中发生的人身意外伤亡事故提供保障，办理建筑意外伤害保险，支付保险费。范围应当覆盖工程项目。已在企业所在地参加工伤保险的人员，从事现场施工时仍可参加建筑意外伤害保险。

各地建设行政主管部门可根据本地区实际情况，规定建筑意外伤害保险的附加险要求。

（2）建筑意外伤害保险的期限

建筑意外伤害保险的期限应涵盖工程项目开工之日到工程竣工验收合格日。提前竣工的，保险责任自行终止。因延长工期的，应当办理保险顺延手续。

2. 建筑意外伤害保险的保险金额、保险费、投保及安全服务

（1）建筑意外伤害保险的保险金额

一般由建设行政主管部门结合地区实际情况，确定合理的最低保险金额。最低保险金额要能够保障施工伤亡人员得到有效的经济补偿。施工企业办理建筑意外伤害保险时，投保的保险金额不得低于此最低标准。

（2）建筑意外伤害保险的保险费

保险费应当列入建筑安装工程费用。保险费由施工企业支付，施工企业不得向职工摊派。

施工企业和保险公司双方应本着平等协商的原则，根据各类风险因素商定建筑意外伤害保险费费率，提倡差别费率和浮动费率。差别费率可与工程规模、类型、工程项目风险程度和施工现场环境等因素挂钩。浮动费率可与施工企业安全生产业绩、安全生产管理状况等因素挂钩。对重视安全生产管理，安全业绩好的企业可下调费率，对安全生产业绩差、安全管理不善的企业可上浮费率。通过浮动费率机制，激励投保企业安全生产。

(3) 建筑意外伤害保险的投保

施工企业应在工程项目开工前，办理完投保手续。鉴于工程建设项目施工工艺流程中各工种调动频繁、用工流动性大的特点，投保应实行不记名和不计人数的方式。工程项目中有分包单位的由总承包施工企业统一办理，分包单位合理承担投保费用。建设单位直接发包的工程项目由承包企业直接办理。

投保人办理投保手续后，应将投保有关信息以布告形式张贴于施工现场，告之被保险人。

(4) 建筑意外伤害保险的安全服务

施工企业应当选择能提供建筑安全生产风险管理、事故防范等安全服务和保险能力的保险公司，以保证事故前主动防范与事故后及时补偿。目前还不能提供安全风险管理和事故预防的保险公司，应通过建筑安全服务中介组织向施工企业提供与建筑意外伤害保险相关的安全服务。建筑安全服务中介组织必须拥有一定数量、专业配套、具备建筑安全知识和管理经验的专业技术人员。

安全服务内容可包括施工现场风险评估、安全技术咨询、人员培训、防灾防损设备配置、安全技术研究等。施工企业在投保时可与保险机构商定具体服务内容。一些国家和地区结合建筑行业高风险特点，采取建筑意外伤害保险行业自保或企业联合自保形式，并取得了一定成功经验，可供参考。

建设行政主管部门应积极支持行业协会或者其他中介组织开展安全咨询服务工作，大力培育建筑安全中介服务市场。

8.8 建筑工程安全事故案例分析

【案例1】背景材料：2002年7月25日，某大学新校区的剧院工程，在施工中发生模板坍塌事故。

该工程为一幢剧院建筑，框架结构，平面为东西长70m，南北长47.5m，呈椭圆形，屋面是双曲椭圆形钢筋混凝土梁板结构，板厚110mm，屋面标高最高处为27.9m，最低处为22.8m。

由于支模板的木工班组不具备搭设钢管扣件支架的专业知识，在搭设过程中出现立杆间距过大、步距不一、剪刀撑数量极少等不符合国家安全规范和施工方案要求的情况，浇筑混凝土前模板支架又未经检验验收，且租用的钢管及扣件质量不符合要求。7月24日开始浇筑屋面混凝土，7月25日凌晨发生坍塌事故，当时作业的24人坠落，其中4人死亡，20人受伤。

问题：

(1) 简要分析事故原因。

（2）事故的结论与教训。

（3）提出预防对策。

分析与解答：

（1）事故原因分析。

1）技术方面。屋面模板施工前，虽然施工单位编制了简单的支模施工方案，但施工班组未按要求搭设。项目经理也没有认真按照方案进行检查验收，却同意浇筑混凝土。

对于高度27m的满堂脚手架，不仅要求计算立杆的间距，使荷载均匀分布，还应控制立杆的步距，以减少立杆的长细比；另外，还应特别注意竖向及水平剪刀撑的设置，以确保支架的整体稳定性。此模板支架不仅间距、步距、剪刀撑等搭设存在严重问题，且钢管、扣件材料质量不合格，施工单位也未经检验验收就贸然使用。

以上情况说明，施工单位项目负责人严重不负责任，施工管理混乱，不经检验确认合格便盲目使用，是造成重大伤亡事故发生的原因。

2）管理方面。建设单位及监理失职。该屋面模板方案由施工单位报监理审批，自5月份开始搭设，到7月24日浇筑混凝为止，始终未获监理审批。但自开始浇筑混凝土直到发生事故时，监理人员始终在施工现场，既没有就模板支架不合格问题提出整改，也未对模板支架方案尚未经监理审批就开始浇筑混凝土进行制止，且对现场租用钢管、扣件材质不合格也未进行检查，没有事先对施工班组资质进行了解，建设单位及监理公司未尽管理及监督责任。

混凝土模板虽然应由木工制作安装，但其支架采用了钢管、扣件材料，且搭设高度达27m，实质上等于搭设一满堂钢管扣件脚手架，因此必须由具有架子工资质的班组搭设，并应按钢管扣件脚手架规范进行验收。而该工程自建设单位、监理单位到施工单位完全无视这一重要环节，此次事故直观表现在班组操作不合格，实质上是由于整个管理混乱和不负责造成的。

（2）事故的结论与教训。

1）事故的主要原因。此次事故发生的主要原因完全是管理混乱。首先，施工单位对班组搭设的模板不符合要求之处未加改正便浇筑混凝土，是造成事故的主要原因；其次，支架材料质量不合格，也影响了模板支架的整体稳定性；最后，建设单位及监理单位严重失职，没有及时制止错误，进行整改，导致事故发生。

2）事故性质。本次事故属责任事故，是各级管理责任制失职造成的事故。

3）主要责任。项目经理对施工班组支模工程未按规定交底，搭设后未检查验收即浇筑混凝土，因此造成模板坍塌，应负违章指挥责任。某建设集团公司主要负责人应对企业安全管理失误负有全面管理不到位责任。

（3）事故的预防对策。

1）提高管理人员的素质。高架支模与一般模板不同，因立杆长细比大、稳定性差，需要经过计算确认，并制定专项施工方案，施工前应向班组交底，搭设后应经验收确认符合要求，方可浇筑混凝土。根据工程结构形式，制定混凝土浇筑程序及注意事项，并在混凝土浇筑过程中设专人巡视，发现问题及时加固。

目前一些工程施工的模板支架采用了钢管、扣件材料，而一些施工人员并不熟悉钢管扣件脚手架安全技术规范的相关规定和计算要求，对钢管及扣件材料的质量标准也不清楚，以致仍按一般的经验进行管理，支架验收也把握不住关键性问题。因此，应该组织有关人员对规范进行学习，提高管理素质。

2）严格管理程序。按规定，模板施工前应编制专项施工方案，并进行审批。对超过一定规模的高大模板工程，专项施工方案必须组织专家论证，否则不准施工。

班组施工之前，应由施工管理人员进行交底，交底内容包括搭设要求及间距，扣件紧固程度及连墙措施等。

模板使用前，应由施工负责人及监理按方案进行验收，必须经各方确认签字后，方可浇筑混凝土。对于本次事故，第一，虽有施工方案，但未经监理审批确认；第二，虽有方案，但未向班组交底，致使搭设严重不合要求；第三，虽有方案，但在混凝土浇筑之前，未经各方验收确认模板搭设合格后再使用。由于严重违反管理程序，在模板支架的承载力不足、稳定性不够的情况下浇筑混凝土，导致了坍塌事故。

【案例2】背景材料：某34层高层住宅楼，2007年11月已进入内粉刷、水电安装施工阶段。11月14日10时30分左右，该工程施工升降机西侧吊笼从地面送料上行至33层卸料后，下行逐层搭乘若干名下班工人与1辆手推车，到26层时又进入4人，余3人因笼满只得转乘东侧梯笼，此时西侧吊笼内共载17人（含驾驶员），关门后未启动电动机，吊笼即开始下滑并失控坠落，女驾驶员当即按下紧急按钮，但未能制动住吊笼，大呼"开关坏了，吊笼控制不住"，吊笼加速坠落至地。本次事故当场死亡4人，后在医院内陆续死亡7人，发展成11死6伤的重大设备安全事故。

该施工升降机安装试运行后，于2007年1月经检测合格，防坠安全器于2007年1月检测合格，发生事故时，升降机两个合格证均处于有效期内。该施工升降机驾驶员持有效操作证上岗，设备无台班日检记录、无设备维修记录。送检样品解体检测结果表明，西侧吊笼的两台电磁制动器的摩擦片磨损严重，测量厚度均为8～10mm，大于使用说明书规定的最小厚度5mm，摩擦片合格。制动力矩检测结果表明，两台电磁制动器的制动力矩小于规定的额定总制动力矩。事故发生时，西侧吊笼实际总制动力矩所能承受的净荷载仅为1058kg。当该吊笼在26层又进入4人后，使吊笼净荷载达到1335kg。

问题：

（1）分析事故原因。

（2）总结事故教训，提出对策。

分析与解答：

（1）事故原因分析。

1）电磁制动器的制动力矩不足。由资料可知，吊笼内荷载超过所能承受的净荷载，超过了现有制动力矩的承载能力，于是吊笼失控坠落。事故吊笼电磁制动器的制动片磨损后，制动片与制动盘的间隙增大，压紧弹簧对制动盘的推力减小，所产生的实际制动力矩远远低于额定制动力矩，并小于吊笼内荷载在制动上产生的自重力矩，导致吊笼失控坠落。制动器制动力矩不足是本次事故技术方面的起因。

2）传动板上未设置齿轮防脱轨挡块。吊笼在电动机的驱动下以额定工作速度运行时，防坠安全器输出端齿轮、驱动齿轮受到齿条较小的水平推力，背轮的轴尚能承受，在背轮的约束下，齿轮不会产生水平分离位移，齿轮齿条的啮合侧隙通过调整背轮偏心轮的偏心量达到规定的0.2～0.5mm。当吊笼失速下滑1～2m、瞬时速度达到0.8～1m/s时，防坠安全器产生闭锁动作，其输出端齿轮不转动，与吊笼共同坠落，齿轮撞击并支承在齿条上。发生撞击时，齿条下斜的齿面对齿轮产生很大的水平分力，推动齿轮向外水平位移。发生事故的吊笼上虽设置了安全钩抱住导轨架立柱，但安全钩与立柱的水平间隙较大，不能有效防止安全器输出端齿轮脱离齿条，而市场上大部分其他施工升降机吊笼传动板上齿条背部均加设了齿轮防脱轨挡块，但坠落吊笼的传动板上却未设置防脱轨挡块，在吊笼坠落时，完全依靠下背轮阻挡齿轮传来的巨大的水平冲击分力，而此时下背轮轴六角头承受不了该分力，先偏转，然后六角头发生断裂拉脱，防坠落输出端齿轮失去水平约束而脱轨。传动板未设置齿轮防脱轨挡块是吊笼坠落的主要技术原因。

3）更换了规格不当的螺栓轴。从上背轮轴查知，下背轮轴原为ϕ20mm、8.8级高强度内六角螺栓，但在日常使用中损坏或失落后，维修人员用外形相近的ϕ18mm、强度4.8级的内六角螺栓代替。本来，内六角螺栓六角头的抗拉能力大大高于螺纹根部截面的抗拉能力，而现场发生拉脱断裂的普通材料的内六角螺栓不但强度与承载能力大大低于高强度内六角螺栓，其六角头的构造尺寸也有缺陷，导致其内六角头的抗拉能力大大低于螺纹根部截面的抗拉能力。采用存在构造缺陷、普通材料的内六角螺栓充当背轮轴，是事故发生的重要技术原因。

4）背轮结构缺陷。事故吊笼的背轮依靠偏心套调节“齿轮-齿条”的啮合间隙，调节后紧固螺栓轴的螺母产生摩擦力紧固，偏心轮无固定措施、螺母无防松措施。下背轮承受动荷载后螺母可能产生松动，使偏心轮发生转动，导致“齿轮-齿条”啮合间隙即分离量加大。再者，背轮轴安装在水平长孔内，在水平推力作用下可能产生横向滑动，使“齿轮-齿条”的最大水平分离量达到6.9mm，超过标准规定数值。在“齿轮-齿条”啮合间隙超标时，两者处于半啮合状态，传动中各轮齿逐个剧烈敲击齿条各齿，强大的冲击水平反力推动背轮轴在长孔中滑动，并导致螺母松动，进一步增加了“齿轮-齿条”分离量，形成重大安全隐患。事故发生时，上背轮螺栓轴的紧固螺母松动，背轮轴松弛下垂，失去了对齿轮的水平约束作用。下背轮螺栓轴的紧固螺母因经常松动，被维修人员锤击变形咬死螺栓轴。在防坠安全器输出端“齿轮-齿条”间逐渐增强的撞击力的水平分力偏心作用下，螺栓轴只能沿水平长孔向反方向摆动并发生倾斜，由此承受了轴向冲击力，将具有构造缺陷的内六角头剪切脱落致其破坏，导致下背轮脱落。因传动板上未设置齿轮防脱轨挡块，防坠安全器输出端齿轮完全失去水平约束而与齿条分离，导致防坠安全器完全丧失了安全保护功能。

下背轮脱落、上背轮固定螺栓轴松动偏摆，导致驱动齿轮与齿条分离位移量迅速加大。当缺少防脱轨挡块时，驱动齿轮脱离齿条，此时防坠安全器又不能起保护作用，使吊笼完全失去所有垂直支撑点而失速坠地。传动板结构存在缺陷是事故发生的重要技术原因。

5）产品技术资料不完善。该施工升降机出厂合格证签署时间为1996年，但在坠落吊笼传动板上标牌上签署的出厂时间为1999年8月，但生产厂家为同一建筑机械厂，说明该传动板并非原配，而是将同厂家、同规格、不同生产日期产品的吊笼更换混用，也未见维修、更换记录。

事故发生现场无使用说明书，事故发生后，生产厂家提供了同型号产品的使用说明书，其中虽规定了电磁制动器摩擦片厚度、摩擦片与制动盘的间隙及制动力矩的测试方法，但未说明制动力矩的调整方法，不能指导维修人员正确进行日常保修。检测事故制动器后，通过调整制动片压紧弹簧，可使制动器的制动力矩达到规定数值，若在吊笼使用前如此调整制动器，在使用中能进行有效制动并防止事故的发生。因此，说明书能详细说明制动器制动力矩的调节方法，现场管理人员按要求定期检测并调节制动力矩到规定数值，则可避免本次事故的发生。产品技术资料不完善，为本次事故发生的重要原因。

6）设备管理水平低下。

① 设备安装人员安装前，将其他施工升降机的吊笼随意调换到本机上使用，使存在问题的吊笼投入现场。

② 设备安装、维护、操作人员未能熟知设备各装置的功能，对背轮的作用、防坠安全器在坠落时卡住吊笼的原理了解肤浅，因此对设备无防脱轨挡块的重大安全隐患浑然不知。

以上分析可知，现场设备安装、维修人员责任心差、技术水平低是本次事故的重要原因。

（2）事故教训及对策。

1）安装施工升降机前应进行全面深入检查。进入现场使用的施工升降机应带有产品生产许可证、产品出厂合格证、产品使用说明书、主要部件的合格证等，操作人员应持有效上岗证上岗。

施工升降机钢结构主要有导轨架、吊笼、附着杆系等，应检查是否有导致承载能力下降的变形，焊缝是否有裂纹，发现存在严重问题的部件，及时更换，发现存在一般问题也应及时整改。

传动装置主要有电磁制动器、电动机，应检查电动机起动、制动是否正常，并按使用说明书中说明的方法检测制动力矩是否达到规定数值，并及时调试。

安全保护装置主要有防坠安全器、行程开关等。防坠安全器应及时送往具有专业资质的检测机构进行检测。吊笼内的上、下限位行程开关调试位置应准确，断电可靠。

背轮及防脱轨装置考虑到背轮的偏心轮调节偏心量后，应有锁片锁定偏心轮的位置，以保证齿轮的啮合间隙在正常范围内。背轮轴不得采用市场上的普通螺栓代替，而应到设备原厂家购买专用高强度螺栓轴或销轴。不得使用未设置防脱轨挡块的传动板。背轮安装孔不宜制造为长孔，如为长孔，背轮在调节齿轮间隙后应有可靠的固定措施。

施工升降机投入使用前应进行全面检测，应按照相关机械管理文件和标准，检测合格并取得合格证后，才能投入使用。

2）在日常使用中应进行严格管理。在设备日常使用中，应建立多层次的设备安全专项管理网络，由使用单位、租赁公司共同组建安全督察小组，任命责任人按使用说明书的规定，对设备定期进行检查，对存在的安全隐患及时维修、整改，并由检查责任人填写并签署日常检查、维修记录。在当地安全检查部门组织的定期或专项安全检查中，现场应对照要求，严格进行自检并消除隐患。在日常生产中进行行之有效的安全管理。

3）产品技术资料应完善。经比照，事故施工升降机使用说明书的蓝本来自同品牌施工升降机产品的使用说明书，为节省篇幅，在内容上进行了大幅删减。该使用说明书中虽指出应检查制动器的制动力矩，但删减了制动器制动力矩的调整方法，使现场维修人员未能定期、正确地调整制动力矩，在制动器上留下了重大安全隐患。使用说明书不但是设备的技术文件，也是产品质量、安全的民事担保书，是产品质量、安全事故中的重要证据。

进口的同类机械产品大多有使用说明书、安装说明书两册，其篇幅均比我国的多一倍，并配备了大量的立体示意图，以便更进一步明确解释条文，避免产生歧义，并适于文化水平一般的操作工人解读。

在以往的产品质量、安全事故案例中，产品制造商因使用说明书不完善导致安全质量事故而败诉的屡见不鲜，因此产品生产厂家应本着对用户负责的态度，详细解释机械设备的结构与原理，认真编写机械设备使用、装拆的每一个操作步骤，对任何可能引起安全问题的细节均应予以详细说明。

4）事故应急处理应得当。在本次事故中，施工升降机吊笼开始失控坠落时，虽然驾驶员明知此时开关并未启动，但其采取了错误的断电措施，试图停止吊笼下降但只能眼睁睁地随吊笼坠落。以上情况说明，驾驶员并不了解电磁制动器是常闭式的，在通电时才能起制动作用，而此时升降旋钮并未转至“上升”或“下降”的位置通电，采取断电的方法不能制止吊笼的坠落，反而浪费了宝贵的应急处置时间。此时如起动电动机，使吊笼向上或向下开，依靠电动机强制吊笼由加速运行转入匀速运行，或许能控制住危险。因此，驾驶员应熟知设备性能、操作训练有素，且要思路清晰、心理素质稳定，方能临危不乱，在短短数秒内做出准确判断并采取有效规避措施，避免事故发生。

【案例3】背景材料：2016 年 11 月 24 日，江西丰城发电厂三期扩建工程发生冷却塔施工平台坍塌特别重大事故，造成 73 人死亡、2 人受伤，直接经济损失 10197.2 万元。

事发 7 号冷却塔属于江西丰城发电厂三期扩建工程 D 标段，是三期扩建工程中两座逆流式双曲线自然通风冷却塔的其中一座，采用钢筋混凝土结构。两座冷却塔布置在主厂房北侧，整体呈东西向布置，塔中心间距 197.1m。7 号冷却塔位于东侧，设计塔高 165m，塔底直径 132.5m，喉部高度 132m，喉部直径 75.19m，筒壁厚度 0.23 ~ 1.1m。筒壁工程施工采用悬挂式脚手架翻模工艺，以三层模架（模板和悬挂式脚手架）为一个循环单元循环向上翻转施工，第 1、2、3 节（自下而上排序）筒壁施工完成后，第 4 节筒壁施工。使用第 1 节的模架，随后，第 5 节筒壁使用第 2 节筒壁的模架，以此类推，依次循环向上施工。脚手架悬挂在模板上，铺板后形成施工平台，筒壁模板安拆、钢筋绑扎、混凝土浇筑均在施工平台及下挂的吊篮上进行。模架自身及施工荷载由浇筑好的混凝土筒壁承担。

7 号冷却塔内布置 1 台 YDQ26 × 25-7 液压顶升平桥，距离塔中心 30.98m。

2016 年 11 月 24 日 6 时许，混凝土班组、钢筋班组先后完成第 52 节混凝土浇筑和第 53 节钢筋绑扎作业，离开作业面。5 个木工班组共 70 人先后上施工平台，分布在筒壁四周施工平台上拆除第 50 节模板并安装第 53 节模板。此外，与施工平台连接的平桥上有 2 名平桥操作人员和 1 名施工升降机操作人员，在 7 号冷却塔底部中央竖井、水池底板处有 19 名工人正在作业。7 时 33 分，7 号冷却塔第 50 ~ 52 节筒壁混凝土从后期浇筑完成部位开始坍塌，沿圆周方向向两侧连续倾塌坠落，施工平台及平桥上的作业人员随同筒壁混凝土及模架体系一起坠落，在筒壁坍塌过程中，平桥晃动、倾斜后整体向东倒塌，事故持续时间 24s。事故导致 73 人死亡（其中 70 名筒壁作业人员、3 名设备操作人员），2 名在 7 号冷却塔底部作业的工人受伤，7 号冷却塔部分已完工工程受损。

问题：

（1）事故原因及性质。

（2）事故防范措施建议。

分析与解答：

（1）事故原因及性质。

1）事故直接原因。经调查认定，事故的直接原因是施工单位在 7 号冷却塔第 50 节筒壁混凝土强度不足的情况下，违规拆除第 50 节模板，致使第 50 节筒壁混凝土失去模板支护，不足以承受上部荷载，从底部最薄弱处开始坍塌，造成第 50 节及以上筒壁混凝土和模架体系连续倾塌坠落。坠落物冲击与筒壁内侧连接的平桥附着拉索，导致平桥也整体倒塌。具体分析如下：

① 混凝土强度情况。7 号冷却塔第 50 节模板拆除时，第 50、51、52 节筒壁混凝土实际小时龄期分别为 29 ~ 33h、14 ~ 18h、2 ~ 5h。根据丰城市气象局提供的气象资料，2016 年 11 月 21 日至 11 月 24 日期间，当地气温骤降，分别为 17 ~ 21℃、6 ~ 17℃、4 ~ 6℃和 4 ~ 5℃，且为阴有小雨天气，这种气象条件延迟了混凝土强度发展。事故调查组委托检测单位进行了同条件混凝土性能模拟试验，采用第 49 ~ 52 节筒壁混凝土实际使用的材料，按照混凝土设计配合比的材料用量，模拟事发时当地的小时温湿度，拌制的混凝土入模温度为 8.7 ~ 14.9℃。试验结果表明，第 50 节模板拆除时，第 50 节筒壁混凝土抗压强度为 0.89 ~ 2.35MPa；第 51 节筒壁混凝土抗压强度小于 0.29MPa；第 52 节筒壁混凝土无抗压强度。而按照国家标准中强制性条文，拆除第 50 节模板时，第 51 节筒壁混凝土强度应该达到 6MPa 以上。对 7 号冷却塔拆模施工过程的受力计算分析表明，在未拆除模板前，第 50 节筒壁根部能够承担上部荷载作用，当第 50 节筒壁 5 个区段分别开始拆模后，随着拆除模板数量的增加，第 50 节筒壁混凝土所承受的弯矩迅速增大，直至超过混凝土与钢筋界面黏结破坏的临界值。

② 平桥倒塌情况。经察看事故监控视频及问询现场目击证人，认定 7 号冷却塔第 50 ~ 52 节筒壁混凝土和模架体系首先倒塌后，平桥才缓慢倒塌。

经计算分析，平桥附着拉索在混凝土和模架体系等坠落物冲击下发生断裂，同时，巨大的冲击张力迅速转换为反弹力反方向作用在塔身上，致使塔身下部主弦杆应力剧增，瞬间超过抗拉强度，塔身在最薄弱部位首先断裂，并导致平桥整体倒塌。

③ 人为破坏等因素排除情况。经调查组现场勘查、计算分析，排除了人为破坏、地震、设计缺陷、地基沉降、模架体系缺陷等因素引起事故发生的可能。

2）相关施工管理情况。经调查，在7号冷却塔施工过程中，施工单位为完成工期目标，施工进度不断加快，导致拆模前混凝土养护时间减少，混凝土强度发展不足；在气温骤降的情况下，没有采取相应的技术措施加快混凝土强度发展速度；筒壁工程施工方案存在严重缺陷，未制定针对性的拆模作业管理控制措施；对试块送检、拆模的管理失控，在实际施工过程中，劳务作业队伍自行决定拆模。具体事实如下：

① 工期调整情况。按照中南电力设计院与河北亿能公司签订的施工合同，7号冷却塔施工工期为2016年4月15日到2017年6月25日，共437d。2016年4月1日，施工单位项目部编制了《施工D标段冷却塔与烟囱施工组织设计》，7号冷却塔施工工期调整为2016年4月15日到2017年4月30日，其中筒壁工程工期为2016年10月1日至2017年4月30日，共212d。

2016年7月27日，在施工单位项目部报送的8月份进度计划报审表中，建设单位提出“烟囱及7号冷却塔应考虑力争年底到顶计划”的要求。2016年7月28日，在总承包单位项目部报送建设单位、监理单位的工程联系单《关于里程碑计划事宜》中，施工单位项目部将7号冷却塔施工工期调整为2017年1月18日结构封顶。2016年8月1日，建设单位签署“同意暂按调整计划执行，合同考核工期另行协商”。

实际施工中，7号冷却塔基础、人字柱、环梁部分基本按照施工组织设计进度计划施工。但在7月28日的调整中，筒壁工程工期由2016年10月1日至2017年4月30日调整为2016年10月1日至2017年1月18日，工期由212d调整为110d，

压缩了102d。7号冷却塔工期调整后，建设单位、监理单位、总承包单位项目部均没有对缩短后的工期进行论证、评估，也未提出相应的施工组织措施和安全保障措施。

②“大干100天”活动情况。2016年上半年，由于设计、采购和设备制造等原因，丰城发电厂三期扩建工程实际施工进度和合同计划相比滞后较多，建设单位向总承包单位项目部提出策划“大干100天”活动，促进完成2016年度计划和2017年春节前工作目标。

2016年8月9日至9月6日，建设单位、监理单位连续5次在监理协调会（第28～32次）上提出“8月底要掀起大干100天现场施工高潮，总包和各施工单位要对大干100天进行策划”等要求。

2016年9月5日，总承包单位项目部组织各标段施工单位项目部编制了《“大干100天”活动策划方案》，并报监理单位、建设单位批准。方案对烟囱冷却塔、主厂房主体结构、锅炉及电厂成套设备以外的辅助设施等施工项目确定了形象进度和节点目标，要求各施工单位加大人力资源和施工资源投入，将计划施工内容分解到月进度计划、周进度计划，采取加班、连班、24h倒班等措施加快施进度。

2016年9月13日，建设单位、监理单位、总承包单位和各标段及辅助工程施工单位共同启动了“大干100天”活动，活动时间从2016年9月15日至2017年1月15日。当日，建设单位、监理单位、总承包单位三家签订了“大干100天”目标责任书，其中7号冷却塔筒壁工期为2016年10月1日至2017年1月18日（与7月28日总承包单位

项目部工程联系单《关于里程碑计划事宜》上的工期一致)。在“大干100天”活动期间，施工单位项目部定期报送7号冷却塔月进度计划、周进度计划，项目监理部、总承包单位项目部定期督促进度计划的实施。项目监理部先后5次在月进度计划报审表上或工程协调会上要求严格按照“大干100天”策划方案施工，加大对责任单位的考核。

“大干100天”活动严格限定了7号冷却塔施工进度。

3）筒壁工程施工方案管理情况。施工单位项目部于2016年9月14日编制了《7号冷却塔筒壁施工方案》，经项目部工程部、质检部、安监部会签，报项目部总工程师于9月18日批准后，分别报送总承包单位项目部、项目监理部、建设单位工程建设指挥部审查，9月20日上述各单位完成审查。

施工方案中计划工期为2016年9月27日至2017年1月18日，内容包括筒壁工程施工工艺技术、强制性条文、安全技术措施、危险源辨识及环境辨识与控制等部分。施工单位项目部未按规定将筒壁工程定义为危险性较大的分部分项工程。

施工方案在强制性条文部分列入了《双曲线冷却塔施工与质量验收规范》(GB 50573—2010) 第6.3.15条“采用悬挂式脚手架施工筒壁，拆模时其上节混凝土强度应达到6MPa以上”，但并未制定拆模时保证上节混凝土强度不低于6MPa的针对性管理控制措施。

施工方案在危险源辨识及环境辨识与控制部分，对模板工程和混凝土工程中可能发生的坍塌事故仅辨识出1项危险源，即“在未充分加固的模板上作业”。

施工方案编制完成后，施工单位项目部工程部进行了安全技术交底。截至事故发生时，施工方案未进行修改。

4）模板拆除作业管理情况。按施工正常程序，各节筒壁混凝土拆模前，应由施工单位项目部试验员将本节及上一节混凝土同条件养护试块送到总承包单位项目部指定的第三方试验室进行强度检测，并将检测结果报告施工单位项目部工程部部长，工程部部长视情况再安排劳务作业队伍进行拆模作业。

按照2016年4月6日施工单位项目部报送的7号冷却塔工程施工质量验收范围划分表，筒壁工程的模板安装和拆除作业属于现场见证点，需要施工单位、总承包单位、监理单位见证和验收拆模作业。经查，施工单位项目部从未将混凝土同条件养护试块送到总承包单位指定的第三方试验室进行强度检测，偶尔将试块违规送到丰城鼎力建材公司搅拌站进行强度检测。2016年11月23日下午，施工单位项目部试验员在进行7号冷却塔第50节模板拆除前的试块强度送检时，发现第50、51节筒壁混凝土同条件养护试块未完全凝固无法脱模，于是试验员将2块烟囱工程的试块取出送到混凝土搅拌站进行强度检测。经检测，烟囱试块强度值不到1MPa。试验员将上述情况电话报告给工程部部长，至事故发生时，未按规定采取相应有效措施。

施工单位项目部在7号冷却塔筒壁施工过程中，没有关于拆模作业的管理规定，也没有任何拆模的书面控制记录，也从未在拆模前通知总承包单位和监理单位。除施工单位项目部明确要求暂停拆模的情况外，劳务作业队伍一直自行持续模板搭设、混凝土浇筑、钢筋绑扎、拆模等工序的循环施工。

5）关于气温骤降的应对管理情况。施工单位项目部在获知2016年11月21日至11月24日期间气温骤降的预报信息后，施工单位项目部总工程师安排工程部通知试验室，增加早强剂并调整混凝土配合比，以增加混凝土早期强度。但直至事故发生，该工作没有得到落实。

河北亿能公司于11月14日印发《关于冬期施工的通知》，要求公司下属各项目部制定本项目的《冬期工方案》，并且在11月17日前上报到公司工程部审批、备案且严格执行。施工单位项目部总工程师、工程部部长认为当时江西丰城的天气条件尚未达到冬期施工的标准，直至事故发生时，项目部一直没有制定期施工方案。

调查认定，江西丰城发电厂“11.24”冷却塔施工平台坍塌特别重大事故是一起生产安全责任事故。

（2）事故防范措施建议。

1）增强安全生产红线意识，进一步强化建筑施工安全工作。各地区、各有关部门和各建筑业企业要进一步牢固树立新发展理念，坚持安全发展，坚守发展决不能以牺牲安全为代价这条不可逾越的红线，充分认识到建筑行业的高风险性，杜绝麻痹意识和侥幸心理，始终将安全生产置于一切工作的首位。各有关部门要督促企业严格按照有关法律法规和标准要求，设置安全生产管理机构，配足专职安全管理人员，按照施工实际需要配备项目部的技术管理力量，建立健全安全生产责任制，完善企业和施工现场作业安全管理规章制度。要督促企业在施工过程中加强过程管理和监督检查，监督作业队伍严格按照法规标准、施工图和施工方案施工。

2）完善电力建设安全监管机制，落实安全监管责任。各地区、各有关部门要将电力建设安全监管工作摆在更加突出的位置，督促工程建设、勘察设计、总承包、施工、监理等参建单位严格遵守法律法规要求，严格履行项目开工、质量安全监督、工程备案等手续。国家能源局及其派出机构要加强现场监督检查，严格执法，对发现的问题和隐患，责令企业及时整改，重大隐患排除前或在排除过程中无法保证安全的，一律责令停工，并通过资信管理手段对企业进行限制。针对电力项目审批权力和监管责任的脱节不利于加强电力建筑工程安全生产监管的问题，研究理顺电力建筑工程安全监管体制，明确电力建筑工程行业监管、区域监管和地方属地监管职责。要进一步研究完善现行电力工程质量监督工作机制，加强对全国电力工程质量监督的归口管理，强化对电力质监总站的指导和监督检查，协调解决工作中存在的突出问题，防范电力质监机构职能弱化及履职不到位的现象。

3）进一步健全法规制度，明确工程总承包模式中各方主体的安全职责。各相关行业主管部门要及时研究制定与工程总承包等发包模式相匹配的工程建设管理和安全管理制度，完善工程总承包相关的招标投标、施工许可（开工报告）、竣工验收等制度规定，为工程总承包的安全发展创造政策环境。要按照工程总承包企业对工程总承包项目的质量和安全全面负责，依照合同约定对建设单位负责，分包企业按照分包合同的约定对工程总承包企业负责的原则，进一步明确工程总承包模式下建设、总承包、分包施工等各方参建单位在工程质量安全、进度控制等方面的职责。要加强对工程总承包市场的管理，督促建设单位加强工程总承包项目的全过程管理，督促工程总承包企业遵守有关法律法规要求和履行合同义务，强化分包管理，严禁以包代管、违法分包和转包。

4）规范建设管理和施工现场监理，切实发挥监理管控作用。各建设单位要认真执行工程定额工期，严禁在未经过科学评估和论证的情况下压缩工期，要保证安全生产投入，提供法规规定和合同约定的安全生产条件，要加强对工程总承包、监理单位履行安全生产责任情况的监督检查。各监理单位要完善相关监理制度，强化对派驻项目现场的监理人员特别是总监理工程师的考核和管理，确保和提高监理工作质量，切实发挥施工现场监理管控作用。项目监理机构要认真贯彻落实《建设工程监理规范》（GB/T 50319—2013）等相关标准，编制有针对性、可操作性的监理规划及细则，按规定程序和内容审查施工组织设计、专项施工方案等文件，严格落实建筑材料检验等制度，对关键工序和关键部位严格实施旁站监理。对监理过程中发现的质量安全隐患和问题，监理单位要及时责令施工单位整改并复查整改情况，拒不整改的按规定向建设单位和行业主管部门报告。

5）夯实企业安全生产基础，提高工程总承包安全管理水平。各建筑业企业要准确把握工程总承包内涵，高度重视总承包工程安全生产管理的重要性，保障安全生产投入，完善规章规程，健全制度体系，加强全员安全产生教育培训，按照工程总承包企业对工程总承包项目质量和安全全面负责的原则，扎实做好各项安全生产基础工作。各建筑业企业特别是以勘察设计业务为主业的企业，要高度重视企业经营范围扩大、产业链延伸后所带来的安全生产新风险，要根据开展工程总承包业务的实际需要，及时调整和完善企业组织机构、专业设置和人员结构，形成集设计、采购和施工各阶段项目管理于一体，技术与管理密切结合，具有工程总承包能力的组织管理体系。要高度重视从事工程总承包业务的项目经理及施工技术、质量、安全管理等方面的人才队伍建设，完善企业总部职能部门、项目部的专业管理人才配备，加强项目管理人员的业务培训，为开展工程总承包业务提供人才支撑。

6）全面推行安全风险分级管控制度，强化施工现场隐患排查治理。各建筑业企业要制定科学的安全风险辨识程序和方法，结合工程特点和施工工艺、设备，全方位、全过程识别施工工艺、设备设施、现场环境、人员行为和管理体系等方面存在的安全风险，科学界定确定安全风险类别。要根据风险评估的结果，从组织、制度、技术、应急等方面，对安全风险分级、分层、分类、分专业进行有效管控，逐一落实企业、项目部、作业队伍和岗位的管控责任，尤其要强化对存有重大危险源的施工环节和部位的重点管控，在施工期间要专人现场带班管理。要健全完善施工现场隐患排查治理制度，明确和细化隐患排查的事项、内容和频次，并将责任逐一分解落实，特别是对起重机械、模板脚手架、深基坑等环节和部位应重点定期排查。施工企业应及时将重大隐患排查治理的有关情况向建设单位报告，建设单位应积极协调勘察、设计、施工、监理、检测等单位，并在资金、人员等方面积极配合做好重大隐患排查治理工作。

7）加大安全科技创新及应用力度，提升施工安全本质水平。各建筑业企业要强化科技创新，加大科技研发和推广力度，利用现代信息化和高新技术，改造和转型升级企业，加快推进施工机械设备的更新换代，加快先进建造设备、智能设备、安全监控装置的研发、制造和推广应用，逐步淘汰、限制使用落后技术、工艺和设备，提高施工现场科技化、机械化水平，减少大量人工危险作业，从根本上减少传统登高爬下和手工作业方式带来的事故风险。特别是建筑业中央企业等骨干企业要加强技术积累与总结，积极制定企业标准，引领行业安全科技水平的提升。各相关行业主管部门要及时制定严重危及生产安全的工艺、设备淘汰目录，在行业中淘汰落后的技术、工艺、材料和设备。要加快推进创新成果向技术标准的转化进程，广泛吸纳成熟适用的科技成果，加快工程建设标准的制定、修订，以先进的技术标准推动创新成果的应用。

复习思考题

1. 什么是生产安全事故？什么是事故隐患？
2. 事故的特性是什么？
3. 简述生产安全事故的等级划分。
4. 事故发生的原因主要有哪些？
5. 什么是安全生产条件？
6. 简述安全生产管理机构的职责。
7. 专职安全生产管理人员的职责有哪些？
8. 简述专职安全生产管理人员的配备要求。
9. 事故调查处理应坚持哪些原则？
10. 事故报告的内容包括哪些？
11. 事故调查的目的是什么？
12. 事故调查报告应当包括哪些内容？
13. 建筑工程安全事故的处理依据有哪些？
14. 建筑工程安全事故处理的程序是什么？
15. 什么是应急预案？什么是应急准备？什么是应急救援？
16. 简述应急预案的编制要求和程序。
17. 应急预案体系的构成包括哪些内容？
18. 综合应急预案、专项应急预案、现场处置方案各包括哪些主要内容？
19. 办理意外伤害保险有什么要求？

第9章

建筑工程文明施工与绿色施工管理

9.1 建筑工程文明施工管理

1. 施工现场文明施工的要求

文明施工是指保持施工现场良好的作业环境、卫生环境和工作秩序。因此，文明施工也是保护环境的一项重要措施。文明施工主要包括规范施工现场的场容，保持作业环境的整洁卫生；科学组织施工，使生产有序进行；遵守施工现场文明施工的规定和要求，减少施工对周围居民和环境的影响，保证职工的安全和身体健康。

文明施工可以适应现代化施工的客观要求，有利于员工的身心健康，有利于培养和提高施工队伍的整体素质，提升企业综合管理水平，提高企业的知名度和市场竞争力。

依据我国相关标准，文明施工的要求主要包括现场围挡、封闭管理、施工场地、材料堆放、现场住宿、现场防火、治安综合治理、施工现场标牌、生活设施、保健急救、社区服务11项内容。建筑工程现场文明施工总体上应符合以下要求：

1）有整套的施工组织设计或施工方案，施工总平面布置紧凑，施工场地规划合理，符合环保、市容、卫生的要求。

2）有健全的施工组织管理机构和指挥系统，岗位分工明确，工序交叉合理，交接责任明确。

3）有严格的成品保护措施和制度，临时设施和各种材料构件、半成品按平面布置图堆放整齐。

4）施工场地平整，道路畅通，排水设施得当，水路线路整齐，机具设备状况良好，使用合理，施工作业符合消防和安全要求。

5）搞好环境卫生管理，包括施工区、生活区环境卫生和食堂卫生管理。

6）文明施工应落实至施工结束后的清场。

实现文明施工，不仅要抓好现场的场容管理，而且还要做好现场材料、机械、安全、技术、保卫、消防和生活卫生等方面的工作。

2. 建筑工程现场文明施工的措施

（1）加强现场文明施工的管理

1）建立文明施工的管理组织。应确立项目经理为现场文明施工第一责任人，以各专业工程师、施工质量、安全、材料、保卫等现场项目经理部人员为成员的施工现场文明管理组织，共同负责本工程现场文明施工工作。

2）健全文明施工的管理制度。包括建立各级文明施工岗位责任制，将文明施工工作考核列入经济责任制，建立定期的检查制度，实行自检、互检、交接检制度，建立奖惩制度，开展文明施工立功竞赛，加强文明施工教育培训等。

（2）落实现场文明施工的各项管理措施

针对现场文明施工的各项要求，落实相应的各项管理措施。

1）施工平面的布置。施工总平面布置图是现场管理、实现文明施工的依据。施工总平面布置图应对施工机械设备、材料和构配件的堆场，现场加工场地，以及现场临时运输道路、临时供水供电线路和其他临时设施进行合理布置，并随工程实施的不同阶段进行场地布置和调整。

2）现场围挡、标牌的设置。

① 施工现场必须实行封闭管理，设置进出口大门，制定门卫制度，严格执行外来人员进场登记制度。沿工地四周连续设置围挡，市区主要路段和其他涉及市容景观路段的工地设置围挡的高度不低于2.5m，其他工地的围挡高度不低于1.8m。围挡材料要求坚固、稳定、统一、整洁、美观。

② 施工现场必须设有“五牌一图”，即工程概况牌、管理人员名单及监督电话牌、消防保卫（防火责任）牌、安全生产牌、文明施工牌和施工现场总平面图。

③ 施工现场应合理悬挂安全生产宣传和警示牌，标牌应悬挂牢固、可靠，特别是主要施工部位、作业点和危险区域以及主要通道口都必须有针对性地悬挂醒目的安全警示牌。

3）施工场地管理。

① 施工现场应积极推行硬地坪施工，作业区、生活区主干道地面必须用一定厚度的混凝土硬化，对场内其他道路地面也应进行硬化处理。

② 施工现场道路应畅通、平坦、整洁，无散落物。

③ 施工现场应设置排水系统，排水畅通，不积水。

④ 严禁泥浆、污水、废水外流或未经允许排入河道，严禁堵塞下水道和排水河道。

⑤ 施工现场适当的地方应设置吸烟处，作业区内禁止随意吸烟。

⑥ 积极美化施工现场环境，根据季节变化，适当进行绿化布置。

4）材料堆放、周转设备管理。

① 建筑材料、构配件、料具必须按施工现场总平面布置图堆放，布置合理。

② 建筑材料、构配件及其他料具等必须做到安全、整齐堆放（存放），不得超高。堆料应分门别类，悬挂标牌。标牌应统一制作，标明名称、品种、规格、数量等。

③ 建立材料收发管理制度，仓库、工具间材料应堆放整齐，易燃易爆物品应分类堆放，由专人负责，以确保安全。

④ 施工现场应建立清扫制度，落实到人，做到工完料尽场地清，车辆进出场应有防泥带出措施。建筑垃圾应及时清运，临时存放现场的也应集中堆放整齐，悬挂标牌。不用的施工机具和设备应及时出场。

⑤ 施工设施、大模板、砖夹等应集中堆放整齐，大模板应成对放稳，角度正确。钢模

及零配件、脚手扣件应分类、分规格集中存放。竹木杂料应分类堆放，规则成方，不散不乱，不作他用。

5）现场生活设施设置。

① 施工现场作业区与办公、生活区必须明显划分，确因场地狭窄不能划分的，要有可靠的隔离栏防护措施。

② 宿舍应确保主体结构安全，设施完好。宿舍周围环境应保持整洁、安全。

③ 宿舍内应有保暖、消暑、防煤气中毒、防蚊虫叮咬等措施。严禁使用煤气灶、煤油炉、电饭煲、热得快、电炒锅、电炉等器具。

④ 食堂应有良好的通风和洁卫措施，保持卫生整洁，炊事员应持健康证上岗。

⑤ 建立现场卫生责任制，设卫生保洁员。

⑥ 施工现场应设固定的男、女简易淋浴室和厕所，要保证结构稳定、牢固和防风雨，并实行专人管理，及时清扫，保持整洁，要有灭蚊、蝇的措施。

6）现场消防、防火管理。

① 现场应建立消防管理制度，建立消防领导小组，落实消防责任制和责任人员，做到思想重视、措施跟上、管理到位。

② 定期对有关人员进行消防教育，落实消防措施。

③ 现场必须有消防平面布置图，临时设施按消防条例的有关规定搭设，符合标准、规范的要求。

④ 易燃易爆物品堆放间、油漆间、木工间、总配电室等消防防火重点部位要按规定设置灭火器和消防沙箱，并有专人负责。对违反消防条例的有关人员要进行严肃处理。

⑤ 施工现场若需用明火，应做到严格按动用明火的规定执行，审批手续齐全。

7）医疗急救管理。展开卫生防病教育，准备必要的医疗设施，配备经过培训的急救人员，有急救措施、急救器材和保健医药箱。在现场办公室的显著位置张贴急救车和有关医院的电话号码等。

8）社区服务管理。建立施工不扰民的措施。现场不得焚烧有毒、有害物质等。

9）治安管理。

① 建立现场治安保卫领导小组，有专人管理。

② 对新入场的人员及时登记，做到合法用工。

③ 按照治安管理条例和施工现场的治安管理规定搞好各项管理工作。

④ 建立门卫值班管理制度，严禁无证人员和其他闲杂人员进入施工现场，避免安全事故和失盗事件的发生。

（3）建立检查考核制度

对于建筑工程文明施工，国家和各地大多制定了标准或规定，在实际工作中也有比较成熟的经验，项目应结合相关标准和规定建立文明施工考核制度，推进各项文明施工措施的落实。

（4）抓好文明施工建设工作

1）建立宣传教育制度。现场宣传安全生产、文明施工、国家大事、社会形势、企业精神、优秀事迹等。

2）坚持以人为本，加强管理人员和班组文明建设。教育职工遵纪守法，提高企业整体管理水平和文明素质。

3）主动与有关单位配合，积极开展共建文明活动，树立企业良好的社会形象。

9.2 建筑工程施工现场环境管理

1. 施工现场环境保护的要求

建筑工程项目必须满足有关环境保护法律法规的要求，在施工过程中注意环境保护，这些都对企业发展、员工健康和社会文明有重要意义。

环境保护是按照法律法规、各级主管部门和企业的要求，保护和改善作业现场的环境，控制现场的各种粉尘、废水、废气、固体废弃物、噪声、振动等对环境的污染和危害。环境保护也是文明施工的重要内容之一。

（1）建筑工程施工现场环境保护的要求

根据《中华人民共和国环境保护法》和《中华人民共和国环境影响评价法》的有关规定，建筑工程项目对环境保护的基本要求如下：

1）涉及依法划定的自然保护区、风景名胜区、生活饮用水水源保护区及其他需要特别保护的区域时，应当符合国家有关法律法规及该区域内建筑工程项目环境管理的规定，不得建设污染环境的工业生产设施；建筑工程项目设施的污染物排放不得超过规定的排放标准。已经建成的设施，其污染物排放超过排放标准的，限期整改。

2）开发利用自然资源的项目，必须采取措施保护生态环境。

3）建筑工程项目的选址、选线、布局应当符合区域、流域规划和城市总体规划。

4）应满足项目所在区域环境质量、相应环境功能区划和生态功能区划的标准或要求。

5）拟采取的污染防治措施应确保污染物排放达到国家和地方规定的排放标准，满足污染物总量控制要求，涉及可能产生放射性污染的，应采取有效预防和控制放射性污染措施。

6）建筑工程项目应当采用节能、节水等有利于环境与资源保护的建筑设计方案、建筑材料、装修材料、建筑构配件及设备。建筑材料和装修材料必须符合国家标准。禁止生产、销售和使用有毒、有害物质超过国家标准的建筑材料和装修材料。

7）尽量减少建筑工程施工中所产生的干扰周围生活环境的噪声。

8）应采取生态保护措施，有效预防和控制生态破坏。

9）对于对环境可能造成重大影响、应当编制环境影响报告的建筑工程项目，可能严重影响项目所在地居民生活环境质量的建筑工程项目，以及存在重大意见分歧的建筑工程项目，环保部门可以举行听证会，听取有关单位、专家和公众的意见，并公开听证结果，说明对有关意见采纳或不采纳的理由。

10）建筑工程项目中防治污染的设施，必须与主体工程同时设计、同时施工、同时投产使用。防治污染的设施经原审批环境影响报告的环境保护行政主管部门验收合格后，该建筑工程项目方可投入生产或者使用。不得擅自拆除或者闲置防治污染的设施，确有必要拆除或者闲置的，必须征得所在地的环境保护行政主管部门的同意。

11）新建工业企业和既有工业企业的技术改造，应当采取资源利用率高、污染物排放量少的设备和工艺，采用经济、合理的废弃物综合利用技术和污染物处理技术。

12）排放污染物的单位，必须依照国务院环境保护行政主管部门的规定申报登记。

13）禁止引进不符合我国环境保护规定要求的技术和设备。

14）任何单位不得将产生严重污染的生产设备转移给没有污染防治能力的单位使用。

《中华人民共和国海洋环境保护法》规定：在进行海岸工程建设和海洋石油勘探开发时，必须依照法律的规定，防止对海洋环境的污染损害。

（2）建筑工程施工现场环境保护的措施

工程建设过程中的污染主要包括对施工场界内的污染和对周围环境的污染。对施工场界内的污染防治属于职业健康安全问题，而对周围环境的污染防治则是环境保护的问题。

建筑工程环境保护措施主要包括大气污染的防治、水污染的防治、噪声污染的防治、固体废弃物的处理等。

1）大气污染的防治。

① 大气污染物的分类。大气污染物的种类有数千种，已发现有危害作用的有100多种，其中大部分是有机物。大气污染物通常以气体状态和粒子状态存在于空气中。

② 施工现场空气污染的防治措施。

a. 施工现场的垃圾渣土要及时清理出现场。

b. 在高大建筑物中清理施工垃圾时，要使用封闭式的容器或者采取其他措施处理高处废弃物，严禁凌空随意抛撒。

c. 施工现场道路应指定专人定期洒水清扫，形成制度，防止道路扬尘。

d. 对于细颗粒散体材料（如水泥、粉煤灰、白灰等）的运输、储存，要注意遮盖、密封，防止和减少扬尘。

e. 车辆开出工地时要做到不带泥沙，基本做到不撒土、不扬尘，减少对周围环境的污染。

f. 除设有符合规定的装置外，禁止在施工现场焚烧油毡、橡胶、塑料、皮革、树叶、枯草、各种包装物等废弃物品以及其他会产生有毒、有害烟尘和恶臭气体的物质。

g. 机动车都要安装减少尾气排放的装置，确保符合国家标准。

h. 工地茶炉应尽量采用电热水器。若只能使用烧煤茶炉和锅炉，应选用消烟除尘型茶炉和锅炉，大灶应选用消烟节能回风炉灶，使烟尘降至允许排放范围内为止。

i. 大城市市区的建筑工程已不容许在施工现场搅拌混凝土。在容许设置搅拌站的工地，应将搅拌站严密封闭，并在进料仓上方安装除尘装置，采用可靠措施控制工地粉尘污染。

j. 拆除旧建筑物时，应适当洒水，防止扬尘。

2）水污染的防治。

① 水污染物的主要来源。水污染的主要来源有以下几种：

a. 工业污染源；指各种工业废水向自然水体的排放。

b. 生活污染源：主要有食物废渣、食油、粪便、合成洗涤剂、杀虫剂、病原微生物等。

c. 农业污染源：主要有化肥、农药等。

施工现场废水和固体废物随水流流入水体部分，包括泥浆、水泥、油漆、各种油类、混凝土添加剂、重金属、酸碱盐、非金属无机毒物等。

② 施工过程水污染的防治措施。施工过程水污染的防治措施有：

a. 禁止将有毒有害废弃物作土方回填。

b. 施工现场搅拌站废水、现制水磨石的污水、电石（碳化钙）的污水必须经沉淀池沉淀合格后再排放，最好将沉淀水用于工地洒水降尘或采取措施回收利用。

c. 现场存放油料的，必须对库房地面进行防渗处理，如采用防渗混凝土地面、铺油毡等措施。使用时，要采取防止油料跑、冒、滴、漏的措施，以免污染水体。

d. 施工现场 100 人以上的临时食堂，排放污水时可设置简易、有效的隔油池，定期清理，防止污染。

e. 工地临时厕所、化粪池应采取防渗漏措施。中心城市施工现场的临时厕所可采用水冲式厕所，并有防蝇灭蛆措施，防止污染水体和环境。

f. 化学用品、外加剂等要妥善保管，于库内存放，防止污染环境。

3）噪声污染的防治。

① 噪声的分类。噪声按来源分为交通噪声（如汽车、火车、飞机等发出的声音）、工业噪声（如鼓风机、汽轮机、冲压设备等发出的声音）、建筑施工的噪声（如打桩机、推土机、混凝土搅拌机等发出的声音）、社会生活噪声（如高音喇叭、收音机等发出的声音）。噪声妨碍人们正常休息、学习和工作。为防止噪声扰民，应控制人为强噪声。

根据《建筑施工场界环境噪声排放标准》（GB 12523—2011）的要求，建筑施工场界噪声排放限值见表 9-1。

表 9-1　建筑施工场界噪声排放限值　　（单位：dB）

昼　间	夜　间
70	55

② 施工现场噪声的控制措施。噪声控制技术可从声源、传播途径、接收者防护等方面来考虑。

a. 声源的控制。

b. 传播途径的控制。

c. 接收者的防护。让处于噪声环境下的人员使用耳塞、耳罩等防护用品，减少相关人员在噪声环境中的暴露时间，以减轻噪声对人体的危害。

d. 严格控制人为噪声。

4）固体废物的处理。

① 建筑工程施工工地上常见的固体废物。建筑工程施工工地上常见的固体废物主要有建筑渣土，包括砖瓦、碎石、渣土、混凝土碎块、废钢铁、碎玻璃、废屑、废弃装饰材料等；废弃的散装大宗建筑材料，包括水泥、石灰等；生活垃圾，包括炊厨废物、丢弃食品、废纸、生活用具、废电池、废日用品、玻璃、陶瓷碎片、废塑料制品、煤灰渣、废交通工具等；设备、材料等的包装材料；粪便等。

② 固体废物的处理和处置。固体废物处理的基本思想是：采取资源化、减量化和无害化的处理，对固体废物产生的全过程进行控制。固体废物的主要处理方法如下：

a. 回收利用。回收利用是对固体废物进行资源化的重要手段之一。粉煤灰在建筑工程领域的广泛应用就是对固体废弃物进行资源化利用的典型范例。又如发达国家炼钢原料中有 70% 是利用回收的废钢铁，所以钢材可以看成可再生利用的建筑材料。

b. 减量化处理。减量化是对已经产生的固体废物进行分选、破碎、压实浓缩、脱水等以减少其最终处置量，降低处理成本，减少对环境的污染。在减量化处理的过程中，也包括和其他处理技术相关的工艺方法，如焚烧、热解、堆肥等。

c. 焚烧。焚烧用于不适合再利用且不宜直接予以填埋处置的废物，除有符合规定的装置外，不得在施工现场熔化沥青和焚烧油毡、油漆，也不得焚烧其他可产生有毒有害和恶臭气体的废弃物。垃圾焚烧处理应使用符合环保要求的处理装置，避免对大气的二次污染。

d. 稳定和固化。稳定和固化处理是利用水泥、沥青等胶结材料，将松散的废物胶结包裹起来，减少有害物质从废物中向外迁移、扩散，使得废物对环境的污染减少。

e. 填埋。填埋是将固体废物经过无害化、减量化处理的废物残渣集中到填埋场进行处置。禁止将有毒有害废弃物现场填埋，填埋场应利用天然或人工屏障，尽量使须处置的废物与环境隔离，并注意废物的稳定性和长期安全性。

2. 施工现场职业健康安全卫生的要求

为保障作业人员的身体健康和生命安全，改善作业人员的工作环境与生活环境，防止施工过程中各类疾病的发生，建筑工程施工现场应加强卫生与防疫工作。

（1）建筑工程现场职业健康安全卫生的要求

根据我国相关标准，施工现场职业健康安全卫生主要包括现场宿舍、厕所、其他卫生管理等内容。要符合以下基本要求：

1）施工现场应设置办公室、宿舍、食堂、厕所、淋浴间、开水房、文体活动室、密闭式垃圾站（或容器）及盥洗设施等临时设施。临时设施所用建筑材料应符合环保、消防的要求。

2）办公区和生活区应设密闭式垃圾容器。

3）办公室内布局合理，文件资料宜归类存放，并应保持室内清洁卫生。

4）施工企业应根据法律、法规的规定，制定施工现场的公共卫生突发事件应急预案。

5）施工现场应配备常用药品及绷带、止血带、颈托、担架等急救器材。

6）施工现场应设专职或兼职保洁员，负责卫生清扫和保洁。

7）办公区和生活区应采取灭鼠、蚊、蝇、蟑螂等措施，并应定期投放和喷洒药物。

8）施工企业应结合季节特点，做好作业人员的饮食卫生和防暑降温、防寒保暖、防煤气中毒、防疫等工作。

9）施工现场必须建立环境卫生管理和检查制度。

（2）建筑工程现场职业健康安全卫生的措施

施工现场的卫生与防疫应由专人负责，其全面管理施工现场的卫生工作，监督和执行卫生法规规章、管理办法，落实各项卫生措施。

1）现场宿舍的管理。

① 宿舍内应保证有必要的生活空间，室内净高不得小于 2.4m，通道宽度不得小于 0.9m，每间宿舍的居住人员不得超过 16 人。

② 施工现场宿舍必须设置可开启式窗户，宿舍内的床铺不得超过 2 层，严禁使用通铺。

③ 宿舍内应设置生活用品专柜，有条件的宿舍宜设置生活用品储藏室。

④ 宿舍内应设置垃圾桶，宿舍外宜设置鞋柜或鞋架，生活区内应提供为作业人员晾晒衣服的场地。

2）现场食堂的管理。

① 食堂必须有卫生许可证，炊事人员必须持身体健康证上岗。

② 炊事人员上岗时应穿戴洁净的工作服、工作帽和口罩，并应保持个人卫生。不得穿工作服出食堂，非炊事人员不得随意进入制作间。

③ 食堂炊具、餐具和公用饮水器具必须清洗消毒。

④ 施工现场应加强对食品、原料的进货管理，食堂严禁出售变质食品。

⑤ 食堂应设置在远离厕所、垃圾站、有毒有害场所等污染源的地方。

⑥ 食堂应设置独立的制作间、储藏间，门扇下方应设置不低于0.2m的防鼠挡板。制作间灶台及其周边应贴瓷砖，所贴瓷砖高度不宜小于1.5m，地面应做硬化和防滑处理。粮食存放台距墙和地面应大于0.2m。

⑦ 食堂应配备必要的排风设施和冷藏设施。

⑧ 食堂的燃气罐应单独设置存放间，存放间应通风良好并严禁存放其他物品。

⑨ 食堂制作间的炊具宜存放在封闭的橱柜内，刀、盆、案板等炊具应生熟分开。食品应有遮盖，遮盖物品应有正反面标识。各种作料和副食应存放在密闭器皿内，并应有标识。

⑩ 食堂外应设置密闭式泔水桶，并应及时清运。

3）现场厕所的管理。

① 施工现场应设置水冲式或移动式厕所，厕所地面应硬化，门窗应齐全。蹲位之间宜设置隔板，隔板高度不宜低于0.9m。

② 厕所大小应根据作业人员的数量设置。高层建筑施工超过8层以后，每隔四层宜设置临时厕所。厕所应设专人负责清扫、消毒，化粪池应及时清掏。

4）其他临时设施的管理。

① 小淋浴间应设置满足需要的淋浴喷头，可设置储衣柜或挂衣架。

② 盥洗间应设置满足作业人员使用的盥洗池，并应使用节水龙头。

③ 生活区应设置开水炉、电热水器或饮用水保温桶，施工区应配备流动保温水桶。

④ 文体活动室应配备电视机、书报、杂志等文体活动设施、用品。

⑤ 施工现场作业人员发生法定传染病、食物中毒或急性职业中毒时，必须在2h内向施工现场所在地建设行政主管部门和有关部门报告，并应积极配合调查处理。

⑥ 现场施工人员患有法定传染病时，应及时隔离，并由卫生防疫部门处置。

9.3 建筑工程绿色施工管理

1. 绿色施工的概念

（1）绿色施工的基本概念

绿色施工是指工程建设中，通过施工策划、材料采购，在保证质量、安全等基本要求的前提下，通过科学管理和技术进步，最大限度地节约资源与减少对环境有负面影响的施工活动，它强调的是从施工到工程竣工验收全过程的节能、节地、节水、节材和环境保护（“四节一环保”）的绿色建筑核心理念。

实施绿色施工，应依据因地制宜的原则，贯彻执行国家、行业和地方相关的技术经济政策。绿色施工是可持续发展理念在工程施工中全面应用的体现，绿色施工并不仅仅是指在工程施工中实施封闭施工，没有尘土飞扬，没有噪声扰民，在工地四周栽花、种草，实施定时洒水等内容，它涉及可持续发展的各个方面，如生态与环境保护、资源与能源利用、社会与经济的发展等内容。

（2）绿色施工原则

绿色施工是建筑全寿命周期中的一个重要阶段。实施绿色施工，应进行总体方案优化。在规划、设计阶段，应充分考虑绿色施工的总体要求，为绿色施工提供基础条件。

实施绿色施工，应对施工策划、材料采购、现场施工、工程验收等各阶段进行控制，加强对整个施工过程的管理和监督。绿色施工的基本原则如下：

1）减少场地干扰、尊重基地环境。绿色施工要减少场地干扰。工程施工过程会严重扰乱场地环境，这一点对于未开发区域的新建项目尤其严重。场地平整、土方开挖、施工降水、永久及临时设施建造、场地废物处理等均会对场地上现存的动植物资源、地形地貌、地下水位等造成影响，还会对场地内现存的文物、地方特色资源等产生破坏，影响当地文脉的继承和发扬。因此，在施工中减少场地干扰、尊重基地环境对于保护生态环境、维持地方文脉具有重要的意义。业主、设计单位和承包商应当识别场地内现有的自然、文化和构筑物特征，并通过合理的设计、施工和管理工作将这些特征保存下来。可持续的场地设计对于减少这种干扰具有重要的作用。就工程施工而言，承包商应结合业主、设计单位对承包商使用场地的要求，制订满足这些要求的、能尽量减少场地干扰的场地使用计划。计划中应明确：

① 场地内哪些区域将被保护、哪些植物将被保护，并明确保护的方法。

② 怎样在满足施工、设计和经济方面要求的前提下，尽量减少清理和扰动的区域面积，尽量减少临时设施、减少施工用管线。

③ 场地内哪些区域将被用作仓储和临时设施建设，如何合理安排承包商、分包商及各工种对施工场地的使用，减少材料和设备的搬动。

④ 各工种为了运送、安装和其他目的对场地通道的要求。

⑤ 废物将如何处理和消除，如有废物回填或填埋，应分析其对场地生态、环境的影响。

⑥ 怎样将场地与公众隔离。

2）施工结合气候。承包商在选择施工方法、施工机械，安排施工顺序，布置施工场地时应结合气候特征。这可以减少气候原因所带来的施工措施的增加、资源和能源用量的增加，有效地降低施工成本，可以减少因为额外措施对施工现场及环境的干扰，有利于施工现场环境质量品质的改善和工程质量的提高。

承包商要做到结合气候施工，首先要了解现场所在地区的气象资料及特征，主要包括降雨、降雪资料，如全年降雨量、降雪量、雨期起止日期、一日最大降雨量等气温资料，如年平均气温，最高、最低气温及持续时间。

施工结合气候的主要体现有：

① 承包商应尽可能合理地安排施工顺序，使会受到不利气候影响的施工工序能够在不利气候来临前完成。如在雨期来临之前，完成土方工程、基础工程的施工，以减少地下水位上升对施工的影响，减少其他需要增加的额外雨期施工保证措施。

② 安排好全场性排水、防洪，减少对现场及周边环境的影响。

③ 施工场地布置应结合气候，符合劳动保护、安全、防火的要求。产生有害气体和污染环境的加工场（如沥青熬制、石灰熟化）及易燃的设施（如木工棚、易燃物品仓库）应布置在下风向，且不危害当地居民；起重设施的布置应考虑风、雷电的影响。

④ 在冬期、雨期、风期、炎热暑期施工中，应针对工程特点，尤其是对混凝土工程、

土方工程、深基础工程、水下工程和高处作业等，选择适合的季节性施工方法或有效措施。

3）绿色施工要求节水节电环保。建设项目通常要使用大量的材料、能源和水资源。减少资源的消耗，节约能源，提高效益，保护水资源是可持续发展的基本观点。施工中资源（能源）的节约主要有以下几个方面内容：

① 水资源的节约利用。通过监测水资源的使用，安装小流量的设备和器具，在可能的场所通过重新利用雨水或施工废水等措施来减少施工期间的用水量，降低用水费用。

② 节约电能。通过监测利用率，安装节能灯具和设备、利用声光传感器控制照明灯具，采用节电型施工机械，合理安排施工时间等降低用电量，节约电能。

③ 减少材料的损耗。通过更仔细的采购、合理的现场保管，减少材料的搬运次数，减少包装，完善操作工艺，增加摊销材料的周转次数等降低材料在使用中的消耗，提高材料的使用效率。

④ 可回收资源的利用。可回收资源的利用是节约资源的主要手段，也是当前应加强的方向。其主要体现在两个方面；一是使用可再生的或含有可再生成分的产品和材料，这有助于将可回收部分从废弃物中分离出来，同时减少原始材料的使用，即减少自然资源的消耗；二是加大资源和材料的回收利用、循环利用，如在施工现场建立废物回收系统，再回收或重复利用在拆除时得到的材料，这可减少施工中材料的消耗量或通过销售来增加企业的收入，也可降低企业运输或填埋垃圾的费用。

4）减少环境污染，提高环境品质。绿色施工要求减少环境污染。工程施工中产生的大量灰尘、噪声、有毒有害气体、废物等会对环境品质产生严重的影响，也将有损于现场工作人员、使用者以及公众的健康。因此，减少环境污染、提高环境品质，也是绿色施工的基本原则。提高与施工有关的室内外空气品质是该原则的最主要内容。施工过程中，扰动建筑材料和系统所产生的灰尘，从材料、产品、施工设备或施工过程中散发出来的挥发性有机化合物或微粒均会引发室内外空气品质问题。许多这些挥发性有机化合物或微粒会对健康构成潜在的威胁和损害，需要特殊的安全防护。这些威胁和损伤有些是长期的，甚至是致命的。同时，在建造过程中，这些空气污染物也可能渗入邻近的建筑物，并在施工结束后继续留在建筑物内。那些需要在房屋使用者在场的情况下进行施工的改建项目，在这方面的影响更需引起人们的重视。常用的提高施工场地空气品质的绿色施工技术措施有：

① 制订有关室内外空气品质的施工管理计划。

② 使用低挥发性的材料或产品。

③ 安装局部临时排风或局部净化和过滤设备。

④ 进行必要的绿化，经常洒水清扫，防止建筑垃圾堆积在建筑物内，储存好可能造成污染的材料。

⑤ 采用更安全、更健康的建筑机械或生产方式。如用商品混凝土代替现场混凝土搅拌，可大幅度地消除粉尘污染。

⑥ 合理安排施工顺序，尽量减少一些建筑材料如地毯、顶棚饰面等对污染物的吸收。

⑦ 对于施工时仍在使用的建筑物而言，应将有毒的工作安排在非工作时间进行，并与通风措施相结合，在进行有毒工作时以及工作完成以后，用室外新鲜空气对现场通风。

⑧ 对于施工时仍在使用的建筑物而言，将施工区域保持负压或升高使用区域的气压有助于防止空气污染物污染使用区域。

对于噪声的控制也是防止环境污染、提高环境品质的一个方面。当前我国已经出台了一些相应的规定对施工噪声进行限制。绿色施工也强调对施工噪声的控制，以防止施工扰民。合理安排施工时间，实施封闭式施工，采用现代化的隔离防护设备，采用低噪声、低振动的建筑机械如无声振捣设备等是控制施工噪声的有效手段。

5）实施科学管理、保证施工质量。实施绿色施工，必须实施科学管理，提高企业管理水平，使企业从被动适应转变为主动响应，使企业实施绿色施工制度化、规范化。这将充分发挥绿色施工对可持续发展的促进作用，增加绿色施工的经济性效果，增加承包商采用绿色施工的积极性。企业通过 ISO 14001 认证是提高企业管理水平，实施科学管理的有效途径。

实施绿色施工，尽可能减少场地干扰，提高资源和材料的利用效率，增加材料的回收利用等，采用这些手段的前提是确保工程质量。好的工程质量可延长项目寿命；降低项目的日常运行费用，有利于使用者的健康和安全，可促进社会经济发展，其本身就是可持续发展的体现。

（3）绿色施工的基本要求

1）绿色施工是指工程建设中，在保证质量、安全等基本要求的前提下，通过科学管理和技术进步，最大限度地节约资源与减少对环境负面影响的施工活动，实现“四节一环保”（节能、节地、节水、节材和环境保护）。

2）我国尚处于经济快速发展阶段，作为大量消耗资源、影响环境的建筑业，应全面实施绿色施工，承担起可持续发展的社会责任。

3）《绿色施工导则》用于指导绿色施工，在建筑工程的绿色施工中应贯彻执行。

4）绿色施工应符合国家的法律、法规及相关的标准规范，实现经济效益、社会效益和环境效益的统一。

5）实施绿色施工，应依据因地制宜的原则，贯彻执行国家、行业和地方相关的技术经济政策。

6）运用 ISO 14000 和 ISO 18000 管理体系，将绿色施工有关内容分解到管理体系目标中去，使绿色施工规范化、标准化。

7）鼓励各地区开展绿色施工的政策与技术研究，发展绿色施工的新技术、新设备、新材料与新工艺，推行应用示范工程。

（4）绿色施工总体框架

《绿色施工导则》作为绿色施工的指导性原则，共有六大块内容：总则；绿色施工原则；绿色施工总体框架；绿色施工要点；发展绿色施工的新技术、新设备、新材料、新工艺；绿色施工应用示范工程。

在这六大块内容中，总则主要是考虑设计、施工一体化问题。施工原则强调的是对整个施工过程的控制。

紧扣“四节一环保”内涵，根据绿色施工原则，结合工程施工实际情况，《绿色施工导则》提出了绿色施工的主要内容，根据其重要性，依次列为施工管理、环境保护、节材与材料资源利用、节水与水资源利用、节能与能源利用、节地与施工用地保护六个方面。

这六个方面构成了绿色施工总体框架，涵盖了绿色施工的基本指标，同时包含了施工策划、材料采购、现场施工、工程验收等各阶段的指标的子集，如图 9-1 所示。

绿色施工总体框架与绿色建筑评价标准结构相同，明确这样的指标体系，是为制定

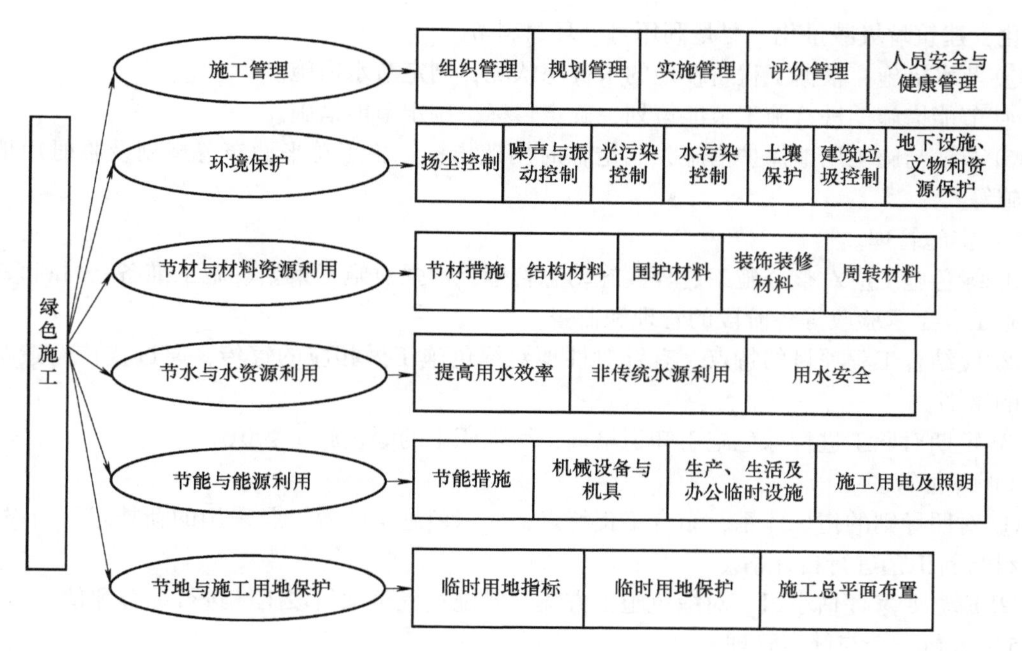

图 9-1 绿色施工总体框架

“绿色建筑施工评价标准” 打基础。

在绿色施工总体框架中，施工管理被放在第一位是有其深层次考虑的。我国工程建设发展的情况是体量越做越大，基础越做越深，所以施工方案是绿色施工中的重大问题。如地下工程的施工，无论是采用明挖法、盖挖法、暗挖法、沉管法，还是冷冻法，都会涉及工期、质量、安全、资金投入、装备配置、施工力量等一系列问题，这是一个举足轻重的问题，对此，《绿色施工导则》在施工管理中，对施工方案确定均有具体规定。

2. 绿色施工技术措施

绿色施工技术要点包括绿色施工管理、环境保护技术要点、节材与材料资源利用技术要点、节水与水资源利用技术要点、节能与能源利用技术要点、节地与施工用地保护技术要点六方面内容，每项内容又有若干项要求。

（1）绿色施工管理

绿色施工管理主要包括组织管理、规划管理、实施管理、评价管理以及人员安全与健康管理五个方面。

1）组织管理。

① 建立绿色施工管理体系，并制定相应的管理制度与目标。

② 项目经理为绿色施工第一责任人，负责绿色施工的组织实施及目标实现，并指定绿色施工管理人员和监督人员。

2）规划管理。编制绿色施工方案。该方案应在施工组织设计中独立成章，并按有关规定进行审批。绿色施工方案应包括以下内容：

① 环境保护措施，编制环境管理计划及应急救援预案，采取有效措施，降低环境负荷，保护地下设施和文物等资源。

② 节材措施，在保证工程安全与质量的前提下，制定节材措施。如进行施工方案的节

材优化，建筑垃圾减量化，尽量利用可循环材料等。

③ 节水措施，根据工程所在地的水资源状况，制定节水措施。

④ 节能措施，进行施工节能策划，确定目标，制定节能措施。

⑤ 节地与施工用地保护措施，制定临时用地指标、施工总平面布置规划及临时用地节地措施等。

3）实施管理。

① 绿色施工应对整个施工过程实施动态管理，加强对施工策划、施工准备、材料采购、现场施工、工程验收等各阶段的管理和监督。

② 应结合工程项目的特点，有针对性地对绿色施工做相应的宣传，通过宣传营造绿色施工的氛围。

③ 定期对职工进行绿色施工知识培训，增强职工的绿色施工意识。

4）评价管理。

① 对照导则的指标体系，结合工程特点，对绿色施工的效果及采用的新技术、新设备、新材料与新工艺进行自评估。

② 成立专家评估小组，对绿色施工方案、实施过程至项目竣工，进行综合评估。

5）人员安全与健康管理。

① 制定施工防尘、防毒、防辐射等措施，保障施工人员的长期职业健康。

② 合理布置施工场地，保护生活及办公区不受施工活动的有害影响。在施工现场建立卫生急救、保健防疫制度，在安全事故和疾病疫情出现时提供及时救助。

③ 提供卫生、健康的工作与生活环境，加强对施工人员的住宿、膳食、饮用水等生活与环境卫生等的管理，明显改善施工人员的生活条件。

（2）环境保护技术要点

绿色施工环境保护是个很重要的问题。工程施工对环境的破坏很大，大气环境污染的主要来源之一是大气中的总悬浮颗粒，粒径小于10μm的颗粒可以被人类吸入肺部，其对健康十分有害。悬浮颗粒包括道路尘、土壤尘、建筑材料尘等。《绿色施工导则》（环境保护技术要点）对土方作业阶段、结构安装装饰阶段作业区目测扬尘高度明确提出了量化指标，对噪声与振动控制、光污染控制、水污染控制、土壤保护、建筑垃圾控制、地下设施、文物和资源保护等，也提出了定性或定量要求。

1）扬尘控制。

① 运送土方、垃圾、设备及建筑材料等，不污损场外道路。对运输容易散落、飞扬、流漏的物料的车辆，必须采取措施严密封闭，保证车辆清洁。施工现场出口应设置洗车槽。

② 在土方作业阶段，采取洒水、覆盖等措施，使作业区目测扬尘高度小于1.5m，污染物不扩散到场区外。

③ 在结构施工、安装装饰装修阶段，作业区目测扬尘高度应小于0.5m。对易产生扬尘的堆放材料应采取覆盖措施；对粉末状材料应封闭存放；场区内可能引起扬尘的材料及建筑垃圾搬运应有降尘措施，如覆盖、洒水等；浇筑混凝土前清理灰尘和垃圾时尽量使用吸尘器，避免使用吹风器等易产生扬尘的设备；机械剔凿作业时可用局部遮挡、掩盖、水淋等防护措施；在高层或多层建筑中清理垃圾时，应搭设封闭性临时专用道或采用容器吊运。

④ 施工现场非作业区应达到目测无扬尘的要求。对现场易飞扬物质可采取有效措施，

如洒水、地面硬化、围挡、密网覆盖、封闭等，防止扬尘产生。

⑤ 拆除构筑物机械前，应做好扬尘控制计划。可采取清理积尘、拆除体洒水、设置隔挡等措施。

⑥ 爆破拆除构筑物前，应做好扬尘控制计划。可采用清理积尘、淋湿地面、预湿墙体、屋面敷水袋、楼面蓄水、建筑外设高压喷雾状水系统、搭设防尘排栅和直升机投水弹等综合降尘措施。选择在风力小的天气进行爆破作业。

⑦ 在场界四周隔挡高度位置测得的大气总悬浮颗粒物（TSP）月平均浓度与城市背景值的差值不大于0.08mg/m^3。

2）噪声与振动控制。

① 现场噪声排放不得超过《建筑施工场界环境噪声排放标准》的规定。

② 在施工场界对噪声进行实时监测与控制。监测方法符合《建筑施工场界环境噪声排放标准》的要求。

③ 使用低噪声、低振动的机具，采取隔声与隔振措施，避免或减少施工噪声和振动。施工车辆进入现场时严禁鸣笛。

3）光污染控制。

① 尽量避免或减少施工过程中的光污染。夜间室外照明灯加设灯罩，透光方向集中在施工范围。

② 对电焊作业采取遮挡措施，避免电焊弧光外泄。

4）水污染控制。

① 施工现场污水排放应达到污水排放的相关要求。

② 在施工现场应针对不同的污水，设置相应的处理设施，如沉淀池、隔油池、化粪池等。

③ 排放污水时应委托有资质的单位进行废水水质检测，提供相应的污水检测报告。

④ 保护地下水环境。采用隔水性能好的边坡支护技术。在缺水地区或地下水位持续下降的地区，基坑降水尽可能少地抽取地下水；当基坑开挖抽水量大于50万m^{3}时，应进行地下水回灌，并避免地下水被污染。

⑤ 对于化学品等有毒材料、油料的储存地，应有严格的隔水层设计，做好渗漏液的收集和处理。

⑥ 在使用非传统水源和现场循环再利用水的过程中，应对水质进行检测。

⑦ 砂浆、混凝土搅拌用水应达到《混凝土用水标准》（JGJ 63—2006）的有关要求，并制定卫生保障措施，避免对人体健康、工程质量以及周围环境产生不良影响。

⑧ 施工现场存放的油料和化学溶剂等物品应设有专门的库房，应对地面做防渗漏处理。废弃的油料和化学溶剂应集中处理，不得随意倾倒。

⑨ 施工机械设备检修及使用中产生的油污，应集中汇入接油盘中并定期清理。

⑩ 食堂、盥洗室、淋浴间的下水管线应设置过滤网，并应与市政污水管线连接，保证排水畅通。食堂应设隔油池，并应及时清理。

⑪ 施工现场宜采用移动式厕所，委托环卫单位定期清理。

5）土壤保护。

① 保护地表环境，防止土壤侵蚀、流失。对因施工造成的裸土，及时覆盖砂石或种植

速生草种，以减少土壤侵蚀；若施工可能造成地表径流而使土壤流失，应采取设置地表排水系统、稳定斜坡、植被覆盖等措施，减少土壤流失。

② 保证沉淀池、隔油池、化粪池等不发生堵塞、渗漏、溢出等现象。及时清掏各类池内沉淀物，并委托有资质的单位清运。

③ 对于有毒有害废弃物，如电池、墨盒、油漆、涂料等，应回收后交有资质的单位处理，不能作为建筑垃圾外运，以避免污染土壤和地下水。

④ 施工后应恢复被施工活动破坏的植被（一般指临时占地内）。与当地园林、环保部门或当地植物研究机构进行合作，在先前开发地区种植当地植物或其他合适的植物，以恢复剩余空地地貌，补救施工活动中人为破坏植被和地貌所造成的土壤侵蚀。

6）建筑垃圾控制。

① 制订建筑垃圾减量化计划，如对于住宅建筑，每万平方米的建筑垃圾不宜超过400t。

② 加强建筑垃圾的回收再利用，力争建筑垃圾的再利用和回收率达到30%，拆除建筑物所产生的废弃物的再利用和回收率应大于40%。对于碎石类、土石方类建筑垃圾，可采用地基填埋、铺路等方式提高再利用率，力争再利用率大于50%。

③ 施工现场应设置封闭式垃圾站（或容器），施工垃圾、生活垃圾应分类存放，并按规定及时清运。对有毒、有害废弃物的分类率应达到100%；对有可能造成二次污染的废弃物必须单独储存，采取安全防范措施并设置醒目标识。

7）地下设施、文物和资源保护。

① 施工前应调查清楚地下的各种设施，做好保护计划，保证施工场地周边的各类管道、管线、建筑物、构筑物的安全运行。

② 一旦在施工过程中发现文物，应立即停止施工，保护现场并通报文物部门协助做好工作。

③ 避让、保护施工场区及周边的古树名木。

④ 逐步开展统计分析施工项目的CO_2排放量，以及各种不同植被和树种的CO_2固定量的工作。

（3）节材与材料资源利用技术要点

1）节材措施。

① 图纸会审时，应审核节材与材料资源利用的相关内容，从而使材料损耗率比定额损耗率降低30%。

② 根据施工进度、库存情况等合理安排材料的采购、进场时间和批次，减少库存。

③ 现场材料堆放有序。储存环境适宜，措施得当。保管制度健全，责任落实。

④ 材料运输工具适宜，装卸方法得当，防止损坏和遗洒。根据现场平面布置情况就近卸载，避免和减少二次搬运。

⑤ 采取技术和管理措施提高模板、脚手架等的周转次数。

⑥ 优化安装工程的预留、预埋、管线路径等方案。

⑦ 应就地取材，施工现场300km以内生产的建筑材料用量占建筑材料总重量的70%以上。

2）结构材料。

① 推广使用预拌混凝土和商品砂浆。准确计算采购数量、供应频率、施工速度等，在

施工过程中进行动态控制。结构工程使用散装水泥。

② 推广使用高强度钢筋和高性能混凝土，以减少资源消耗。

③ 推广钢筋专业化加工和配送。

④ 优化钢筋配料和钢构件下料方案。制作钢筋及钢结构前应对下料单及样品进行复核，无误后方可批量下料。

⑤ 优化钢结构制作和安装方法。大型钢结构宜采用工厂制作，现场拼装宜采用分段吊装、整体提升、滑移、顶升等安装方法，减少方案的措施用材量。

⑥ 采取数字化技术，对大体积混凝土、大跨度结构等专项施工方案进行优化。

3）围护材料。

① 门窗、屋面、外墙等围护结构选用耐候性及耐久性良好的材料，在施工时确保密封性、防水性和保温隔热性。

② 门窗采用密封性能、保温隔热性能、隔声性能良好的型材和玻璃等材料。

③ 屋面材料、外墙材料具有良好的防水性能和保温隔热性能。

④ 当屋面或墙体等部位采用基层加设保温隔热系统的方式施工时，应选择高效节能、耐久性好的保温隔热材料，以减小保温隔热层的厚度及材料用量。

⑤ 屋面或墙体等部位的保温隔热系统采用专用的配套材料，以加强各层次之间的粘连或连接强度，确保系统的安全性和耐久性。

⑥ 根据建筑物的实际特点，优选屋面或外墙的保温隔热材料系统和施工方式，例如保温板粘贴、保温板干挂、聚氨酯硬泡喷涂、保温浆料涂抹等，以保证保温隔热效果，并减少材料浪费。

⑦ 加强保温隔热系统与围护结构的节点处理，尽量降低热桥效应。针对建筑物的不同部位的保温隔热特点，选用不同的保温隔热材料及系统，以达到经济适用的目的。

4）装饰装修材料。

① 施工前，应对贴面类材料进行总体排板策划，减少非整块材的数量。

② 采用非木质的新材料或人造板材代替木质板材。

③ 防水卷材、壁纸、油漆及各类涂料基层必须符合要求，避免起皮、脱落。各类油漆及胶黏剂应随用随开启，不用时及时封闭。

④ 幕墙及各类预留、预埋应与结构施工同步。

⑤ 木制品及木装饰用料、玻璃等各类板材等宜在工厂采购或定制。

⑥ 采用自粘类片材，减少现场液态胶黏剂的使用量。

5）周转材料。

① 应选用耐用、维护与拆卸方便的周转材料和机具。

② 优先选用制作、安装、拆除一体化的专业队伍进行模板工程施工。

③ 模板应以节约自然资源为原则，推广使用定型钢模、钢框竹模、竹胶板。

④ 施工前应对模板工程的方案进行优化。多层、高层建筑使用可重复利用的模板体系，模板支撑宜采用工具式支撑。

⑤ 优化高层建筑的外脚手架方案，采用整体提升、分段悬挑等方案。

⑥ 推广采用外墙保温板替代混凝土施工模板的技术。

⑦ 现场办公和生活用房采用周转式活动房。现场围挡应最大限度地利用已有围墙，或

采用装配式可重复使用围挡封闭。力争使工地临房、临时围挡材料的可重复使用率达到70%。

6）节材与材料资源利用。绿色施工要点中关于节材与材料资源利用部分，是《绿色施工导则》的特色之一。此条对节材措施、结构材料、围护材料、装饰装修材料以及周转材料，提出了明确要求。受体制约束，我国工程建设中木模板的周转次数低得惊人，有的仅用一次，连外国专家都抗议我国浪费木材资源的现状。绿色施工规定要优化模板及支撑体系方案，采用工具式模板、钢制大模板和早拆支撑体系，采用定型钢模、钢框竹模、竹胶板代替木模板。

7）钢筋专业化加工与配送要求。钢筋加工配送可以大量消化通尺钢材（非标准长度钢筋，价格比定尺原料钢筋低200~300元/t），降低原料浪费。

8）结构材料要求推广使用预拌混凝土和预拌砂浆。准确计算采购数量、供应频率、施工速度等，在施工过程中进行动态控制。

如果预拌砂浆在国内工程建设中全面实施，我国水泥散装率将提高8%~10%，并能有效地带动固体废物的综合利用，经济、社会效益显著，是落实循环经济、建设节约型社会、促进节能减排的一项具体行动。

（4）节水与水资源利用技术要点

1）提高用水效率。

① 在施工中采用先进的节水施工工艺。

② 施工现场喷洒路面、绿化浇灌不宜使用市政自来水。现场搅拌用水、养护用水应采取有效的节水措施，严禁无措施浇水养护混凝土。

③ 施工现场供水管网应根据供水量设计布置，应做到管径合理、管路简捷，采取有效措施减少管网和用水器具的漏损。

④ 对现场机具、设备、车辆冲洗用水必须设立循环用水装置。施工现场办公区、生活区的生活用水采用节水系统和节水器具，提高节水器具配置比率。项目临时用水应使用节水型产品，安装计量装置，采取有针对性的节水措施。

⑤ 在施工现场建立可再利用水的收集处理系统，使水资源得到梯级循环利用。

⑥ 在施工现场分别对生活用水与工程用水确定用水定额指标，并分别计量管理。

⑦ 大型工程的不同单项工程、不同标段、不同分包生活区，凡具备条件的应分别计量用水量。在签订不同标段分包或劳务合同时，将节水定额指标纳入合同条款，进行计量考核。

⑧ 对混凝土搅拌站点等用水集中的区域和工艺点进行专项计量考核。施工现场建立雨水、中水或可再利用水的搜集利用系统。

2）非传统水源利用。

① 优先采用中水搅拌、中水养护，有条件的地区和工程应收集雨水养护。

② 处于基坑降水阶段的工地，宜优先采用地下水作为混凝土搅拌用水、养护用水、冲洗用水和部分生活用水。

③ 现场机具、设备、车辆冲洗、喷洒路面、绿化浇灌等用水，优先采用非传统水源，尽量不使用市政自来水。

④ 在大型施工现场，尤其是在雨量充沛地区的大型施工现场建立雨水收集利用系统，

充分收集自然降水用于施工和生活中的适宜部位。

⑤ 力争施工中非传统水源和循环水的再利用量大于 30%。

3）用水安全。在非传统水源和现场循环再利用水的使用过程中，应制定有效的水质检测与卫生保障措施，以避免对人体健康、工程质量以及周围环境产生不良影响。

（5）节能与能源利用技术要点

1）节能措施。

① 制定合理的施工能耗指标，提高施工能源利用率。

② 优先使用国家、行业推荐的节能、高效、环保的施工设备和机具，如选用基于变频技术的节能施工设备等。

③ 施工现场分别设定生产、生活、办公和施工设备的用电控制指标，定期进行计量、核算、对比分析，并有预防与纠正措施。

④ 在施工组织设计中，合理安排施工顺序、工作面，以减少作业区域的机具数量，相邻作业区充分利用共有的机具资源。安排施工工艺时，应优先考虑耗用电能或其他能耗较少的施工工艺。避免设备额定功率远大于使用功率或超负荷使用设备的现象。

⑤ 根据当地气候和自然资源条件，充分利用太阳能、地热等可再生能源。

2）机械设备与机具。

① 建立施工机械设备管理制度，开展用电、用油计量，完善设备档案，及时做好维修保养工作，使机械设备保持低耗、高效的状态。

② 选择功率与负载匹配的施工机械设备，避免大功率施工机械设备低负载长时间运行。机电安装可采用节电型机械设备，如逆变式电焊机和能耗低、效率高的手持电动工具等，以利节电。机械设备宜使用节能型油料添加剂，在可能的情况下考虑回收利用，以节约油量。

③ 合理安排工序，提高各种机械的使用率和满载率，降低各种设备的单位能耗。

3）生产、生活及办公临时设施。

① 利用场地自然条件，合理设计生产、生活及办公临时设施的体形、朝向、间距和窗墙面积比，使其获得良好的日照、通风和采光。南方地区可根据需要在其外墙窗设遮阳设施。

② 临时设施宜采用节能材料，墙体、屋面使用隔热性能好的材料，减少夏天空调、冬天取暖设备的使用时间及能量消耗。

③ 合理配置供暖设备、空调、风扇数量，规定使用时间，实行分段分时使用，节约用电。

4）施工用电及照明。

① 临时用电优先选用节能电线和节能灯具，临电线路设计、布置合理，临电设备宜采用自动控制装置。采用声控、光控等节能照明灯具。

② 照明设计以满足最低照度为原则，照度不应超过最低照度的 20%。

（6）节地与施工用地保护技术要点

1）临时用地指标。

① 根据施工规模及现场条件等因素合理确定临时设施，如临时加工厂、现场作业棚及材料堆场、办公生活设施等的占地指标。临时设施的占地面积应按用地指标所需的最低面积设计。

② 要求平面布置合理、紧凑，在满足环境、职业健康与安全及文明施工要求的前提下尽可能减少废弃地和死角，临时设施占地面积有效利用率大于90%。

2）临时用地保护。

① 应对深基坑施工方案进行优化，减少土方开挖和回填量，最大限度地减少对土地的扰动，保护周边自然生态环境。

② 红线外临时占地应尽量使用荒地、废地，少占用农田和耕地。工程完工后，及时对红线外临时占地恢复原地形、地貌，使施工活动对周边环境的影响降至最低。

③ 利用和保护施工用地范围内既有的绿色植被。对于施工周期较长的现场，可按建筑永久绿化的要求，安排场地新建绿化。

3）施工总平面布置。

① 施工总平面布置应做到科学、合理，充分利用既有建筑物、构筑物、道路、管线为施工服务。

② 施工现场搅拌站、仓库、加工厂、作业棚、材料堆场等布置应尽量靠近已有交通线路或即将修建的正式或临时交通线路，缩短运输距离。

③ 临时办公和生活用房应采用经济、美观、占地面积小、对周边地貌环境影响较小，且适合于施工平面布置动态调整的多层轻钢活动板房、钢骨架水泥活动板房等标准化装配式结构。生活区与生产区应分开布置，并设置标准的分隔设施。

④ 施工现场围墙可采用连续封闭的轻钢结构预制装配式活动围挡，减少建筑垃圾，保护土地。

⑤ 施工现场道路按照永久道路和临时道路相结合的原则布置。施工现场内形成环形通路，减少道路占用土地的情况。

⑥ 临时设施布置应注意远近结合（本期工程与下期工程），努力减少和避免大量临时建筑拆迁和场地搬迁。

我国绿色施工尚处于起步阶段，应通过试点和示范工程，总结经验，引导绿色施工的健康发展。各地应根据具体情况，制定有针对性的考核指标和统计制度，制定引导施工企业实施绿色施工的激励政策，促进绿色施工的发展。

3. 绿色施工组织管理

建筑工程绿色施工应实施目标管理。2014 年，住房和城乡建设部制定了《建筑工程绿色施工规范》(GB/T 50905—2014)。参建各方的责任应符合下列规定：

（1）建设单位

1）向施工单位提供建筑工程绿色施工的相关资料，保证资料的真实性和完整性。

2）在编制工程概算和招标文件时，建设单位应明确建筑工程绿色施工的要求，并提供场地、环境、工期、资金等方面的保障。

3）建设单位应会同工程参建各方接受工程建设主管部门对建筑工程实施绿色施工的监督、检查工作。

4）建设单位应组织协调工程参建各方的绿色施工管理工作。

（2）监理单位

1）监理单位应对建筑工程的绿色施工承担监理责任。

2）监理单位应审查施工组织设计中的绿色施工技术措施或专项绿色施工方案，并在实施过程中做好监督检查工作。

（3）施工单位

1）施工单位是建筑工程绿色施工的责任主体，全面负责绿色施工的实施。

2）实行施工总承包管理的建筑工程，总承包单位对绿色施工过程负总责，专业承包单位应服从总承包单位的管理，并对所承包工程的绿色施工负责。

3）施工项目部应建立以项目经理为第一责任人的绿色施工管理体系，负责绿色施工的组织实施及目标实现，制定绿色施工管理责任制度，组织绿色施工教育培训。定期开展自检、考核和评比工作，并指定绿色施工管理人员和监督人员。

4）在施工现场的办公区和生活区应设置明显的有节水、节能、节约材料等具体内容的警示标识。

5）施工现场的生产、生活、办公和主要耗能施工设备应有节能的控制措施和管理办法。对主要耗能施工设备应定期进行耗能计量检查和核算。

6）施工现场应建立可回收再利用的物资清单，制定并实施可回收废料的管理办法，提高废料利用率。

7）应建立机械保养、限额领料、废弃物再生利用等管理与检查制度。

8）施工单位及项目部应建立施工技术、设备、材料、工艺的推广、限制以及淘汰公布的制度和管理方法。

9）施工项目部应定期对施工现场绿色施工的实施情况进行检查，做好检查记录，并根据绿色施工情况实施改进措施。

10）施工项目部应按照国家法律、法规的有关要求，做好职工的劳动保护工作。

4. 绿色施工规范要求

为了在建筑工程中实施绿色施工，达到节约资源、保护环境和施工人员健康的目的，《建筑工程绿色施工规范》对绿色施工提出了以下具体要求：

（1）施工准备

1）建筑工程施工项目应建立绿色施工管理体系和管理制度，实施目标管理。

2）施工单位应按照建设单位提供的施工周边建设规划和设计资料，在施工前做好绿色施工的统筹规划和策划工作，充分考虑绿色施工的总体要求，为绿色施工提供基础条件，并合理组织一体化施工。

3）建筑工程施工前，应根据国家和地方法律法规的规定，制定施工现场环境保护和人员安全与健康等突发事件的应急预案。

4）编制施工组织设计和施工方案时要明确绿色施工的内容、指标和方法。分部分项工程专项施工方案应涵盖“四节一环保”要求。

5）施工单位应积极推广应用“建筑业十项新技术”。

6）施工现场宜推行电子资料管理档案，减少纸质资料。

（2）土石方与地基工程

1）一般规定。

① 通过有计划的采购与合理的现场保管，减少材料的搬运次数，减少包装，完善操作工艺，增加摊销材料的周转次数等措施，降低材料在使用中的消耗，提高材料的使用效率。

② 灰土、灰石、混凝土、砂浆宜采用预拌技术，减少现场施工扬尘，采用电子计量，

节约建筑材料。

③ 施工组织设计应结合桩基施工特点，有针对性地制定相应绿色施工措施，主要内容应包括组织管理措施、资源节约措施、环境保护措施、职业健康与安全措施等。

④ 桩基施工现场应优先选用低噪、环保、节能、高效的机械设备和工艺。

⑤ 土石方工程施工应加强场地保护，在施工中减少场地干扰、保护基地环境。施工时应当识别场地内现有的自然、文化和构筑物特征，并通过合理的措施将这些特征保存。

⑥ 土石方工程在选择施工方法和施工机械、安排施工顺序、布置施工场地时应结合气候特征，减少气候原因所带来的施工措施的改变和资源消耗的增加，同时还应满足以下要求：

a. 合理地安排施工顺序，易受不利气候影响的施工工序应在不利气候到来前完成。

b. 安排好全场性排水、防洪，减少对现场及周边环境的影响。

⑦ 土石方工程施工应符合以下要求：

a. 应选用高性能、低噪声、少污染的设备，采用机械化程度高的施工方式，减少使用污染排放高的各类车辆。

b. 施工区域与非施工区域间设置标准的分隔设施，做到连续、稳固、整洁、美观。

c. 易产生泥浆的施工，应实行硬地坪施工，所有土堆、料堆应采取加盖防止粉尘污染的遮盖物或喷洒覆盖剂等措施。

d. 土石方施工现场大门位置应设置限高栏杆、冲洗车装置，渣土运输车应有防止遗撒和扬尘的措施。

e. 土石方类建筑废料、渣土的综合利用，可采用地基填埋、铺路等方式提高再利用率，再利用率应大于50%。

f. 搬迁树木应手续齐全；在绿化施工中应科学、合理地使用、处置农药，尽量减少农药对环境的污染。

⑧ 在土石方工程开挖过程中应详细勘察，逐层开挖，弃土应合理分类堆放、运输，遇到有腐蚀性的渣土应进行深埋处理，回填土质应满足设计要求。

⑨ 基坑支护结构中有侵入占地红线外的预应力锚杆时，宜采用可拆式锚杆。

2）土石方工程。

① 土石方工程在开挖前应进行挖、填方的平衡计算，综合考虑土石方最短运距和各个项目施工的工序衔接，减少重复挖填，并与城市规划和农田水利相结合，保护环境、减少资源浪费。

② 粉尘控制应符合下列规定：

a. 土石方挖掘施工中，表层土和砂卵石覆盖层可以用一般常用的挖掘机械直接挖装，对岩石层的开挖宜采用凿裂法施工，或者采用凿裂法适当辅以钻爆法施工，凿裂和钻孔施工宜采用湿法作业。

b. 爆破施工前，做好扬尘控制计划。应采用清理积尘、淋湿地面、外设高压喷雾状水系统、搭设防尘排栅和直升机投水弹等综合降尘措施。同时，应选择在风力小的天气进行爆破作业。

c. 土石方爆破要对爆破方案进行设计，对用药量进行准确计算，注意控制噪声和粉尘扩散。

d. 土石方作业采取洒水、覆盖等措施，达到作业区目测扬尘高度小于1.5m，不扩散到场区外。

e. 4级以上大风天气，不应进行土石方工程的施工作业。

③ 在土方作业中，对施工区域中的所有障碍物，包括地下文物，树木，地上高压电线、电杆、塔架和地下管线、电缆、坟墓、沟渠以及既有旧房屋等，应按照以下要求采取保护措施：

a. 在文物保护区内进行土方作业时，应采用人工挖土，禁止机械作业。

b. 施工区域内有地下管线或电缆时，禁止用机械挖土，应采用人工挖土，并按施工方案对地下管线、电缆采取保护或加固措施。

c. 高压线塔10m范围内，禁止机械土方作业。

d. 发现有土洞、地道（地窖）、废井时，要探明情况，制定专项措施方可施工。

④ 喷射混凝土施工应采用湿喷或水泥裹砂喷射工艺。采用干法喷射混凝土施工时，宜采用下列综合防尘措施：

a. 在保证顺利喷射的条件下，增加集料含水率。

b. 在距喷头3～4m处增加一个水环，用双水环加水。

c. 在喷射机或混合料搅拌处，设置集尘器或除尘器。

d. 在粉尘浓度较高地段，设置除尘水幕。

e. 加强作业区的局部通风。

f. 采用增黏剂等外加剂。

3）桩基工程。

① 工程施工中成桩工艺应根据工程设计，结合当地实际情况，并参照相关规定控制指标进行优选。常用桩基成桩工艺对绿色施工的控制指标见表9-2。

表9-2 常用桩基成桩工艺对绿色施工的控制指标

桩基类型		绿色施工控制指标				
		环境保护	节材与材料资源利用	节水与水资源利用	节能与能源资源利用	节土与土地资源利用
混凝土灌注桩	人工挖孔	√	√	√	√	√
	干作业成孔	√	√	√	√	√
	泥浆护壁钻孔	√	√	√	√	√
	长螺旋或旋挖钻钻孔	√	√	√	√	√
	沉管和内夯沉管	√	√	√	√	○
混凝土预制桩与钢桩	锤击沉桩	√	○	√	√	○
	静压沉桩	○	○	√	√	○

注：1. "√"表明该类型桩基对对应绿色施工指标有重要影响。
2. "○"表明该类型桩基对对应绿色施工指标有一定影响。

② 混凝土预制桩和钢桩施工时，施工方案应充分考虑施工中的噪声、振动、地层扰动、废气、废油、烟火等对周边环境的影响，制定针对性措施。

③ 混凝土灌注桩施工。

a. 施工现场应设置专用泥浆池，用以存储沉淀施工中产生的泥浆，泥浆池应可以有效防止污水渗入土壤，污染土壤和地下水源；当泥浆池沉积泥浆厚度超过容量的1/3时，应及时清理。

b. 钻孔、冲孔、清孔时清出的残渣和泥浆，应及时装车运至泥浆池内处置。

c. 泥浆护壁正反循环成孔工艺施工现场应设置泥浆分离净化处理循环系统。循环系统由泥浆池、沉淀池、循环槽、废浆池、泥浆泵、泥浆搅拌设备、钻渣分离装置组成，并配有排水、清渣、排废浆设施和钻渣运转通道等。施工时泥浆应集中搅拌，集中向钻孔输送。清出的钻渣应及时采用封闭容器运出。

d. 桩身钢筋骨架进行焊接作业时，应采取遮挡措施，避免电焊弧光外泄；同时，焊渣应随清理随装袋，待焊接完成后，及时将收集的焊渣运至指定地点处置。

e. 在市区范围内严禁敲打导管和钻杆。

④ 人工挖孔灌注桩施工。人工挖孔灌注桩施工时，开挖出的土方不得长时间在桩边堆放，应及时运至现场集中堆土处集中处置，并采取覆盖等防尘措施。

⑤ 混凝土预制桩。

a. 混凝土预制桩的预制场地必须平整、坚实，并设沉淀池、排水沟渠等设施。混凝土预制桩制作完成后，作为隔离桩使用的塑料薄膜、油毡等，不得随意丢弃，应收集并集中进行处理。

b. 现场制作预制桩用水泥、砂、石等物料存放应满足混凝土工程中的材料储存要求。水泥应入库存放，成垛码放，砂石应表面覆盖，减少扬尘。

c. 沉淀池、排水沟渠应能防止污水溢出；当污水沉淀物超过容量的1/3时，应进行清掏；沉淀池中污水无悬浮物后，方可排入市政污水管道或进行绿化降尘等循环利用。

⑥ 振动冲击沉管灌注桩施工时，控制振动箱的振动频率，防止产生较大噪声，同时应避免对桩身造成破坏，浪费资源。

⑦ 采用射水法沉桩工艺施工时，应为射水装置配备专用供水管道，同时布置好排水沟渠、沉淀池，有组织地将射水装置产生的多余水或泥浆排入沉淀池沉淀，沉淀后循环利用，并减少污水排放。

⑧ 钢桩。

a. 现场制作钢桩应有平整、坚实的场地及挡风、防雨和排水设施。

b. 钢桩切割下来的剩余部分，应运至专门位置存放，并尽可能再利用，不得随意废弃，浪费资源。

⑨ 地下连续墙。

a. 泥浆制作前应先通过试验确定施工配合比。

b. 施工时应随时测定泥浆性能并及时予以调整和改善，以满足循环使用的要求。

c. 施工中产生的建筑垃圾应及时清理干净，使用后的旧泥浆应该在成槽之前进行回收处理和利用。

4）地基处理工程。

① 污染土地基处理应遵守以下规定：

a. 应采取必要的防护措施以防污染土、地下水等对人体造成伤害或对勘察机具、监测仪器与施工设备造成腐蚀。

b. 处理方法应能够防止污染土对周边地质和地下水环境的二次污染。

c. 污染土地基处理后，必须防止污染土地基与地表水、周边地下水或其他污染物的物质交换，防止污染土地基因化学物质的变化而引起工程性质及周边环境的恶化。

② 换填法施工。

a. 在回填施工前，填料应采取防止扬尘的措施，避免在大风天气作业。不能及时回填的土方应及时覆盖，控制回填土含水率。

b. 冲洗回填砂石应采用循环水，减少水资源浪费。需要混合和过筛的砂石应保持一定的湿润度。

c. 机械碾压优先选择静作用压路机。

③ 强夯法施工。

a. 强夯法施工前应平整场地，周围做好排水沟渠。同时，应挖设应力释放（宽 1m，累深 2m）。

b. 施工前需进行试夯，确定有关技术参数，如夯锤重量、底面直径及落距、下沉量及相应的夯击遍数和总下沉量。在达到夯实效果的前提下，应减少夯实次数。

c. 单夯击能不宜超过 3000kN · m。

④ 高压喷射注浆法施工。

a. 浆液拌制应在浆液搅拌机中进行，不得超过设备设计允许容量。同时，搅拌机应尽量靠近灌浆孔布置。

b. 在灌浆过程中，压浆泵压力数值应控制在设计范围内，不得超压，避免对设备造成损害，浪费资源。压浆泵与注浆管间各部件应密封严密，防止发生泄漏。

c. 灌浆完成后，应及时对设备四周遗洒的垃圾及浆液进行清理收集，并集中运至指定地点处置。

d. 现场应设置适用、可靠的储浆池和排浆沟渠，防止泥浆污染周边土壤及地下水源。

⑤ 密桩法施工。

a. 采用灰土回填时，应对灰土提前进行拌和；采用砂石回填时，砂石应过筛，并冲洗干净，冲洗回填砂石时应采用循环水，减少水资源浪费；砂石应保持一定的湿润度，避免在过筛和混合过程中产生较大扬尘。

b. 桩位填孔完成后，应及时将桩四周撒落的灰土、砂石等收集清扫干净。

（3）基础及主体结构工程

1）一般规定。

① 在图纸会审时，应增加高强度高效钢筋（钢材）、高性能混凝土的应用，利用大体积混凝土后期强度等绿色施工的相关内容。

② 钢、木、装配式结构等构件，应采取工厂化加工、现场安装的生产方式；构件的加工和进场顺序应与现场安装顺序一致；构件的运输和存放应采取防止变形和损坏的可靠措施。

③ 钢结构、钢混组合结构、预制装配式结构等大型结构构件安装所需的主要垂直运输机械，应与基础和主体结构施工阶段的其他工程垂直运输统一安排，减少大型机械的投入。

④ 应选用能耗低、自动化程度高的施工机械设备，并由专人使用，避免空转。

⑤ 施工现场应采用预拌混凝土和预拌砂浆，未经批准不得现场拌制。

⑥ 应制订垃圾减量化计划，每万平方米的建筑垃圾不宜超过 200t，并分类收集，集中

堆放，定期处理，合理利用，回收利用率需达到30%以上，钢材、板材等下脚料和撒落混凝土及砂浆的回收利用率需达到70%以上。

⑦ 施工中使用的乙炔、氧气、油漆、防腐剂等危险品、化学品的运输、储存、使用及污物排放应采取隔离措施。

⑧ 夜间焊接作业和大型照明灯具工作时，应采取挡光措施，防止强光线外泄。

⑨ 基础与主体结构施工阶段，作业区目测扬尘高度小于0.5m。对易产生扬尘的堆放材料应采取覆盖措施。

2）混凝土结构工程。

① 钢筋宜采用专用软件优化配料，根据优化配料的结果合理确定进场钢筋的定尺长度。在满足相关规范要求的前提下，合理利用短筋。

② 积极推广钢筋工厂化加工与配送方式，应用钢筋网片或成型钢筋骨架。现场加工时，宜采用集中加工方式。

③ 钢筋连接优先采用直螺纹套筒、电渣压力焊等接头方式。

④ 进场钢筋原材料和加工半成品应存放有序、标识清晰、储存环境适宜，采取防潮、防污染等措施，保管制度健全。

⑤ 钢筋除锈时应采取可靠措施，避免扬尘和土壤污染。

⑥ 钢筋加工中使用的冷却水，应过滤后循环使用，并按照方案要求处理后排放。

⑦ 钢筋加工产生的粉末状废料，应按建筑垃圾进行处理，不得随地掩埋或丢弃。

⑧ 钢筋安装时，绑扎丝、焊剂等材料应妥善保管和使用，散落的应及时收集利用，防止浪费。

⑨ 模板及其支架应优先选用周转次数多、能回收再利用的材料，减少木材的使用。

⑩ 积极推广使用大模板、滑动模板、爬升模板和早拆模板等工业化模板体系。

⑪ 采用木或竹制模板时，应采取工厂化定型加工、现场安装方式，不得在工作面上直接加工拼装。在现场加工时，应设封闭场所集中加工，采取有效的隔声和防粉尘污染措施。

⑫ 提高模板加工、安装的精度，达到混凝土表面免抹灰或减少抹灰的厚度。

⑬ 脚手架和模板支架宜优先选用碗扣式架、门式架等管件合一的脚手架材料搭设。

⑭ 高层建筑结构施工，应采用整体提升、分段悬挑等工具式脚手架。

⑮ 模板及脚手架施工应及时回收散落的钢钉、钢丝、扣件、螺栓等材料。

⑯ 短木方应采用叉接接长后使用，木、竹胶合板的边角余料应拼接使用。

⑰ 模板脱模剂应由专人保管和涂刷，剩余部分应及时回收，防止污染环境。

⑱ 拆除模板时，应采取可靠措施防止损坏，及时检修维护、妥善保管，提高模板的周转率。

⑲ 合理确定混凝土配合比，混凝土中宜添加粉煤灰、磨细矿渣粉等工业废料和高效减水剂。

⑳ 现场搅拌混凝土时，应使用散装水泥。搅拌机棚应有封闭降噪和防尘措施；现场存放的砂、石料应采取有效的遮盖或洒水防尘措施。

㉑ 混凝土应优先采用泵送、布料机布料浇筑，地下大体积混凝土可采用溜槽或串筒浇筑。

㉒ 混凝土振捣应采用低噪声振捣设备或围挡降噪措施。

㉓ 混凝土应采用塑料薄膜和塑料薄膜加保温材料覆盖保湿、保温养护；当采用洒水或喷雾养护时，养护用水宜使用回收的基坑降水或雨水。

㉔ 混凝土结构冬期施工优先采用综合蓄热法养护，减少热源消耗。

㉕ 浇筑剩余的少量混凝土，应制成小型预制件，严禁随意倾倒或将其作为建筑垃圾处理。

㉖ 清洗泵送设备和管道的水应经沉淀后回收利用，浆料分离后可作室外道路、地面、散水等垫层的回填材料。

3）砌体结构工程。

① 砌筑砂浆使用干粉砂浆时，应采取防尘措施。

② 采取现场搅拌砂浆时，应使用散装水泥。

③ 砌块运输应采用托板整体包装，以减少破损。

④ 块体湿润和砌体养护宜使用经检验合格的非传统水源。

⑤ 混合砂浆掺合料可使用电石膏、粉煤灰等工业废料。

⑥ 砌筑施工时，落地灰应及时清理收集再利用。

⑦ 砌块砌筑应按照排块图进行。非标准砌块应在工厂加工，按比例进场，现场切割时应集中加工，并采取防尘、降噪措施。

⑧ 毛石砌体砌筑时产生的碎石块，应用于填充毛石块间隙，不得随意丢弃。

4）钢结构工程。

① 钢结构深化设计时，应结合加工、安装方案和焊接工艺的要求，合理确定分段、分节数量和位置，优化节点构造，尽量减少钢材用量。

② 合理选择钢结构安装方案，大跨度钢结构优先采用整体提升、顶升和滑移（分段累积滑移）等安装方法。

③ 钢结构加工应制订废料减量化计划，优化下料，综合利用下脚料，废料分类收集、集中堆放、定期回收处理。

④ 钢材、零（部）件、成品、半成品件和标准件等产品应堆放在平整、干燥场地或仓库内，防止在制作、安装和防锈处理前发生锈蚀和构件变形。

⑤ 制作和安装大跨度复杂钢结构前，应采用建筑信息三维技术模拟施工过程，以避免或减少错误或误差。

⑥ 钢结构现场涂装应采取适当措施，减少涂料浪费和对环境的污染。

5）其他。

① 装配式构件应按安装顺序进场，存放应支垫可靠或设专用支架，防止变形或损伤。

② 装配式混凝土结构安装所需的埋件和连接件、室内外装饰装修所需的连接件，应在工厂制作时准确预留、预埋。

③ 钢混组合结构中的钢结构构件，应结合配筋情况，在深化设计时确定与钢筋的连接方式，钢筋连接套筒焊接及预留孔应在工厂加工时完成，严禁安装时随意割孔或后焊接。

④ 木结构构件连接用铆榫、螺栓孔应在工厂加工时完成，不得在现场制作和钻孔。

⑤ 建筑工程在升级或改造时，可采用碳纤维等新颖结构加固材料进行加固处理。

⑥ 索膜结构施工时，索、膜应工厂化制作和裁减完成，现场安装。

（4）建筑装饰装修

1）一般规定。

① 建筑装饰装修工程的施工设施和施工技术措施应与基础及结构、机电安装等施工相结合，统一安排，综合利用。

② 应对建筑装饰装修工程的块材、卷材用料进行排板深化设计，在保证质量的前提下，应减少块材的切割量及其产生的边角余料量。

③ 建筑装饰装修工程采用的块材、板材、门窗等应采用工厂化加工。

④ 建筑装饰装修工程的五金件、连接件、构造性构件宜采用工厂化标准件。

⑤ 对于建筑装饰装修工程使用的动力线路，如施工用电线路、压缩空气管线、液压管线等，应优化缩短线路长度，严禁跑、冒、滴、漏。

⑥ 建筑装饰装修工程施工，宜选用节能、低噪声的施工机具，具备电力条件的施工工地，不宜选用燃油施工机具。

⑦ 建筑装饰装修工程中采用的需要用水泥或白灰类拌和的材料，如砌筑砂浆、抹灰砂浆、黏结砂浆、保温专用砂浆等，宜预拌，在条件不允许的情况下宜采用干拌砂浆，不宜现场配制。

⑧ 建筑装饰装修工程中使用的易扬尘材料，如水泥、砂石料、粉煤灰、聚苯颗粒、陶粒、白灰、腻子粉、石膏粉等，应封闭运输、封闭存储。

⑨ 建筑装饰装修工程中使用的易挥发、易污染材料，如油漆涂料、胶黏剂、稀释剂、清洗剂、燃油、燃气等，必须采用密闭容器储运，使用时，应使用相应容器盛放，不得随意溢撒或放散。

⑩ 建筑装饰装修工程室内装修前，宜先进行外墙封闭、室外窗户安装封闭、屋面防水等工序。

⑪ 对建筑装饰装修工程中受环境温度限制的工序、不易成品保护的工序，应合理安排工序。

⑫ 建筑装饰装修工程应采取成品保护措施。

⑬ 建筑装饰装修工程所用材料的包装物应全部分类回收。

⑭ 民用建筑工程室内装修严禁采用沥青、煤焦油类防腐、防潮处理剂。

⑮ 高处作业清理现场时，严禁将施工垃圾从窗口、洞口、阳台等处向外抛撒。

⑯ 建筑装饰装修工程应制定材料节约措施。节材与材料资源利用应满足以下指标：

a. 材料损耗不应超出预算定额损耗率的70%。

b. 应充分利用当地材料资源。施工现场300km以内的材料用量宜占材料总用量的70%以上，或达到材料总价值的50%以上。

c. 材料包装回收率应达到100%。有毒有害物质分类回收率应达到100%。可再生利用的施工废弃物回收率应达到70%以上。

2）楼地面工程。

① 楼地面基层处理。

a. 基层粉尘清理应采用吸尘器，没有防潮要求的，可采取洒水降尘等措施。

b. 基层需要剔凿的，应采用噪声小的剔凿方式，如使用手钎、电铲等低噪声工具。

② 楼地面找平层、隔声层、隔热层、防水保护层、面层等使用的砂浆、轻集料混凝土、混凝土等应采用预拌或干拌料，干拌料的现场运输、仓储应采用袋装等方式。

③ 水泥砂浆、水泥混凝土、现制水磨石、铺贴板块材等楼地面在养护期内严禁上人，地面养护用水应采用喷洒方式，以保持表面湿润为宜，严禁养护用水溢流。

④ 水磨石楼地面磨制。

a. 应有污水回收措施，对污水进行集中处理。

b. 对楼地面的洞口、管线口进行封堵，防止泥浆等进入。

c. 对高出楼地面 400mm 范围内的成品面层应采取贴膜等防护措施，避免污染。

d. 现制水磨石楼地面房间的装饰装修，宜先进行现制水磨石工序的作业。

⑤ 板块面层楼地面。

a. 应进行排板设计，在保证质量和观感的前提下，应减少板块材的切割量。

b. 板块不宜采用工厂化下料加工（包括非标准尺寸块材），需要现场切割时，对切割用水应有收集装置，室外机械切割应有隔声措施。

c. 采用水泥砂浆铺贴时，砂浆宜边用边拌。

d. 石材、水磨石等易渗透、易污染的材料，应采取相应的防渗、防污染措施。

e. 严禁采用电焊、火焰对板块材进行切割。

3）抹灰工程。

① 墙体抹灰基层处理。

a. 基层粉尘清理应采用吸尘器。

b. 基层需要剔凿的，应采用噪声小的剔凿方式，如使用手钎、电铲等低噪声工具。

② 对落地灰应采取回收措施，落地灰经过处理后用于抹灰利用，抹灰砂浆损耗率不应大于 5%，落地砂浆应全部回收利用。

③ 对抹灰砂浆应严格按照设计要求控制抹灰厚度。

④ 采用的白灰宜选用白灰膏。若采用生石灰，必须采用袋装，熟化要有容器或熟化池。

⑤ 墙体抹灰砂浆养护用水，以保持表面湿润为宜，严禁养护用水溢流。

⑥ 对于混凝土面层抹灰，在选择混凝土施工工艺时，宜采用清水混凝土支模工艺，取消抹灰层。

4）门窗工程。

① 外门窗宜采用断桥型、中空玻璃等密封、保温、隔声性能好的型材和玻璃等。

② 门窗固定件、连接件等，宜选用标准件。

③ 门窗制作应采用工厂化加工。

④ 应进行门窗型材的优化设计，减少型材边角余料的剩余量。

⑤ 门窗洞口预留，应严格控制洞口尺寸。

⑥ 门窗制作尺寸应采用现场实际测量并进行核对，避免尺寸有误。

⑦ 门窗油漆应在工厂完成。

⑧ 木制门窗存放应做好防雨、防潮等措施，避免门窗损坏。

⑨ 木制门窗应用薄钢板、木板或木架进行保护，塑钢或金属门窗口用贴膜或胶带贴严加以保护，玻璃应妥善运输，避免磕碰。

⑩ 外门窗安装操作应与外墙装修同步进行，宜同时使用外墙操作平台。

⑪ 门窗框与墙体之间的缝隙，不得采用含沥青的水泥砂浆、水泥麻刀灰等材料填嵌。

5）吊顶工程。

① 在吊顶龙骨间距满足质量、安全要求的情况下，应对其进行优化。
② 对吊顶高度应充分考虑吊顶内隐蔽的各种管线、设备，进行优化设计。
③ 进行隐蔽验收合格后，方可进行吊顶封闭。
④ 吊顶应进行块材排板设计，在保证质量、安全的前提下，应减少板材、型材的切割量。
⑤ 吊顶板块材（非标准板材）、龙骨、连接件等宜采用工厂化材料，现场安装。
⑥ 吊顶龙骨、配件以及金属面板、塑料面板等下脚料应全部回收。
⑦ 在满足使用功能的前提下，不宜进行吊顶。
6）轻质隔墙工程。
① 预制板轻质隔墙。
a. 预制板轻质隔墙应对预制板尺寸进行排板设计，避免现场切割。
b. 预制板轻质隔墙应采取工厂加工，现场安装。
c. 预制板轻质隔墙固定件宜采用标准件。
d. 预制板运输应有可靠的保护措施。
e. 预制板的固定需要电锤打孔时，应有降噪、防尘措施。
② 龙骨隔墙。
a. 在满足使用和安全的前提下，宜选用轻钢龙骨隔墙。
b. 轻钢龙骨应采用标准化龙骨。
c. 龙骨隔墙面板应进行排板设计，减少板材切割量。
d. 在墙内管线、盒等预埋进行验收后，方可进行面板安装。
③ 活动隔墙、玻璃隔墙应采用工厂制作，现场安装。
7）饰面板（砖）工程。
① 饰面板应进行排板设计，宜采用工厂下料制作。
② 饰面板（砖）胶黏剂应采用封闭容器存放，严格计量配合比并采用容器拌制。
③ 用于安装饰面块材的龙骨和连接件，宜采用标准件。
8）幕墙工程。
① 对幕墙应进行安全计算和深化设计。
② 用于安装饰面块材的龙骨和连接件，宜采用标准件。
③ 幕墙玻璃、石材、金属板材应采用工厂加工，现场安装。
④ 幕墙与主体结构的连接件，宜采取预埋方式施工。幕墙构件宜采用标准件。
9）涂饰工程。
① 基层处理找平、打磨应进行扬尘控制。
② 涂料应采用容器存放。
③ 涂料施工应采取措施，防止对周围设施的污染。
④ 涂料施工宜采用涂刷或滚涂，采用喷涂工艺时，应采取有效遮挡。
⑤ 废弃涂料必须全部回收处理，严禁随意倾倒。
10）裱糊与软包工程。
① 裱糊、软包施工，一般应在其环境中其他易污染工序完成后进行。
② 基层处理打磨应防止扬尘。
③ 裱糊胶黏剂应采用密闭容器存放。

11）细部工程。

① 橱柜、窗帘盒、窗台板、暖气罩、门窗套、楼梯扶手等成品或半成品宜采用工厂制作，现场安装。

② 橱柜、窗帘盒、窗台板、暖气罩、门窗套、楼梯扶手等成品或半成品固定打孔，应有防止粉尘外泄的措施。

③ 现场需要木材切割设备，应有降噪、防尘及木屑回收措施。

④ 木屑等下脚料应全部回收。

（5）屋面工程

1）屋面施工应搭设可靠的安全防护设施、防雷击设施。

2）屋面结构基层处理应洒水湿润，防止扬尘。

3）屋面保温层施工，应根据保温材料的特点，制定防扬尘措施。

4）屋面用砂浆、混凝土应预拌。

5）瓦屋面应进行屋面瓦排瓦设计，各种屋面瓦及配件应采用工厂制作。屋面瓦的型号、材质特征进行包装运输，减少破损。

6）屋面焊接应有防弧光外泄的遮挡措施。

7）有种植土的屋面，种植土应有防扬尘措施。

8）遇 5 级以上大风天气，应停止屋面施工。

（6）建筑保温及防水工程

1）一般规定。

① 建筑保温及防水工程的施工设施和施工技术措施应与基础及结构、建筑装饰装修、机电安装等工程施工相结合，统一安排，综合利用。

② 建筑保温及防水工程的块材、卷材用料等应进行排板深化设计，在保证质量的前提下，应减少块材的切割量及其产生的边角余料量。

③ 对于保温材料、防水材料，应根据其性能，制定相应的防火、防潮等措施。

2）建筑保温。

① 选用外墙保温材料时，除应考虑材料的吸水率、燃烧性能、强度等指标外，其材料的导热系数应满足外墙保温要求。

② 现浇发泡水泥保温。

a. 加气混凝土原材料（水泥、砂浆）宜采用干拌，袋装的方式。

b. 加气混凝土设备应有消声棚。

c. 拌制的加气混凝土宜采用混凝土泵车、管道输送。

d. 搅拌设备、泵送设备、管道等冲洗水应有收集措施。

e. 养护用水应采用喷洒方式，严禁养护用水溢流。

③ 陶瓷保温。

a. 陶瓷外墙板应进行排板设计，减少现场切割。

b. 陶瓷保温外墙的干挂件宜采用标准挂件。

c. 陶瓷切割设备应有消声棚。

d. 固定件打孔产生的粉末应有回收措施。

e. 固定件宜采用机械连接，如需要焊接，应对弧光进行遮挡。

④ 浆体保温。

a. 浆体保温材料宜采用干拌半成品，袋装，避免扬尘。

b. 现场拌和应随用随拌，以免浪费。

c. 现场拌和用搅拌机，应有消声棚。

d. 落地浆体应及时收集利用。

⑤ 泡沫塑料类保温。

a. 当外墙为全现浇混凝土外墙时，宜采用混凝土及外保温一体化施工工艺。

b. 当外露混凝土构件、砌筑外墙采用聚苯板外墙保温材料时，应采取措施，防止锚固件打孔等产生扬尘。

c. 外墙若采用装饰性干挂板，宜采用保温板及外饰面一体化挂板。

d. 屋面泡沫塑料保温时，应对聚苯板进行覆盖，防止风吹，造成颗粒飞扬。

e. 聚苯板下脚料应全部回收。

⑥ 屋面工程保温和防水宜采用防水保温一体化材料。

⑦ 玻璃棉、岩棉保温材料，应封闭存放，剩余材料全部回收。

3）防水工程。

① 防水基层应验收合格后进行防水材料的作业，基层处理应防止扬尘。

② 卷材防水层。

a. 在符合质量要求的前提下，对防水卷材的铺贴方向和搭接位置进行优化，减少卷材剪裁量和搭接量。

b. 宜采用自粘型防水卷材。

c. 采用热熔粘贴的卷材时，使用的燃料应采用封闭容器存放，严禁倾洒或溢出。

d. 采用胶粘的卷材时，胶黏剂应为环保型，封闭存放。

e. 防水卷材余料应全部回收。

③ 涂膜防水层。

a. 液态涂抹原料应采用封闭容器存放，严禁溢出污染环境，剩余原料应全部回收。

b. 粉末状涂抹原料，应装袋或用封闭容器存放，严禁扬尘污染环境，剩余原料应全部回收。

c. 涂膜防水宜采用滚涂或涂刷方式，采用喷洒方式的，应有防止对周围环境产生污染的措施。

d. 涂膜固化期内严禁上人。

④ 刚性防水层。

a. 混凝土结构自防水施工中，严格按照混凝土抗渗等级配置混凝土，对混凝土施工缝的留置，在保证质量的前提下，应进行优化，减少施工缝的数量。

b. 采用防水砂浆抹灰的刚性防水，应严格控制抹灰厚度。

c. 采用水泥基渗透结晶型防水涂料的，对混凝土基层进行处理时要防止扬尘。

⑤ 金属板防水。

a. 采用金属板材作为防水材料的，应对金属板材进行下料设计，提高材料利用率。

b. 金属板焊接时，应有防弧光外泄措施。

⑥ 防水作业宜在干燥、常温环境下进行。

⑦ 闭水试验时，应有防止漏水的应急措施，以免漏水污染环境和损坏其他物品。

⑧ 闭水试验前，应制定有效地回收利用闭水试验用水的措施。

(7) 机电安装工程

1) 一般规定。

① 机电工程的施工设施和施工技术措施应与基础及结构、装饰装修等工程施工相结合，统一安排，综合利用。

② 机电工程施工前，应包括土建工程在内，进行图纸会审，对管线空间进行布置，对管线线路长度进行优化。

③ 机电工程的预留预埋应与结构施工、装修施工同步进行，严禁重新剔凿、重新开洞。

④ 机电工程材料、设备的存放、运输应制定保护措施。

2) 建筑给水排水及供暖工程。

① 给水排水及供暖管道安装前应与通风空调、强弱电、装修等专业做好管绘图的绘制工作，专业间确认无交叉问题且标高满足装修要求后方可进行管道的制作及安装。

② 应加强给水排水及供暖管道打压、冲洗及试验用水的排放管理工作。

③ 加强节点处理，严禁冷热桥产生。

④ 管道预埋、预留应与土建及装修工程同步进行，严禁重新剔凿、重新开洞。

⑤ 管道工程进行冲洗、试压时，应制订合理的冲洗、试压方案，成批冲洗、试压，合理安排冲洗、试压次数。

复习思考题

1. 什么是绿色施工？它包括哪些内容？
2. 什么是文明施工？其总体要求有哪些？
3. 落实文明施工的各项管理措施有哪些？
4. 建筑工程项目对环境保护的基本要求有哪些？
5. 建筑工程环境保护措施有哪些？
6. 什么是噪声污染？其来源有哪些？
7. 施工现场噪声的控制措施有哪些？
8. 固体废物的主要处理方法有哪些？
9. 施工现场职业健康安全卫生的要求有哪些？
10. 绿色施工的基本原则有哪些？
11. 绿色施工的基本要求有哪些？
12. 绿色施工环境保护技术要点有哪些？
13. 绿色施工节材与材料资源利用技术要点有哪些？
14. 绿色施工节水与水资源利用技术要点有哪些？
15. 绿色施工节能与能源利用技术要点有哪些？
16. 绿色施工节地与施工用地保护技术要点有哪些？
17. 土石方与地基工程绿色施工有哪些要求？
18. 基础及主体结构工程绿色施工有哪些要求？
19. 建筑装饰装修工程绿色施工有哪些要求？
20. 建筑保温工程绿色施工有哪些要求？

参考文献

[1] 施骞，胡文发．工程质量管理教程［M］．上海：同济大学出版社，2010.
[2] 徐勇戈．建筑施工组织与管理［M］．西安：西安交通大学出版社，2015.
[3] 徐勇戈．施工项目管理［M］．北京：科学出版社，2012.
[4] 成虎，陈群．工程项目管理［M］．4 版．北京：中国建筑工业出版社，2015.
[5] 郝永池．建筑工程项目管理［M］．北京：人民邮电出版社，2016.
[6] 殷为民，高永辉．建筑工程质量与安全管理［M］．哈尔滨：哈尔滨工业大学出版社，2018.
[7] 全国一级建造师执业资格考试用书编写委员会．建设工程项目管理［M］．北京：中国建筑工业出版社，2018.
[8] 全国一级建造师执业资格考试用书编写委员会．房屋建筑工程管理与实务［M］．北京：中国建筑工业出版社，2018.
[9] 全国监理工程师执业资格考试用书编写委员会．建设工程项目质量控制［M］．北京：中国建筑工业出版社，2018.
[10] 栗继祖．建设工程监理［M］．北京：机械工业出版社，2018.